Benjamin Matuzak

# Einstieg in Data Science mit R

Datenanalyse und Statistik ohne Vorkenntnisse



Rheinwerk
Computing

# Liebe Leserin, lieber Leser,

Daten auswerten, interpretieren und präsentieren – das geht doch auch mit Excel, oder?

Lassen Sie sich von den vielen Gründen überzeugen, in R einzusteigen. Das müssen nicht der Umfang Ihrer Daten oder die fortgeschrittenen Analysefunktionen sein.

Denn wenn Sie R und RStudio kennen lernen, werden Sie auch den Komfort bald zu schätzen wissen, zum Beispiel bei der Aufbereitung lückenhafter oder ungünstig strukturierter Daten. Wir meinen: Es lohnt sich, mit R zu beginnen, sobald Sie eine eigene Studie planen.

Benjamin Matuzak hat für Sie einen Zugang gewählt, für den Sie weder einen MINT-Hintergrund noch Vorkenntnisse in der Programmierung brauchen. Er macht Sie mit einer Auswahl statistischer Methoden vertraut, die sowohl einfach zu lernen wie auch in der Praxis weit verbreitet sind.

Dieses Buch hat den Charakter eines Tutorials – am besten arbeiten Sie damit, indem Sie es von vorn nach hinten lesen und dabei direkt am Rechner arbeiten, angefangen mit der Installation der Arbeitsumgebung. Sollten Sie die ersten Schritte schon kennen oder später einmal etwas nachlesen wollen, können Sie sich aber auch einzelne Methoden und Praxisbeispiele herausgreifen.

Das Buch wurde mit großer Sorgfalt geschrieben, geprüft und produziert. Sollte dennoch einmal etwas nicht so funktionieren wie erwartet, wenden Sie sich an mich. Auch Fragen, Anregungen und konstruktive Kritik sind uns herzlich willkommen.

Viel Erfolg mit der Datenanalyse wünscht Ihnen

**Ihre Almut Poll**
Lektorat Rheinwerk Computing

almut.poll@rheinwerk-verlag.de
www.rheinwerk-verlag.de
Rheinwerk Verlag · Rheinwerkallee 4 · 53227 Bonn

# Auf einen Blick

Wir hoffen, dass Sie Freude an diesem Buch haben und sich Ihre Erwartungen erfüllen. Ihre Anregungen und Kommentare sind uns jederzeit willkommen. Bitte bewerten Sie doch das Buch auf unserer Website unter **www.rheinwerk-verlag.de/feedback**.

An diesem Buch haben viele mitgewirkt, insbesondere:

**Lektorat** Almut Poll, Patricia Schiewald
**Korrektorat** Petra Schomburg, Hilter-Borgloh
**Gutachter** Joachim Steinwendner
**Fachlektorat** Sten Itermann
**Herstellung** Nadine Preyl
**Typografie und Layout** Vera Brauner
**Einbandgestaltung** Julia Schuster
**Satz** SatzPro, Krefeld
**Druck** Beltz Grafische Betriebe, Bad Langensalza

Dieses Buch wurde gesetzt aus der TheAntiquaB (9,35/13,7 pt) in FrameMaker.
Gedruckt wurde es auf chlorfrei gebleichtem Offsetpapier (90 g/m²).
Hergestellt in Deutschland.



Bibliografische Information der Deutschen Nationalbibliothek:
Die Deutsche Nationalbibliothek verzeichnet diese Publikation in der Deutschen Nationalbibliografie; detaillierte bibliografische Daten sind im Internet über *http://dnb.dnb.de* abrufbar.

**ISBN 978-3-8362-7892-8**

1. Auflage 2021


Informationen zu unserem Verlag und Kontaktmöglichkeiten finden Sie auf unserer Verlagswebsite **www.rheinwerk-verlag.de**. Dort können Sie sich auch umfassend über unser aktuelles Programm informieren und unsere Bücher und E-Books bestellen.

# Inhalt

# Materialien zum Buch

Auf der Webseite zu diesem Buch stehen folgende Materialien für Sie zum Download bereit:

- **alle Datensätze, die im Buch verwendet werden**
- **alle Codebeispiele aus dem Buch**

Gehen Sie auf *www.rheinwerk-verlag.de/5187*. Klicken Sie auf den Reiter MATERIALIEN ZUM BUCH. Sie sehen die herunterladbaren Dateien samt einer Kurzbeschreibung des Dateiinhalts. Klicken Sie auf den Button HERUNTERLADEN, um den Download zu starten. Je nach Größe der Datei (und Ihrer Internetverbindung) kann es einige Zeit dauern, bis der Download abgeschlossen ist.

# Kapitel 1
# Über dieses Buch

*In diesem Einleitungskapitel stelle ich Ihnen die Ziele und die Struktur des Buches vor. Ich sage Ihnen auch, was Sie hier lernen und was Sie hier nicht lernen werden.*

## 1.1 Für wen ist dieses Buch? Für Sie?

Dieses Buch richtet sich an all die, die sich bisher davor gedrückt haben, statistische Analysen zu realisieren, und an die, die ein bisschen Angst haben. Es richtet sich an die, denen in der Schule gesagt wurde, dass sie kein Mathe könnten (von Lehrern, die es nicht unbedingt gut erklärt haben). Es ist auch für die, die denken, sie sind schon zu alt, um noch etwas wie programmieren zu lernen. Mit diesem Buch gelingt es jedem. Es ist an alle gerichtet, die einfach nur mal schauen wollen, wie statistische Analysen funktionieren und warum sie überhaupt gemacht werden. So wie ich vor einigen Jahren.

Es ist aber auch für die Journalisten, die sicherer schreiben wollen, und für alle Geisteswissenschaftler, die ihre Aussagen auf noch belastbarere Füße stellen möchten. Es ist auch für die, die Grundkenntnisse in R für Bewerbungen benötigen oder eigene Analysen zu Hause erstellen wollen. Auch die, die verstehen möchten, wie 80 % aller *Graphen* und *Diagramme*, die sie in den Print- und Onlinemedien sehen, erstellt werden, sollten dieses Buch lesen. Und schließlich ist es auch für die, die einfach nur erst mal schauen wollen, wie eine Datenanalyse aussehen kann, bevor sie sich der Statistik und R eventuell weiter annähern.

## 1.2 Was sind die Ziele, was können Sie hier lernen?

Ziel dieses Buches ist, Ihnen eine erste Idee von statistischen Analysen und deren Nutzen zu vermitteln – nur so theoretisch wie nötig, aber so praktisch wie möglich. Das heißt, dass Sie nach dem Lesen dieses Buches fähig sein sollen, bestimmte erste grundlegende statistische Analysen selbst ausführen zu können. Diese Analysen sollen sich in diesem Buch deshalb ebenfalls auf tägliche, praktische Anwendungsmöglichkeiten beschränken. Dazu wähle ich die drei häufigsten in öffentlichen Medien verwendeten statistischen Darstellungen. Ich möchte, dass Sie mit relativ wenig Lernaufwand die gängigsten dieser Statistiken darstellen und die Ergebnisse solcher Darstellungen analysieren und interpretieren können. Ich möchte, dass Sie mit wenigen Codezeilen *Balkendiagramme* (*Barplots*) wie in Abbildung 1.1 und übliche *Streu- und Liniendiagramme* (*Scatterplots* und *Linecharts*) mit *Trendbestimmung* (*Trend*) wie z. B. die in Abbildung 1.2 und Abbildung 1.3 erstellen können.

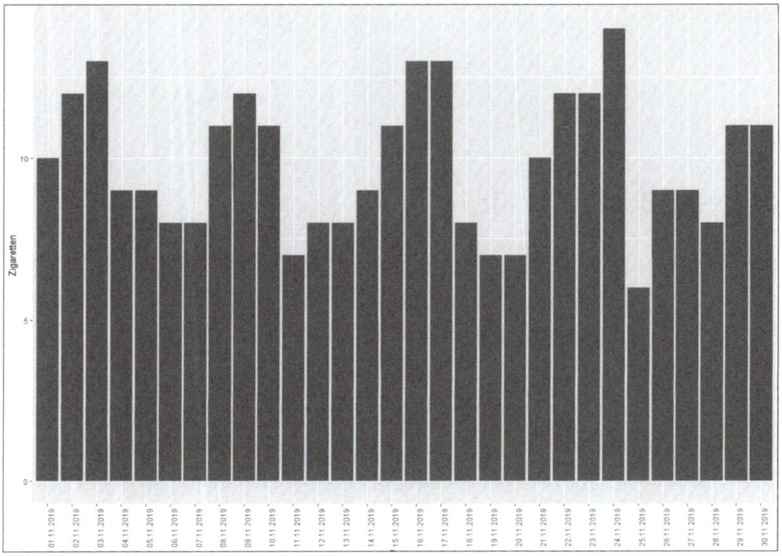


**Abbildung 1.1** Privater monatlicher Zigarettenverbrauch 1

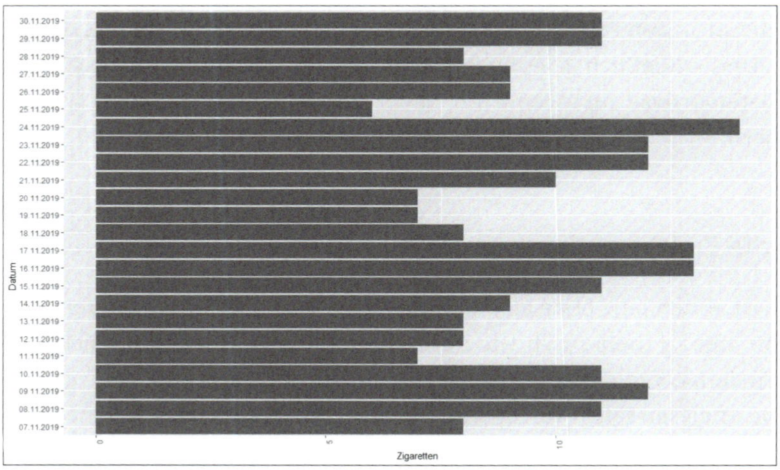


**Abbildung 1.2** Privater monatlicher Zigarettenverbrauch 2

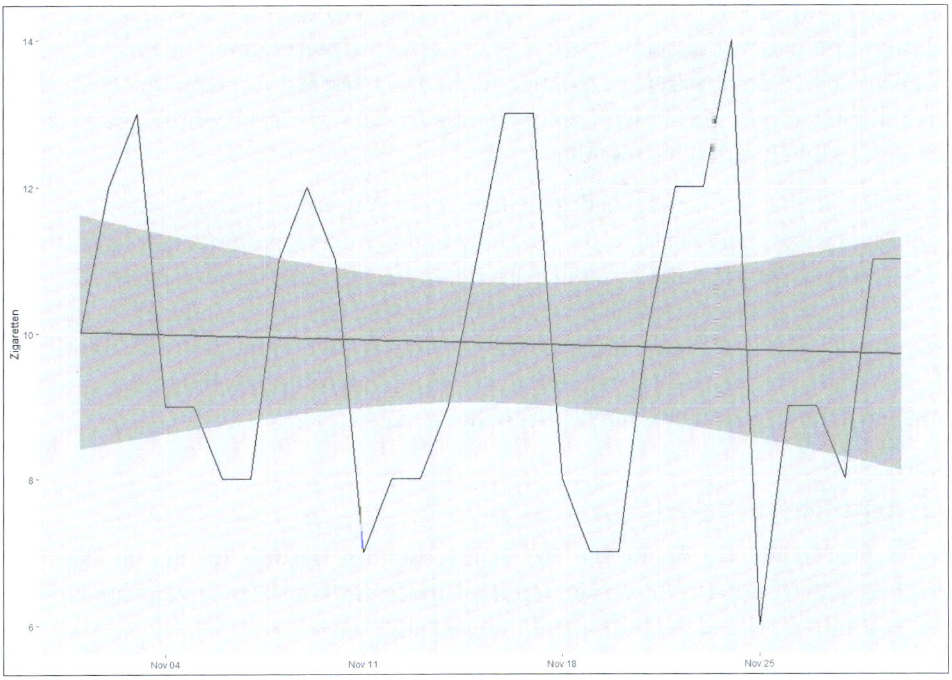


**Abbildung 1.3** Liniendiagramm mit Trendbestimmung des privaten Zigarettenkonsums

## 1.3 Was Sie nicht lernen werden

In diesem Einstieg ist selbstverständlich nicht geplant, alle Themen der Data Science zu behandeln. Worum es hier insbesondere nicht geht, sind verwandte Programmiersprachen, Big Data, externe Datenbankabfragen nach Kriterien, andere Datenformen sowie kompliziertere Rechenverfahren.

### 1.3.1 Verwandte Programmiersprachen

Verwandte Programmiersprachen wie Python, Ruby, Stata oder MATLAB kommen in diesem Buch nicht vor.

### 1.3.2 Big Data

In diesem Buch ist ebenfalls nicht geplant, auf sehr große Datenmengen einzugehen (Big Data). Die Bearbeitung von Big Data hat noch einmal weitere Besonderheiten, die fünf Vs: Das sind ein großes Volumen (Volume), eine hohe Verschiedenartigkeit (Variety), eine gewisse Schnelligkeit in der Verarbeitung (Velocity), die Validität der Daten (Validity) und der Wert, den ihre Analyse z. B. einem Unternehmen bietet (Value). Es empfiehlt sich, damit nach dem Einstieg in die Data Science zu beginnen. Nach dem Durcharbeiten dieses Buches wird es Ihnen möglich sein, kleine bis mittelgroße Datensätze zu verstehen und zu bearbeiten.

Das könnte auch nur ein erster Schritt sein auf dem Weg zur sicheren Analyse von größeren Datensätzen und Big Data, die im Alltag und Berufsleben immer gefragter ist. Ob in der Medizin, im Marketing, in der Forschung, im Versicherungswesen, in den Medien, der automatisierten Produktion, der Bildung, im Bankwesen und vielem anderen mehr, überall sind heute Spezialisten für die Analyse großer Datenmengen verantwortlich. Der Übergang zur Analyse von immer größeren Datensätzen gelingt Ihnen mit diesem Buch dann in einem zweiten Schritt sicher einfacher.

### 1.3.3 Datenbankabfragen

Datenbankabfragen, die häufig z. B. mit SQL ausgeführt werden, sollen hier ebenfalls nicht behandelt werden. Für die kleineren bis mittelgroßen Datensätze genügen eine gute Zusammenstellung der Daten und wenige Funktionen in R.

### 1.3.4 Andere Datenformen

Andere Datenformen haben andere Besonderheiten in der Erstellung und Verarbeitung. Geodaten z. B. erfordern eine gewisse Expertise in den Themenfeldern Geografie und Geometrie. Weit verbreitete Tools zur Analyse solcher Daten sind moderne Geographische Informationssysteme (GIS) wie z. B. QGIS oder MAP3D. Die Analyse akustischer Daten erfordert komplexes Wissen z. B. in den Bereichen Physik, Psychologie, Nachrichtentechnik und der Materialwissenschaft. Auch Erfahrungen in der mathematischen Modellierung helfen weiter. Das alles soll hier aber keine Voraussetzung sein. Es bleibt in diesem Buch bei, sagen wir fürs Erste, einfachen, »klassischen Daten«, die aus Zahlen und/oder Buchstaben bzw. Wörtern bestehen.

### 1.3.5 Kompliziertere Rechenverfahren

Kompliziertere Rechenverfahren wie multiple Regressionen oder Ereigniszeitanalysen werden in diesem Buch nicht besprochen. Das sind zwar auch wichtige und nützliche Verfahren, aber wie Sie feststellen werden, brauchen Sie das für einfache Datenanalysen alles nicht. Um kleinere bis mittelgroße Datensätze zu verstehen und Erkenntnisse aus ihnen zu ziehen, genügen häufig die Methoden der beschreibenden Statistik, die wir hier um die Methode der einfachen linearen Regression erweitern. Behalten Sie sich nach dem Eindruck, den Sie durch dieses Buch hier gewinnen, komplexere Methoden für die Zukunft vor. Multiple lineare Regressionen und Ereigniszeitanalysen benötigen bspw. Analysten in der Privatwirtschaft oder der Versicherungsbranche, wenn sie etwa bestmögliche Preise oder die Höhe von Versicherungsbeiträgen bestimmen sollen.

## 1.4 Wie Sie mit diesem Buch arbeiten

Thematisch führe ich Sie zunächst in die wichtigsten Konzepte der Statistik und Daten ein. Es folgen Grundregeln und die wichtigsten Befehle in der R-Sprache R. Dann zeige ich Ihnen, wie ich mit nur wenigen Codezeilen ca. 80 % meiner Daten analysiere, sei es in Geschichte, Wirtschaft, Demografie, den Sozial- und Geisteswissenschaften allgemein oder ganz einfach im Alltag. Ich stelle hierbei zwischendurch immer wieder Fragen, die ich mir selbst auf meinem Weg gestellt habe. Ob Sie dabei das Buch nur lesen oder das Skript mit mir zusammen erstellen, bleibt Ihnen überlassen. Der Lernerfolg ist aber beim Selber-(Fehler-)machen noch immer der größte.

Das Buch ist hierbei rein praktisch organisiert und anwenderorientiert gestaltet. Es kommt ohne unnötigen Schnickschnack aus. Die nötigen theoretischen Grundlagen werden erklärt, aber immer nur in einem absolut nötigen Rahmen. Die Fachbegriffe neben meinen Erklärungen liefere ich Ihnen immer mit, sodass Sie auch zukünftig in anderen Büchern oder (Online-) Kursen verstehen, wovon die Rede ist. Ich zeige Ihnen in diesem Buch einen möglichen Weg der Datenanalyse – meinen Weg. Wenn Sie im Laufe dieses Buches auf Probleme stoßen, wie das beim Programmieren grundsätzlich zu erwarten ist, können Sie zusätzlich das Internet befragen (wie das treffsicher gelingen kann, zeige ich Ihnen auch). Arbeiten auch Sie sich Problem für Problem vor, knacken Sie jedes Rätsel einzeln. So kommen Sie weiter, Schritt für Schritt, jedes Mal ein Stückchen weiter als das Mal davor.

# Kapitel 2
# Einführung

*In diesem Kapitel gebe ich Ihnen einen Überblick über das, was grundsätzlich unter Statistik und Data Science verstanden werden kann, und warum es eine gute Entscheidung ist, Data Science mit R zu betreiben.*

Am 29. Februar 2000 wurde die erste R-Version veröffentlicht, die Version 1.0. Heute, 20 Jahre später, ist sie eine der meistgenutzten Sprachen für statistische Analysen. Die Zahl der R-Benutzer und die Größe der *R-Nutzergemeinschaft* (*R-Community*) steigen stetig. Eine vorsichtige Schätzung mit der Ausgangszahl eine Million im Jahr 2009 und zwei Millionen in 2012 könnte mit den Wachstumszahlen der offiziellen R-Seite für 2018 irgendwo zwischen 7,5 und 18,1 Millionen R-Nutzern weltweit liegen. Nicht schlecht für 20 Jahre.

Ein solches Wachstum hängt einerseits mit der Sprache selbst zusammen, die etwas Besonderes und Überzeugendes haben muss, um so erfolgreich zu sein. Andererseits ist auch die Popularität von *Data Science*, d. h. Datensammlung, -analyse und -auswertung, in den letzten 20 Jahren dramatisch gestiegen. Das Interesse breitet sich in allen Arbeits- und Gesellschaftsbereichen seitdem weiter aus, egal ob in den bisher dafür bekannten Disziplinen wie dem Ingenieurwesen, der Medizin, der Biologie oder in den Disziplinen, die bisher davon wenig wissen wollten, wie z. B. im Journalismus, in den geistes- und gesellschaftswissenschaftlichen Studiengängen an den Universitäten, und sogar im Hobbybereich.

Wie ist dieses Buch nun organisiert?

Im ersten Kapitel habe ich Ihnen die Ziele und das Konzept des Buches vorgestellt und das Buch wird damit auch zu anderen Büchern abgegrenzt und eingeordnet.

Das zweite Kapitel gibt Ihnen einen Überblick darüber, was grundsätzlich im Allgemeinen unter Statistik und Data Science verstanden wird. Es wird Ihnen ebenfalls gezeigt, was die Sprache R überhaupt ist und warum es eine gute Entscheidung ist, statistische Analysen und Data Science mit R zu betreiben.

Kapitel 3, »R Base und RStudio: Installation und erste Schritte«, beginnt dann mit der Installation der Software (R Base und RStudio), bevor Ihnen die Benutzeroberfläche des

Programms detailliert vorgestellt wird. Mit diesem Hintergrund schreiben Sie bereits hier Ihr erstes kleines Skript. Gleich von Beginn an lernen Sie vor allem auch, wie Sie sich innerhalb der großen R-Community selbst helfen und Ihre Problemstellung selbst lösen können.

In Kapitel 4, »Die Programmiersprache R«, werden Sie mit der Programmiersprache R als solcher Bekanntschaft machen. Ich stelle Ihnen dabei die wichtigsten Komponenten der Sprache sowie ihre Sprachstruktur (Syntax) vor. Daneben finden Sie nützliche Befehle, die Sie immer wieder brauchen werden, und einige weitere Hinweise zum Umgang mit der Sprache R.

Kapitel 5, »Grundlagen der statistischen Datenanalyse«, stellt Ihnen die wichtigsten Grundlagen der statistischen Datenanalyse vor. Es beginnt bei der Entwicklung einer Fragestellung und eines Studiendesigns und führt Sie ebenfalls in den Umgang mit Daten und Datensätzen ein. Es folgt darauf die Erklärung der drei aus meiner Sicht am häufigsten verwendeten statistischen Analysemethoden, die ich Ihnen beispielhaft an einem ersten Datensatz vorstelle.

Kapitel 6, »Daten einlesen und für die Analyse vorbereiten«, zeigt Ihnen Wege, wie Sie vorhandene Daten aus Excel oder im *.csv*-Format in R einlesen können. Ich erläutere Ihnen hier auch, wie die eingelesenen Daten für die Analyse vorbereitet werden. Immer wieder machen Anfängern vor allem Datumsangaben Probleme, von denen hier die wichtigsten angesprochen werden. Ich spreche auch darüber, wie Sie mit den häufig vorkommenden fehlenden Daten (*Missing Values*) umgehen können.

In Kapitel 7, »Daten analysieren mit einfacher Statistik«, analysieren Sie auf Grundlage des bereits Gelernten zwei Datensätze. Das heißt, Sie errechnen Mittelwerte und Wachstumsänderungen und bestimmen jeweils einen Trend. Das beinhaltet auch, dass Sie lernen, wie Sie Ihre Ergebnisse für ein mögliches Publikum visualisieren.

Kapitel 8, »Umfassendes Praxisbeispiel«, hat das Ziel, mit Ihnen eine eigene, vollständige Studie durchzuführen. Es soll die Analyse eines neuen Datensatzes von der Konzeption der Studie bis hin zur Interpretation der Ergebnisse gezeigt werden. Damit sollen Sie befähigt werden, ähnliche Studien in Zukunft selbst durchführen zu können.

Das letzte Kapitel, Kapitel 9, gibt Ihnen eine Zusammenfassung über das Buch. Ich möchte Sie ermuntern, R weiter zu üben und anzuwenden.

Im Anhang finden Sie das Datenmaterial aus den Projekten im Buch – zumindest, was zum Abdruck nicht zu umfangreich ist. Dies für den Fall, dass Sie die Projekte vorab einmal ohne Rechner nachvollziehen möchten. Zudem finden Sie hier die Links zu den im Buch verwendeten Skripten und Datensätzen, die Sie somit nach Belieben herunterladen können.

Das Buch geht von der Grundthese aus, dass für Einsteiger bei der Datenanalyse das Ziel das Ziel ist, nicht der Weg. Es ist deshalb insgesamt nach einer rein praktischen, nach einer »Hands on«-Methode konzipiert. So haben Sie die Möglichkeit, von Beginn an mitzumachen und sofort mit und in R(-Skripten) zu arbeiten, was besonders einsteigerfreundlich ist.

Sie machen in diesem Buch alles mit mir zusammen, ich führe Sie durch alle Themen hindurch. Dabei gehe ich in diesem Buch bewusst in sehr kleinen Schritten vor und benutze hierfür reichlich Grafiken. Das macht die Schritte leicht nachvollziehbar und das Buch besonders anschaulich.

Manchmal werde ich Ihnen mehrere Lösungen für ein Problem zeigen. Das Konzept gründet sich dabei auf meine eigenen Erfahrungen, Fehler und Erfolge: Programmieren ist nicht schwarz oder weiß – viele Wege können zu Erkenntnissen führen. Los geht's!

## 2.1 Statistik und Data Science im Vergleich

Was ist *Statistik* eigentlich? Und was ist *Data Science*? Und worin besteht der Unterschied? Schon in der Einleitung habe ich viel von Statistik und Data Science gesprochen. Laut Horst Rinne (emeritierter Statistik- und Ökonometrieprofessor der Universität Gießen) ist Statistik »die Lehre von Methoden zum Umgang mit quantitativen Informationen«[1]. Diese *quantitativen Methoden* lassen sich wiederum unterteilen, nämlich in Statistik und Data Science, auf die ich im Folgenden näher eingehe.

### 2.1.1 Statistik

Es gibt drei Obergruppen von statistischen Methoden: die deskriptive (oder beschreibende) Statistik, die induktive Statistik und die explorative Statistik. Die deskriptive Statistik, auf die wir uns mit Ausnahme der linearen Regression in diesem Buch beschränken wollen, hat das Ziel, empirische, also tatsächlich gemessene Daten durch Tabellen, Kennzahlen und Grafiken übersichtlich darzustellen. Aus diesen Darstellungen wiederum können dann bestimmte, datengestützte Aussagen für die untersuchten Fälle getroffen werden.

Die induktive Statistik handelt vor allem von Wahrscheinlichkeiten und der Übertragung der Analyseergebnisse auf das große Ganze. Im Unterschied zur induktiven Statistik, für deren Methoden bestimmte Voraussetzungen (z. B. die Zufallsstichprobenzie-

1 Rinne, Horst.: *Taschenbuch der Statistik*. 4., vollständig überarb. und erw. Aufl. Deutsch, Frankfurt/M. 2008

hung) erfüllt werden müssen, kann die deskriptive Statistik bei jeder Art von Stichprobe angewendet werden.

Die Methoden der explorativen Statistik vereinen die der deskriptiven und die der induktiven Statistik. Die explorative Statistik verfolgt dabei aber vielmehr das Ziel, bisher unbekannte Zusammenhänge zwischen bestimmten Daten herzustellen.

Die induktive und die explorative Statistik werden im Weiteren nur am Rande mitbehandelt werden. Der Schwerpunkt bleibt auf den Methoden der deskriptiven, beschreibenden Statistik, die vor allem das Ziel hat, klassische Daten durch Tabellen, Kennzahlen und Grafiken übersichtlich darzustellen und zu ordnen. *Deskriptive Statistik* allein kann bereits sehr viele Erkenntnisse hervorbringen, wie mir einer meiner Professoren in Schweden damals schon mitteilte.

### 2.1.2 Data Science

Was ist nun aber in Abgrenzung dazu *Data Science*, bzw. was ist es, das in der Regel darunter verstanden wird? Auf seinem bekannten Blog »Simply Statistics« beschreibt der amerikanischer Biostatiker und Datenwissenschaftler Jeffrey Leek »Data Science« als die Herausarbeitung von Wissen aus Daten. »Herausarbeitung« ist hierbei wörtlich zu nehmen. Es muss mit den Daten gearbeitet werden, damit (neues) Wissen entstehen kann. Ein Schaubild macht eine mögliche Einordnung der Data Science als Disziplin klarer:

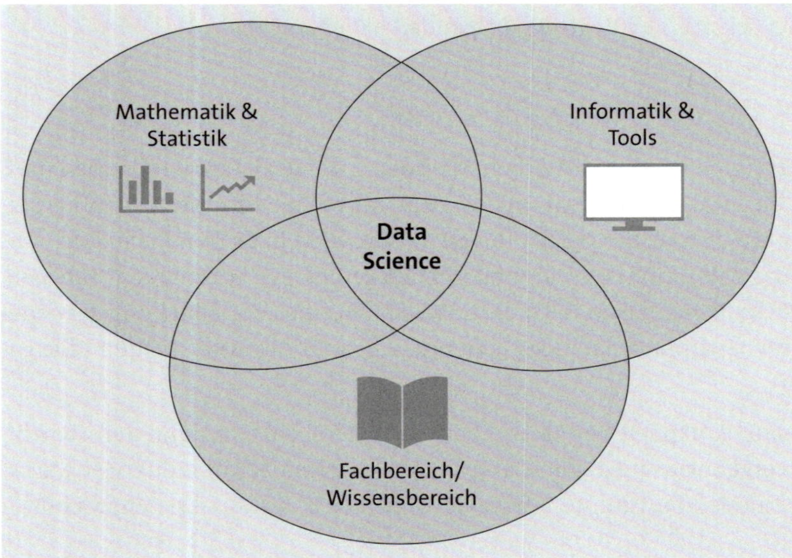


**Abbildung 2.1** Data Science und ihre Bestandteile

Mithilfe von (in unserem Fall einfacher) Mathematik und Statistik und durch die Anwendung von Informatik (in unserem Fall R) kann jeder in seinem Expertise-, Geschäfts- oder Wissensbereich (Domains/Business, Wissen) – das kann wie erwähnt auch ein Hobby sein – Data Science betreiben, also Wissen aus selbst gesammelten oder vorhandenen Daten herausarbeiten. Hier wird auch der Unterschied zwischen Data Science und Statistik klar: Statistik ist ein benötigter Teilbereich, um Data Science betreiben zu können. Andererseits werden heute auch fast immer Methoden der Informatik angewendet, um Statistik zu betreiben. Data Science liegt also an der Schnittstelle der beiden Disziplinen – genau dort, wo Ihre Expertise aus Ihrem Wissensgebiet mit einfließt.

## 2.2 Was ist R, und warum sollten Sie das überhaupt lernen?

*R* ist zum einen eine kostenfreie Programmiersprache, die speziell für statistische Berechnungen und Darstellungen von Daten konzipiert ist. Sie ist eine der führenden Lösungen für die statistische Datenanalyse insgesamt. Sie wird seit 1992 speziell für Anwender mit statistischen Aufgaben (weiter-)entwickelt. R kann zum anderen aber auch schlicht als ein Tool zum Erstellen, Bearbeiten und Analysieren von statistisch verwertbaren Daten verstanden werden. Wer dessen Werkzeuge kennt, kann eine beinahe unendliche Vielfalt an Datenprodukten erstellen.

Die Frage, die mich am meisten umgetrieben hat, bevor ich mich für R entschieden habe, war aber ganz klar, ob es das alles überhaupt wert ist. Warum soll ich mich gleich in eine Programmiersprache einarbeiten, wenn ich doch vieles auch in Excel erledigen kann? Und warum soll es nicht eine andere Programmiersprache sein? Warum R?

Es waren am Ende die folgenden Gründe, die mich meine Entscheidung für R haben treffen lassen:

- Der wichtigste Punkt war, dass R inklusive der angenehmen *Benutzeroberfläche* RStudio kostenlos zu haben war und es keine Anzeichen dafür gab, dass sich das ändern würde. Es hat sich bis heute nicht geändert. Eine Kommerzialisierung ist nicht geplant.
- Im Vergleich mit Excel spart R nach der Einarbeitungsphase in der Berechnung und (grafischen) Darstellung von Daten jede Menge Zeit. In R schreibe ich mein *Skript*, das ich beliebig oft und mit etwas Vorbereitung über viele Datensätze automatisiert laufen lassen kann, wohingegen ich in Excel jeden Fall manuell neu bearbeiten und mehrfach anfassen muss. Steht das Skript in R einmal, kommen alle Berechnungen und Darstellungen im selben Format, im selben Stil und in derselben Qualität heraus. Und diese Qualität ist hervorragend. Darstellungen in R sehen professionell aus. Sie

können, einmal wie gewünscht zusammengestellt, sofort in einen Artikel integriert werden, in den Social Media geteilt oder auf einer Webseite und auch sonst überall vorgezeigt werden.

- R ist zudem sehr beliebt und hat eine riesige Nutzergemeinschaft (Community). Auf deren Plattformen sind nach letztem Stand etwa 600.000 Nutzer/User (geschätzt bei Stack Overflow) aktiv an der Weiterentwicklung, Vereinfachung und Verbesserung der Sprache beteiligt. Auf den Plattformen gibt es engagierte Nutzer, die bei beinahe jedem Programmierproblem helfen und bereits viele Tausend Probleme gelöst und Fragen beantwortet haben.
- Und auch in der Beliebtheit der Programmiersprachen rangiert R regelmäßig und seit vielen Jahren immer um den Bereich der Top 10 herum. Aktuell liegt R irgendwo zwischen Platz 8 (laut TIOBE-Index) und 13 (laut des entwicklungsfokussierten Industriedienstleisters RedMonk), mit zuletzt stark steigender Tendenz. Das ist insofern wichtig, als dass Kenntnisse in R gerade auch bei Arbeitgebern zunehmend gefragt sind und somit auch entscheidende Vorteile bei der Jobsuche bedeuten können. R zu lernen ist also auch eine Investition in die Zukunft.

Natürlich gibt es Alternativen zu R. MATLAB, Ruby und vor allem Python sind Beispiele, die sich einer ähnlichen Beliebtheit erfreuen. Unter den Experten herrscht aber Konsens, dass R unschlagbar bei der Datenanalyse ist. Denn der Unterschied von R zu den anderen für statistische Analysen geeigneten Sprachen liegt vor allem in der Spezialisierung Rs auf die Datenanalyse als solche. Dementsprechend ist R hier spezieller und bietet deshalb auch mehr Möglichkeiten in der statistischen Auswertung und der Visualisierung von Daten. Während sich also MATLAB, Ruby und Python für die Datenanalyse eignen, ist R quasi dafür geschaffen. R scheint einigen anfangs ein wenig schwieriger zu lernen zu sein. Aber nur Mut, genau dafür schreibe ich Ihnen ja dieses Buch. Und wenn ich es als Quereinsteiger schaffe, meine Daten mit R zu analysieren, dann schaffen Sie das erst recht – mit Ihren.

# Kapitel 3

# R Base und RStudio: Installation und erste Schritte

*Dieses Kapitel zeigt, wie Sie das Programm R und die benutzerfreundliche Arbeitsoberfläche RStudio installieren. Wir sehen uns auch an, wie RStudio aufgebaut ist und funktioniert.*

Als Erstes muss das Programm R auf dem Rechner installiert werden.

Genauer gesagt, sind es zwei Programme, die installiert werden müssen: R Base, das ist das hinter R liegende, eigentliche Programm, und RStudio, die benutzerfreundlichere Arbeitsoberfläche, in der Sie arbeiten werden.

## 3.1 R Base

Laden Sie in einem ersten Schritt *R Base* beginnend mit dem Link *https://www.r-project.org/* herunter. Wenn Sie die Webseite aufgerufen haben, klicken Sie auf den weiterführenden Link CRAN, wie in Abbildung 3.1 gezeigt:

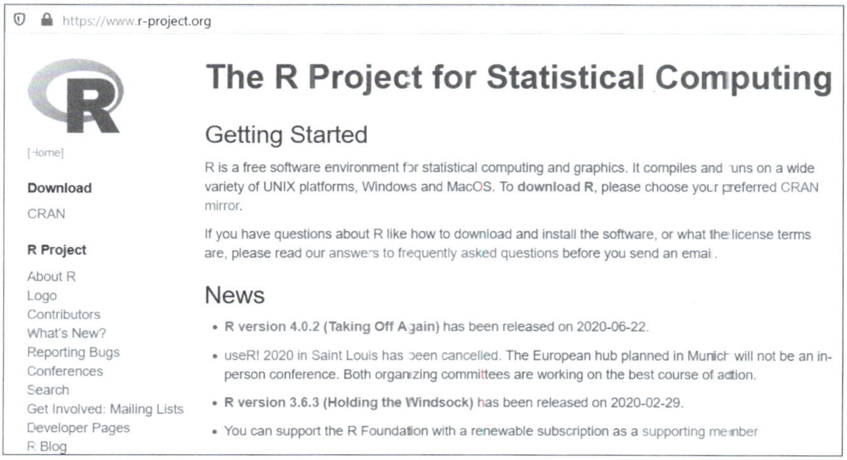


**Abbildung 3.1** R-Base-Download, Schritt 1

*CRAN* steht hierbei für »Comprehensive R Archive Network«, ein Netzwerk aus Servern auf der ganzen Welt, die identische, aktuelle Versionen von Code und Dokumentation für R speichern.

Im zweiten Schritt suchen Sie sich einen CRAN-Mirror aus, den Server, der Ihnen geografisch am nächsten liegt. Ein solcher Mirror ist nichts anderes als ein physischer Distributionsstandort für Software. Hier dient er als Baustein des eben beschriebenen *CRAN-Netzwerks*. Klicken Sie bspw. auf den Link, der links neben GWDG GÖTTINGEN steht, wenn Göttingen für Sie der nächstliegende Standort ist.

| | |
|---|---|
| Estonia | |
| https://ftp.eenet.ee/pub/cran/ | EENet |
| France | |
| https://pbil.univ-lyon1.fr/CRAN/ | Dept. of Biometry & Evol. Biology, University of Lyon |
| https://mirror.ibcp.fr/pub/CRAN/ | CNRS IBCP, Lyon |
| https://cran.biotools.fr/ | IBDM, Marseille |
| https://ftp.igh.cnrs.fr/pub/CRAN/ | Institut de Genetique Humaine, Montpellier |
| http://cran.irsn.fr/ | French Nuclear Safety Institute, Paris |
| Germany | |
| https://ftp.fau.de/cran/ | Friedrich-Alexander-Universität Erlangen-Nürnberg (FAU) |
| https://ftp.gwdg.de/pub/misc/cran/ | GWDG Göttingen |
| https://cran.uni-muenster.de/ | University of Münster, Germany |
| https://packages.othr.de/cran/ | OTH Regensburg |
| Greece | |
| https://ftp.cc.uoc.gr/mirrors/CRAN/ | University of Crete |

**Abbildung 3.2** R-Base-Download, Schritt 2

Dann zeigt Ihnen die nächste Seite eine Auswahl der Betriebssysteme, auf denen Sie mit R arbeiten können. Je nachdem, welches Betriebssystem Sie verwenden, wählen Sie den passenden Download.

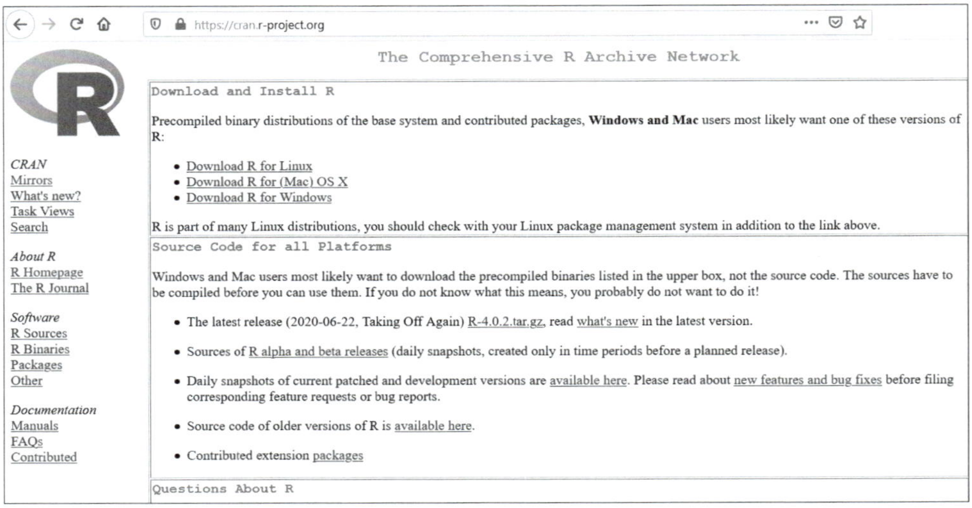


**Abbildung 3.3** R-Base-Download, Schritt 3

Ich habe Windows und lade das Programm zunächst für Windows herunter. Aber selbstverständlich gehe ich in Abschnitt 3.1.2 bzw. Abschnitt 3.1.3 noch auf die Besonderheiten beim Download für Linux bzw. macOS ein.

### 3.1.1 Für Windows

Klicken Sie nun auf INSTALL R FOR THE FIRST TIME (oder auf BASE).

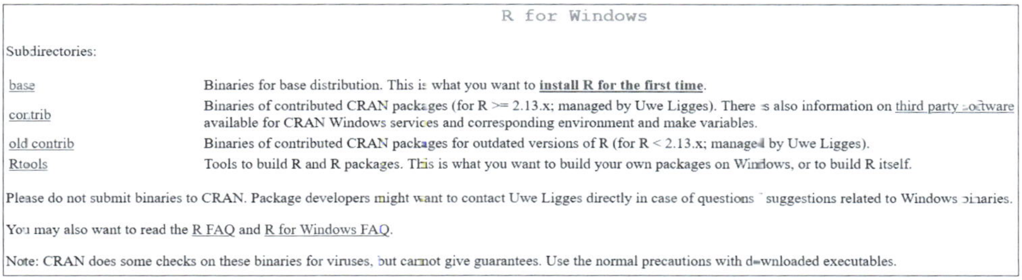

R for Windows

Subdirectories:

| | |
|---|---|
| base | Binaries for base distribution. This is what you want to **install R for the first time**. |
| contrib | Binaries of contributed CRAN packages (for R >= 2.13.x; managed by Uwe Ligges). There is also information on third party software available for CRAN Windows services and corresponding environment and make variables. |
| old contrib | Binaries of contributed CRAN packages for outdated versions of R (for R < 2.13.x; managed by Uwe Ligges). |
| Rtools | Tools to build R and R packages. This is what you want to build your own packages on Windows, or to build R itself. |

Please do not submit binaries to CRAN. Package developers might want to contact Uwe Ligges directly in case of questions / suggestions related to Windows binaries.

You may also want to read the R FAQ and R for Windows FAQ.

Note: CRAN does some checks on these binaries for viruses, but cannot give guarantees. Use the normal precautions with downloaded executables.

**Abbildung 3.4** R-Base-Download, Schritt 4

Im nächsten Schritt laden Sie das Programm herunter: DOWNLOAD R 4.0.2 FOR WINDOWS. Die Version verändert sich automatisch, sollte eine neuere verfügbar sein.

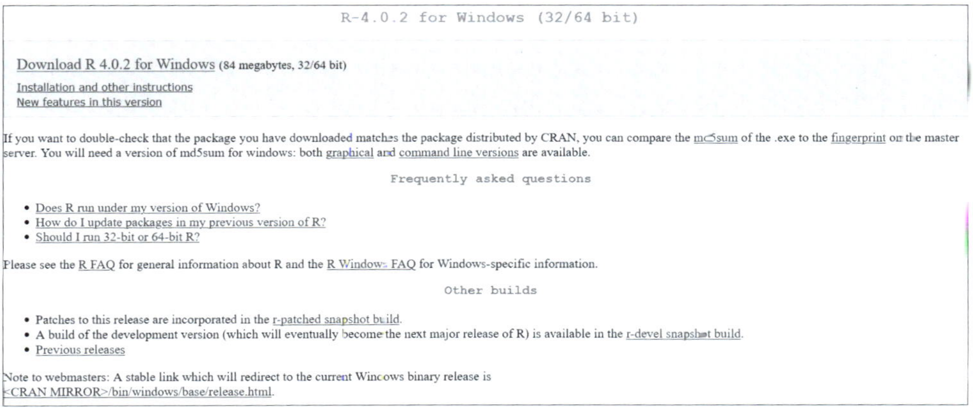

R-4.0.2 for Windows (32/64 bit)

Download R 4.0.2 for Windows (84 megabytes, 32/64 bit)
Installation and other instructions
New features in this version

If you want to double-check that the package you have downloaded matches the package distributed by CRAN, you can compare the md5sum of the .exe to the fingerprint on the master server. You will need a version of md5sum for windows: both graphical and command line versions are available.

Frequently asked questions

- Does R run under my version of Windows?
- How do I update packages in my previous version of R?
- Should I run 32-bit or 64-bit R?

Please see the R FAQ for general information about R and the R Windows FAQ for Windows-specific information.

Other builds

- Patches to this release are incorporated in the r-patched snapshot build.
- A build of the development version (which will eventually become the next major release of R) is available in the r-devel snapshot build.
- Previous releases

Note to webmasters: A stable link which will redirect to the current Windows binary release is
<CRAN MIRROR>/bin/windows/base/release.html.

**Abbildung 3.5** R-Base-Download Schritt 5

Klicken Sie auf DATEI SPEICHERN, dann wird das Programm heruntergeladen. Führen Sie anschließend die heruntergeladene Datei per Doppelklick aus, entweder direkt aus dem Browser oder da, wo Sie sie abgespeichert haben. Nach dem Doppelklick können Sie die Sprache auswählen. Nehmen Sie bitte Englisch, auch wenn Sie kein Englisch sprechen! Nur so können Sie die Fehler und Kommentare, die später angezeigt werden, auch im Internet wiederfinden. Außerdem sind die deutschen Fehler- und Kommentartexte maschinell direkt aus dem Englischen übersetzt, sodass das Deutsch nicht verständlicher ist als das Englisch. Klicken Sie weiter auf NEXT, bis das Programm mit der Installation beginnt. Sie können hierbei auch die Startoptionen mit Setzen des Häkchens geringfügig anpassen (ich empfehle, ein *Desktop-Icon* anzulegen). Für Sie als Einsteiger sind die Voreinstellungen aber völlig ausreichend. Lizenzen oder Adminrechte benötigen Sie nicht.

### 3.1.2 Für Linux

Für Linux wählen Sie bitte die Option für Ihre Linux-Version aus, z. B. Debian oder Ubuntu (Mint kann nicht ausgewählt werden, es funktioniert aber genau wie Ubuntu), das sind die am häufigsten verwendeten Versionen. Pakete für R Base sind seit 1997 Teil der Debian-Distribution und werden seit 2001 sorgfältig gepflegt. R sowie viele Add-on-Pakete (von CRAN und anderen Projektarchiven) sind über die regulären Debian-Distributionsmechanismen verfügbar. Um die neuste Version von R zu installieren, genügt es also, das Kommando

```
apt-get update
apt-get install r-base r-base-dev
```

in Ihre Shell zu schreiben und auszuführen.

Für die Versionen Ubuntu und Mint installieren Sie im ersten Schritt über die Shell die nötigen Pfade, um ein neues Projektarchiv (Repository) über HTTPS hinzufügen zu können.

```
sudo apt install dirmngr gnupg apt-transport-https ca-certificates ➲
software-properties-common
```

Im zweiten Schritt fügen Sie dann das CRAN-Projektarchiv zu Ihrer System-Quellenliste hinzu

```
sudo apt-key adv --keyserver keyserver.ubuntu.com --recv-keys➲
E298A3A825C0D65DFD57CBB651716619E084DAB9
sudo add-apt-repository 'deb https://cloud.r-project.org/bin/linux/ubuntu ➲
focal-cran40/'
```

Im dritten Schritt installieren Sie R:

```
sudo apt install r-base
```

Zum Testen können Sie noch `R` in die Shell schreiben und die Version überprüfen, die Sie heruntergeladen haben.

### 3.1.3 Für macOS

Wenn Sie auf DOWNLOAD R FOR (MAC) OS X geklickt haben, dann laden Sie unter LATEST RELEASE das Paket *R-4.0.2.pkg* herunter (aktuell für die R-Version 4.0.2, die sich natürlich ändern kann). Installieren Sie nun das Paket. Es ist möglich, dass während des Prozesses irgendwann das Admin-Passwort eingegeben werden muss. Alles andere geht seinen gewohnten Lauf.

## 3.2 RStudio

Nach der Installation von R Base laden Sie unter *https://rstudio.com/* zusätzlich die benutzerfreundliche Arbeitsoberfläche *RStudio* herunter. Klicken Sie dazu im Hauptmenü unter PRODUCTS auf RSTUDIO.

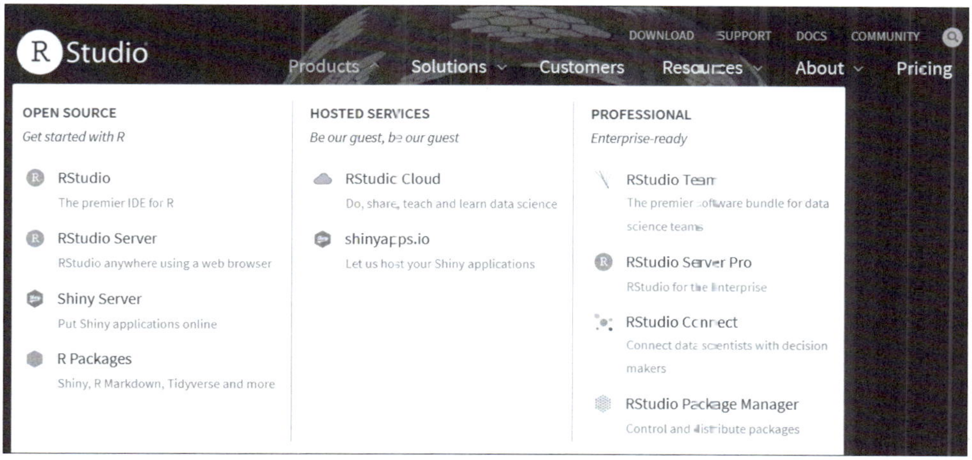


**Abbildung 3.6** RStudio-Download, Schritt 1

Scrollen Sie etwas herunter. Mit dem nächsten Klick auf RSTUDIO DESKTOP gelangen Sie dann auf die Seite, auf der Sie das Programm herunterladen können.

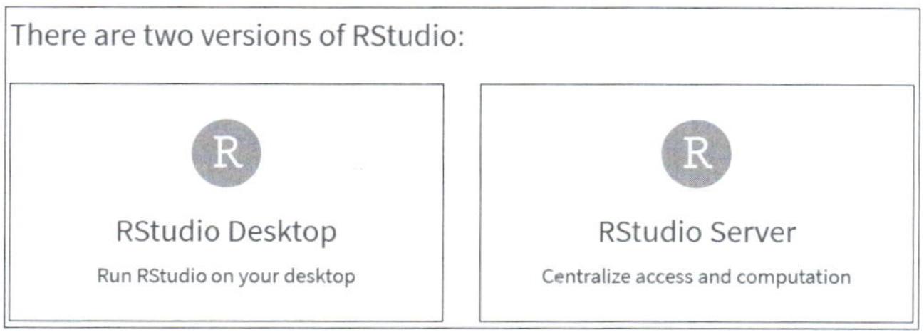


**Abbildung 3.7** RStudio-Download, Schritt 2

Klicken Sie dazu auf DOWNLOAD RSTUDIO DESKTOP, so wie in Abbildung 3.8 dargestellt.

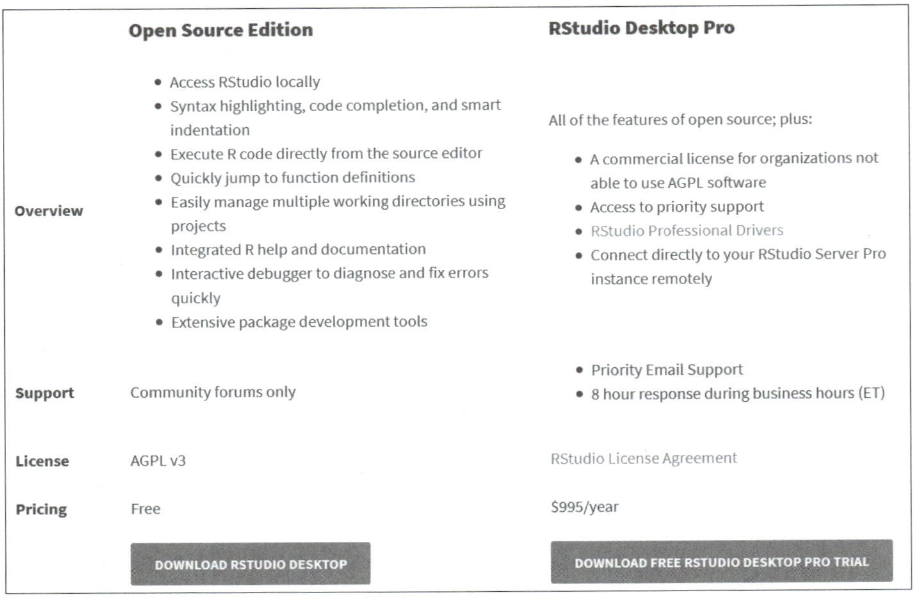


**Abbildung 3.8** RStudio-Download, Schritt 3

Dann kommen Sie auf die nächste Seite, auf der Sie herunterscrollen, bis Sie das in Abbildung 3.9 dargestellte Bild sehen.

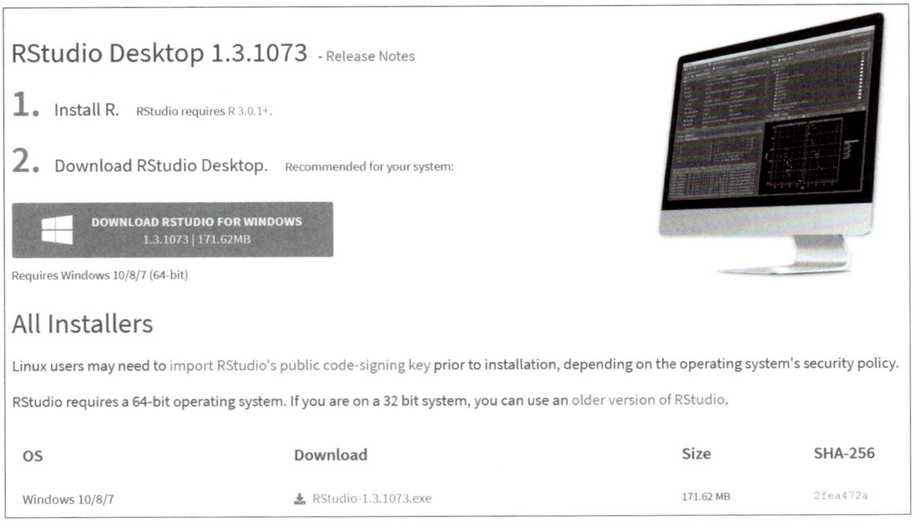


**Abbildung 3.9** RStudio-Download, Schritt 4

### 3.2.1 Für Windows

Vergewissern Sie sich noch einmal, dass Sie R bereits installiert haben. Dann klicken Sie auf DOWNLOAD RSTUDIO FOR WINDOWS und auf DATEI SPEICHERN.



RStudio ist nun ebenfalls heruntergeladen. Jetzt installieren Sie wie gewohnt. Sie sollten dann zwei neue *Desktop-Icons* (kleine Bildchen) auf Ihrem Desktop vorfinden, eins von R und eins von RStudio.

Wir arbeiten von nun an ausschließlich mit RStudio. Sollte sich RStudio nach dem Download nicht selbst geöffnet haben, öffnen Sie es z. B. durch Doppelklick auf Ihr neu kreiertes Icon RStudio. Falls Sie die beiden Icons auf dem Desktop haben, achten Sie darauf, nicht R, sondern RStudio zu öffnen. Ist das nicht so, können Sie RStudio auch manuell von da aus starten, wo Sie es gespeichert haben.

### 3.2.2 Für Linux

Für Linux scrollen Sie bitte die hier zuletzt gezeigt Seite weiter nach unten. Dort finden Sie eine passende Version, die Sie herunterladen und wie gewohnt installieren können. Aktuell gibt es hier RStudio-Versionen für Ubuntu (und somit auch für Mint), Debian und Fedora. Es ist gut möglich, dass es in Zukunft weitere Versionen geben wird.

### 3.2.3 Für (Mac) OS X

Für Ihr Mac OS X finden Sie ebenfalls eine passende Version von RStudio, wenn Sie die hier zuletzt gezeigte Seite weiter herunterscrollen. Laden Sie diese herunter und installieren Sie sie wie gewohnt.

## 3.3 Wie sieht die Oberfläche aus, und was bedeuten die einzelnen Bereiche?

Wenn Ihre Installation geklappt hat, sieht der erste Bildschirm (Screen) aus wie in Abbildung 3.10.

Manchmal sieht die Benutzeroberfläche bei der Erstöffnung auch so aus, wie in Abbildung 3.11 dargestellt.

In diesem Fall klicken Sie einfach auf das Doppelfenster oben rechts in der *Konsole* (CONSOLE), sodass der Editor ausgeklappt wird.

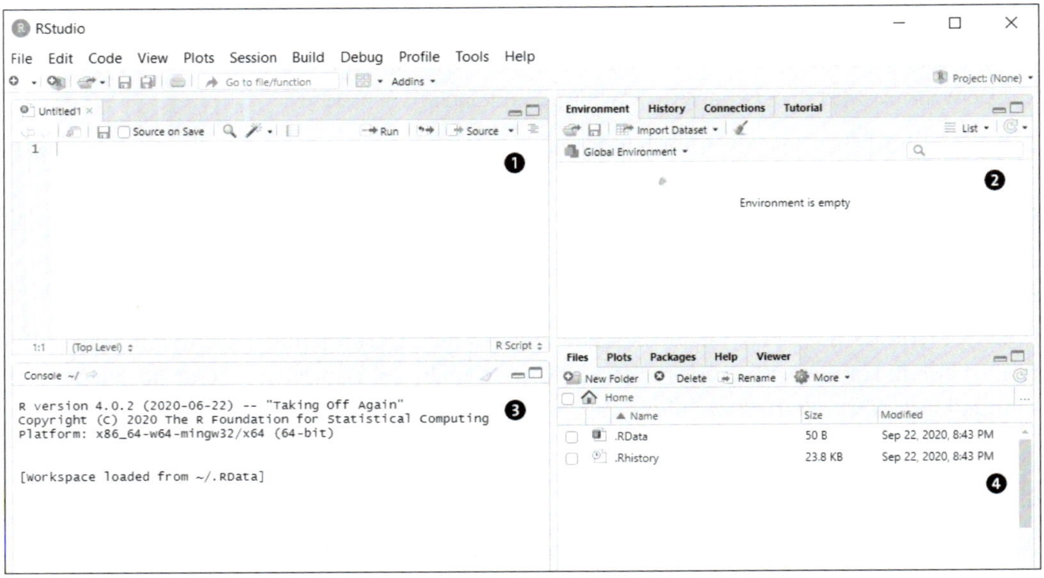


**Abbildung 3.10** RStudio – die Benutzeroberfläche

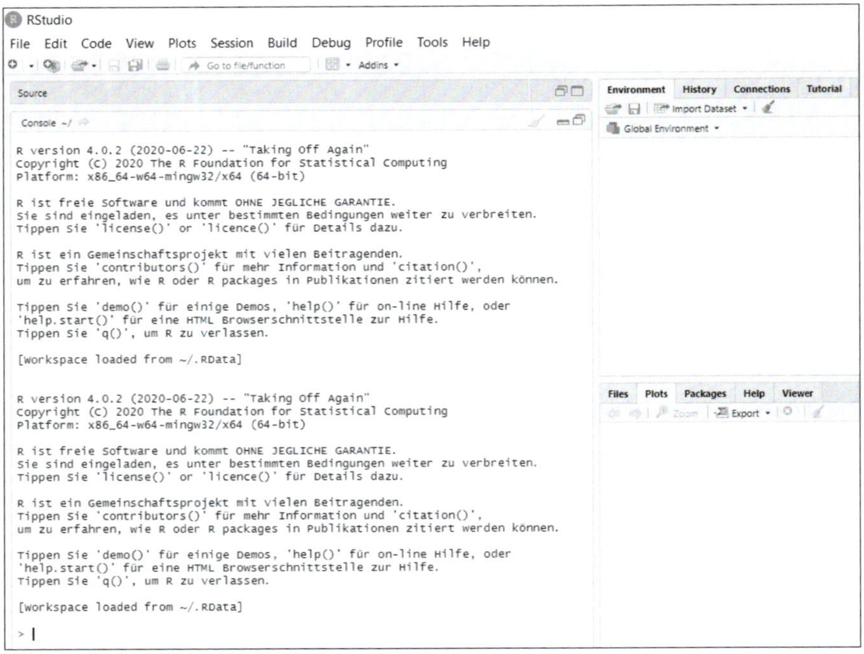


**Abbildung 3.11** Erstöffnung von RStudio

Sie sehen Ihren Bildschirm nun in vier Teile unterteilt, von links nach rechts den *Editor* ❶, die *Arbeitsumgebung* ❷, die *Konsole* ❸ und einen vierten Teilbereich ❹, in dem verschiedene Reiter aufrufbar sind. Wofür sind nun diese vier Teilbereiche gedacht?

❶ Editor: Hier werden die Skripte geschrieben.

❷ Arbeitsumgebung (einfacher »Speicher«): Hier stehen die Objekte, Variablen und Funktionen, die Sie bereits erstellt haben.

❸ Konsole: Hier wird der Verlauf der bisherigen Befehle angezeigt. Sie zeigt ebenfalls, wie das Skript an welcher Stelle gerade durchläuft, und gibt die Ergebnisse aus. Hier können Sie auch ad hoc etwas rechnen (z. B. etwas, das nicht im Skript erscheinen soll).

❹ Verschiedene Reiter: Dieser Bildschirmteil ist aufgeteilt in:

- a) Daten (FILES)
- b) Darstellungen (PLOTS)
- c) Pakete (PACKAGES)
- d) Hilfe (HELP)
- e) Einseher (VIEWER)

Hiervon benötigen wir für dieses Buch die letzten vier.

## 3.4 Die R-Konsole

Die R-Konsole bietet die Möglichkeit von Ad-hoc-Berechnungen und vereinfacht Ihre Fehleranalyse.

### 3.4.1 Erste Berechnungen in der R-Konsole

Für eine erste beliebige Berechnung klicken Sie irgendwo in die Konsole hinein. Unten links erscheint dann der blinkende Cursor. Und schon hier können Sie bereits die ersten Rechnungen ausführen. Die *Operatoren* sind dabei die gleichen wie in vielen anderen Programmiersprachen – und z. B. auch in Excel. Dabei steht

+ für Addition

- für Subtraktion

* für Multiplikation

/ für Division

^ Exponentiation (hoch 3, hoch 4 usw.)

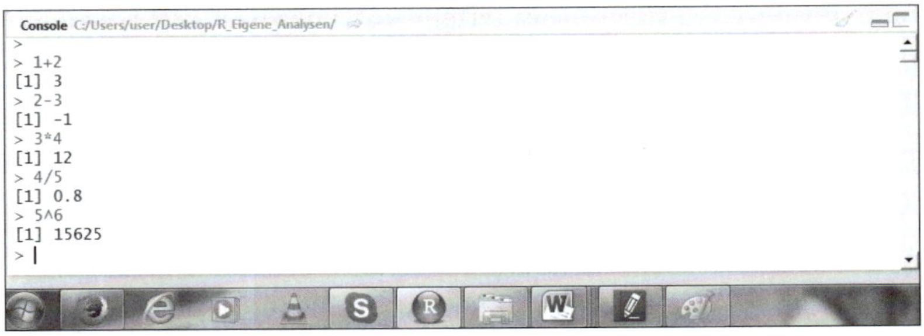


**Abbildung 3.12** Erste Berechnungen in der R-Konsole

Die Operatoren größer als (>) und kleiner als (<) funktionieren auch in R.

Weitere Operatoren benötigen Sie zum Erreichen der Ziele dieses Buches nicht. Probieren Sie doch ein paar dieser Operatoren einfach selbst aus. Mit [↵] lösen Sie Ihre Befehle in der Konsole aus. Die Konsole zeigt Ihnen dann das an, was Sie eingegeben haben, und gibt das Ergebnis in der nächsten Zeile aus.

### 3.4.2 Skriptverlauf und Fehleranalyse

Neben der Möglichkeit von Berechnungen sehen Sie in der Konsole auch den Live-Verlauf Ihres Skriptes, wenn Sie es durchlaufen lassen. Ich selbst benutze die Konsole eigentlich immer nur genau dafür. Denn hier werden Ihnen so auch die Fehler angezeigt, die in der Programmierung immer auftreten können.

So kann ich z. B. 3 mal 3 berechnen:

```
3*3
Die Ausgabe:
[1] 9
```

**Listing 3.1** Die erste einfache Berechnung

Bei `3*q` aber gibt R mir den folgenden Kommentar:

```
3*q
Die Ausgabe:
Error in 3 * q : non-numeric argument to binary operator
```

**Listing 3.2** Die erste Fehlermeldung

Der Google Translator (*https://translate.google.de/*) verrät mir nun Folgendes: »Fehler in 3 * q: nicht numerisches Argument für Binäroperator«. Es liegt also ein Fehler in meinem Befehl »3*q« vor. Das an sich ist schon eine sehr wichtige Information, da ich so bei der Fehlersuche (*Debugging*) weiß, wo genau ich suchen muss. R verrät mir zusätzlich, dass ich einen Binäroperator benutzt habe, das ist das Malzeichen (*), und dass ich dafür kein nicht numerisches Argument benutzen darf bzw. umgekehrt ein numerisches Argument zur Ausführung des Befehls benötige. In anderen Worten: Ich kann eine Zahl nur mit einer Zahl multiplizieren oder mit einem Objekt, in dem sich eine Zahl verbirgt. In meinem q ist bisher aber kein Objekt gespeichert.

Ein Objekt kreieren Sie mit dem Befehl `<-`. Der Befehl `q <- 3` schreibt Ihrem Objekt q den Wert 3 zu. Nun funktioniert auch die Berechnung:

```
q <- 3
3*q
Die Ausgabe:
[1] 9
```

**Listing 3.3** Die erste einfache Korrektur eines Fehlers

Im Verlauf des Buches werden Sie viele weitere Beispiele für die Objekterstellung finden. Das wird ein sehr wichtiges Thema bleiben.

Zusätzlich zu tatsächlichen Fehlern, die die Ausführung eines Befehls verhindern, zeigt R Ihnen auch Warnungen, die es gilt, zur Kenntnis zu nehmen. Bei Warnungen werden die Befehle zwar ausgeführt, es kann aber bei der Ausführung zu nicht beabsichtigten Fehlern kommen oder sich um Unvollständigkeiten handeln, auf die R verweist.

Das genügt als Einblick in die Konsole. Alles andere schreibe ich in das Skript selbst, sodass alle Befehle wieder abrufbar sind. Wir müssen die Konsole deshalb nicht weiter beachten und können direkt zum Skriptschreiben übergehen.

## 3.5 Mein erstes Skript

Mit dem Skriptschreiben können Sie direkt nach dem Mausklick in den Editor loslegen. Meine Empfehlung an dieser Stelle ist aber, sofort mit einer übersichtlicheren Skriptvorlage zu beginnen.

### 3.5.1 Skriptvorlage erstellen

Gehen Sie hierzu oben links im Editor auf FILE, klicken Sie auf NEW FILE und dann auf R SCRIPT oder, und das mache ich immer, R HTML.

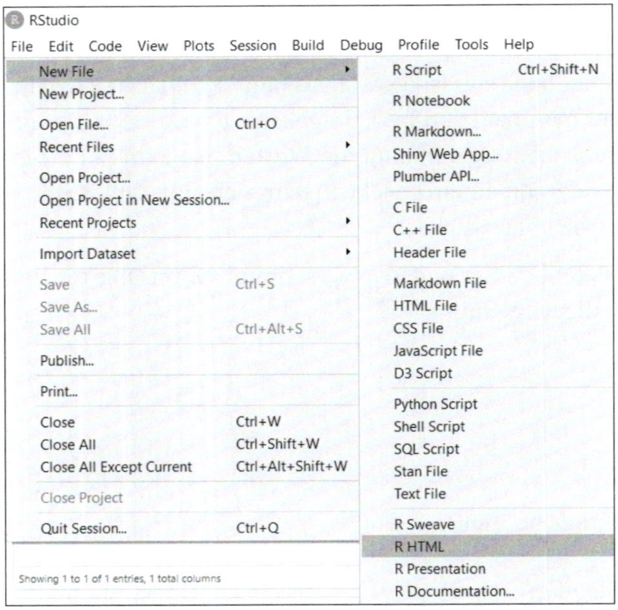


**Abbildung 3.13** Öffnung eines R-HTML-Skript-Files

Diese R-HTML-Skriptvorlage teilt Ihre Codes in *Codestücke* (CHUNKS) ein. Das macht es Ihnen einfacher, Ihre Codes übersichtlich zu gestalten und später auf Fehler und Fehlerteilstücke hin zu analysieren. Und schließlich können Sie später daraus ganz einfach eine Datei kreieren und diese dann als .pdf abspeichern und ausdrucken. Darauf komme ich aber noch einmal zurück. Alternativ können Sie auch R MARKDOWN FILE oder R NOTEBOOK FILE öffnen. *R HTML* läuft aber beim finalen »Zusammenschneidern« (KNIT – oben links im Editor) des Dokumentes reibungsloser.

Wenn Sie erst mal so loslegen wollen, geht das Skriptschreiben aber wie gesagt auch ohne diese Formate. Sie schreiben dann einfach in das normale R SCRIPT hinein. Das hat R in der Regel automatisch geöffnet, wenn Sie R starten.

Wenn Sie nun aber das R HTML FILE geöffnet haben, können Sie Ihrem Dokument *zwischen* <title>Title</title> einen Titel hineinschreiben. Es sind auch die in Grau gefärbten Codestücke zu sehen.

```
<html>

<head>
<title>Title</title>
</head>
```

```
<body>


</body>
</html>
```

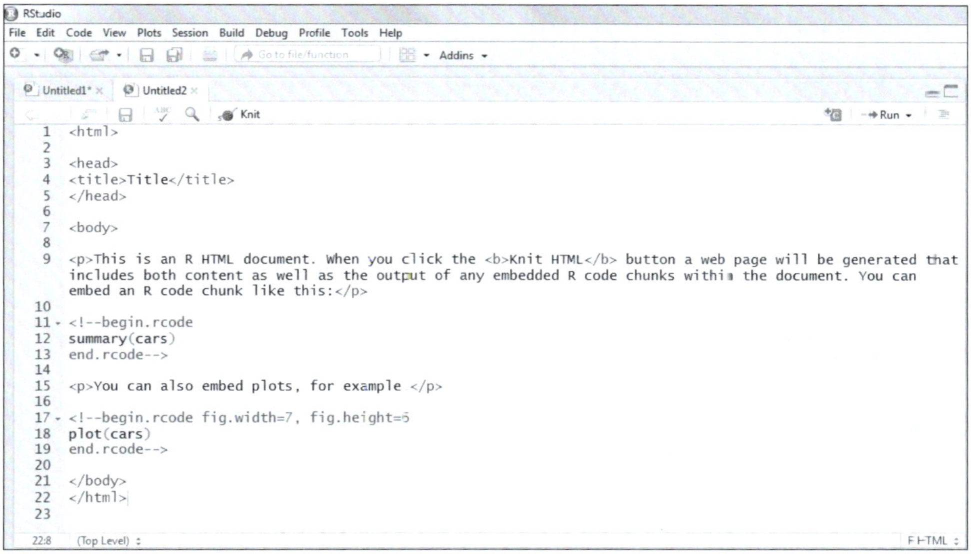


**Abbildung 3.14** Das R-HTML-Skript geöffnet

In dieses in der Abbildung grau gefärbte Codestück schreiben Sie den Code. Sie können das auch in den hier vorhandenen Codestückchen machen, wenn Sie wollen. Ich lösche hier immer zuerst alles, was unnötig ist. Das ist alles zwischen <body> und </body>. So kennt R weiterhin den Titel und ist durch die »html«-Befehle in der Lage, das HTML-Dokument herzustellen, das am Ende entstehen soll. Dann füge ich ein ganz neues, leeres Codestück ein. Um ein neues Codestück einzufügen, in dem Sie dann arbeiten, klicken Sie nun genau zwischen

```
<body>


</body>
```

Bewegen Sie die Maus auf den Reiter CODE, und klicken Sie auf INSERT CHUNK.

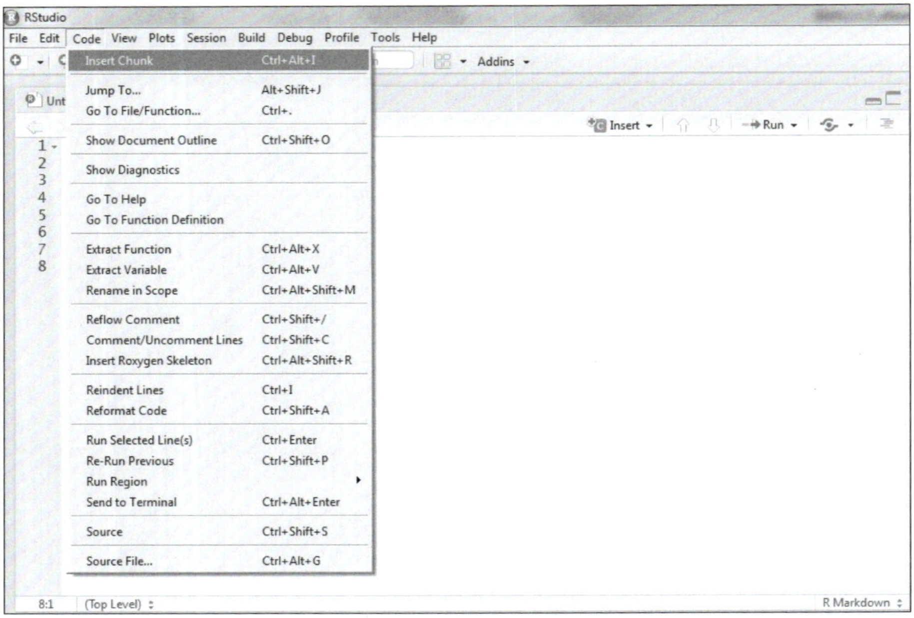


**Abbildung 3.15** Codestück (Chunk) einfügen

Nun haben Sie eine Skriptvorlage erstellt, mit der Sie bequem arbeiten können.

### 3.5.2 Schreiben und Ausführen des ersten Skriptes

Nun schreiben Sie zum Test die oben getätigten Berechnungen in dieses Codestück hinein.

Sie haben nun Ihr erstes Skript bereits geschrieben. Im Gegensatz zur Konsole, in der Sie jeden Befehl erneut schreiben müssen, können Sie das Skript beliebig oft ausführen lassen – und das geht, wie im Folgenden beschrieben.

Um R diese Berechnungen automatisiert ausführen zu lassen, klicken Sie hinter die Zeile, die Sie berechnen lassen wollen, und drücken Sie die Tastenkombination `Strg` + `↵` (mit englischer Tastatur `Ctrl` und `↵`). R berechnet Ihnen nun die Gleichung und schreibt Ihnen das Ergebnis unten in die Konsole. Das geht bei jeder Zeile gleich. Wenn sie nun das gesamte Codestück auf einmal laufen lassen wollen, klicken Sie irgendwo in das Codestück hinein, und drücken Sie die Tastenkombination `Strg` + `⇧` + `↵` (`Ctrl` + `⇧` + `↵`). Alternativ können Sie auf RUN oben rechts am Editor klicken. Da bekommen Sie ebenfalls einige Optionen aufgezeigt.

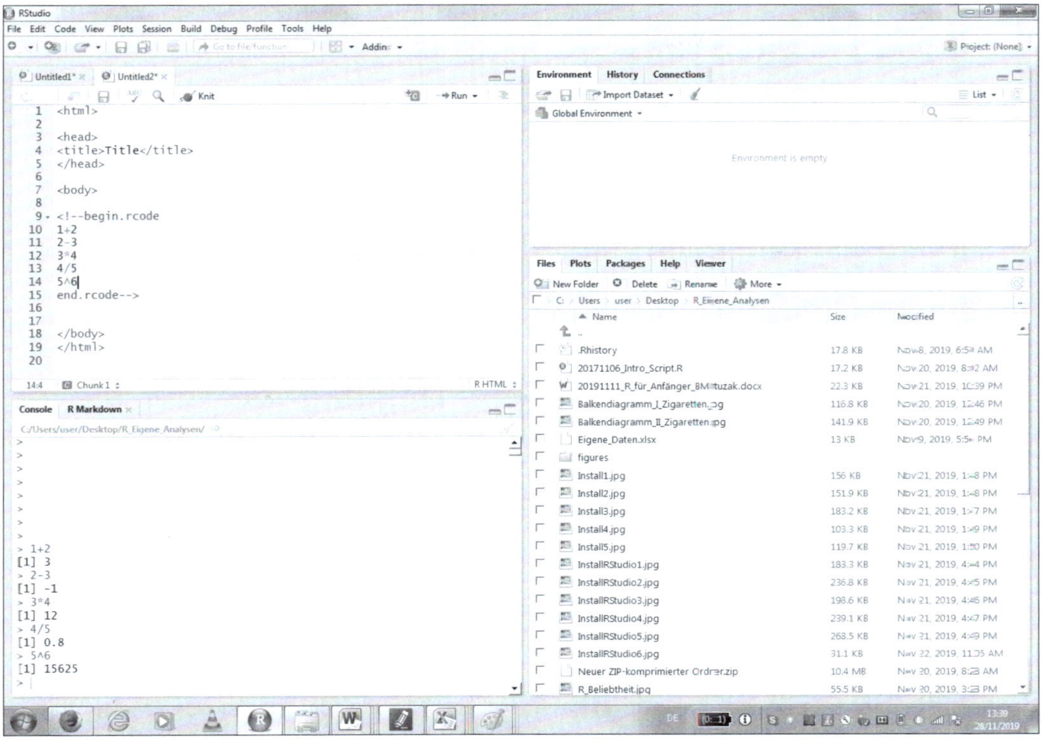


**Abbildung 3.16** Mein erstes Skript

Wie Sie sehen werden, können Sie in der Konsole verfolgen, an welcher Stelle des Skriptes R gerade die Befehle ausführt. Bei dieser kurzen Berechnung geht das zu schnell, um mitzulesen. Später aber können Sie das etwas genauer verfolgen.

Wenn Sie jetzt noch auf KNIT oben im Editor klicken, »schneidert« RStudio aus Ihrem Skript ein HTML-Dokument zusammen, das Ihnen die Ergebnisse ausgibt. Das könnten Sie dann z. B. als *.pdf*-Datei speichern und ausdrucken.

### 3.5.3 Abspeichern des erstellten Skripts

Damit Sie das Skript beim nächsten Mal einfach wieder in RStudio hineinladen können und nicht alles neu schreiben müssen, sollten Sie es unbedingt abspeichern. Legen Sie dazu am besten zunächst einen Ordner auf Ihrem Desktop an. Ich habe das beispielhaft jetzt mit einem *R_Projekte*-Ordner gemacht. Klicken Sie dazu mit einem Rechtsklick der Maus auf Ihren Desktop. Dann wählen Sie NEUEN ORDNER ERSTELLEN aus und nennen ihn wie in meinem Beispiel *R_Projekte*.

Gehen Sie nun zurück zu RStudio. Klicken Sie zum Abspeichern der Datei auf FILE und dann auf SAVE AS (speichern als).

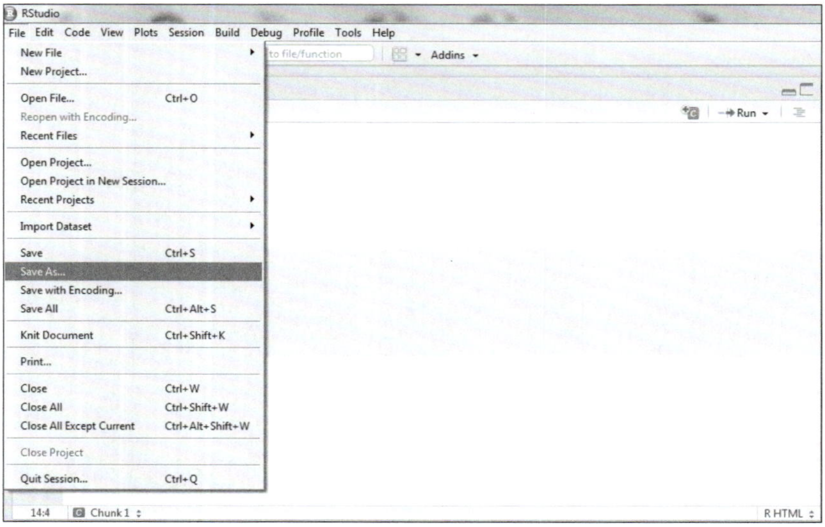


**Abbildung 3.17** Speichern des Skriptes 1

Dann geben Sie Ihrem Skript den gewünschten Namen. Bei mir ist das »Mein_erstes_Skript«. Dann klicken Sie noch Ihren gerade kreierten Ordner an, in dem Sie abspeichern wollen, und dann auf SAVE (speichern).

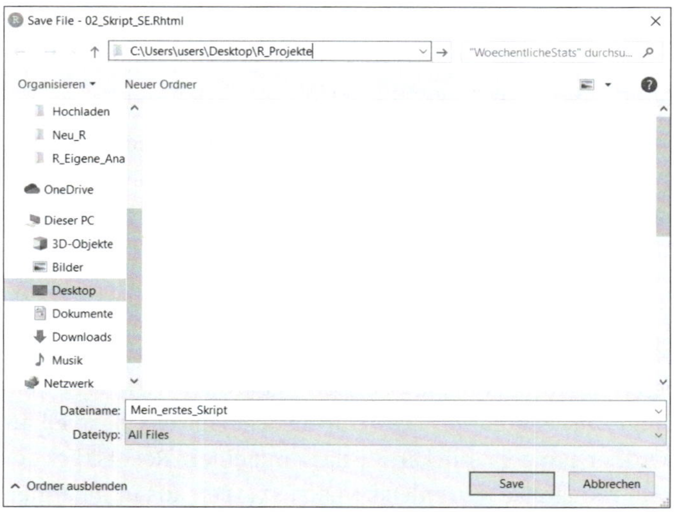


**Abbildung 3.18** Speichern des Skriptes 2

R speichert dann Ihr File automatisch so, dass es die Datei auch beim nächsten Öffnen wieder als R-HTML-Datei erkennt.

Ich selbst mache das immer gleich am Anfang und speichere zur Sicherheit auch immer mal wieder während des Schreibens meine Änderungen mit `Strg` + `S` ab.

### 3.5.4 Laden des gespeicherten Skripts

Was müssen Sie nun tun, um das Skript dann wieder zu laden? Gehen Sie wieder auf FILE und hier auf OPEN FILE.

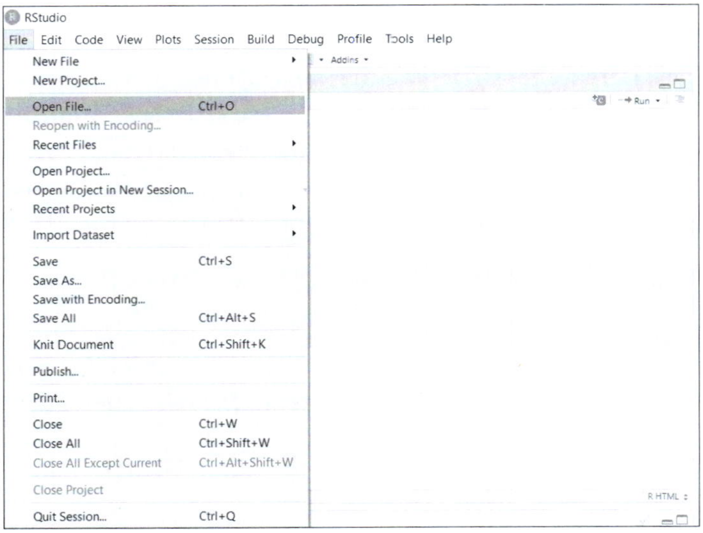


**Abbildung 3.19** Skript laden 1

Jetzt wählen Sie Ihr eben in *R_Projekte* abgespeichertes »Mein_erstes_Skript« mit einem Doppelklick aus. RStudio öffnet Ihr Skript automatisch.

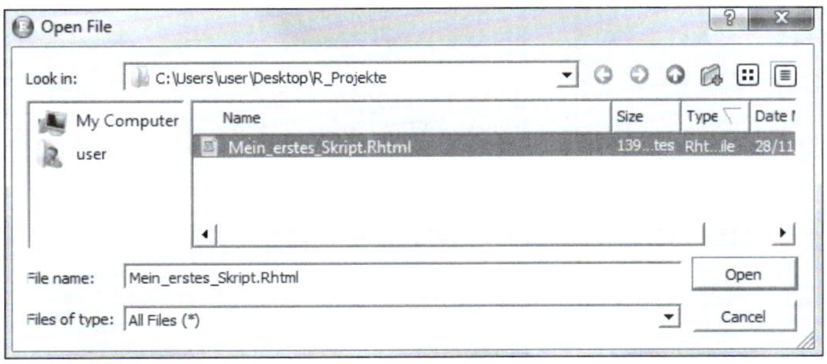


**Abbildung 3.20** Skript laden 2

Nun können Sie Ihr Skript erneut durchlaufen lassen, so wie in Abschnitt 3.5.2, »Schreiben und Ausführen des ersten Skriptes«, beschrieben.

Geschafft. R ist nun installiert, und Sie haben das Programm erfolgreich geöffnet. Wir werden uns in den nächsten Kapiteln intensiver den einzelnen Teilbereichen widmen. Zuerst aber machen wir einen kleinen Ausflug in die *Hilfe* zur *Selbsthilfe*.

## 3.6 Hilfe!

Am Anfang ist es schwierig, mit den vielen Möglichkeiten, die R bietet, umzugehen. Seien Sie sich deshalb schon zu Beginn zweier Punkte bewusst:

1. Es gibt keine vorgegebene Herangehensweise, wie Sie Ihre Fragestellungen lösen. In R gibt es in der Regel immer mehrere Möglichkeiten, ein Ziel zu erreichen. Wenn die eine nicht funktioniert, dann probieren Sie doch einfach mal die andere.
2. Es gibt Hilfe. 99 % Ihrer Probleme hatten bereits andere vor Ihnen. Und die entsprechenden Lösungen sind im Netz auffindbar.

### 3.6.1 R-eigene Hilfe

R hat zu allen Paketen und Funktionen, die im Programm verwendet werden können, R-eigene Dokumentationen. Die finden Sie immer im Fenster rechts unten unter dem Reiter HELP.

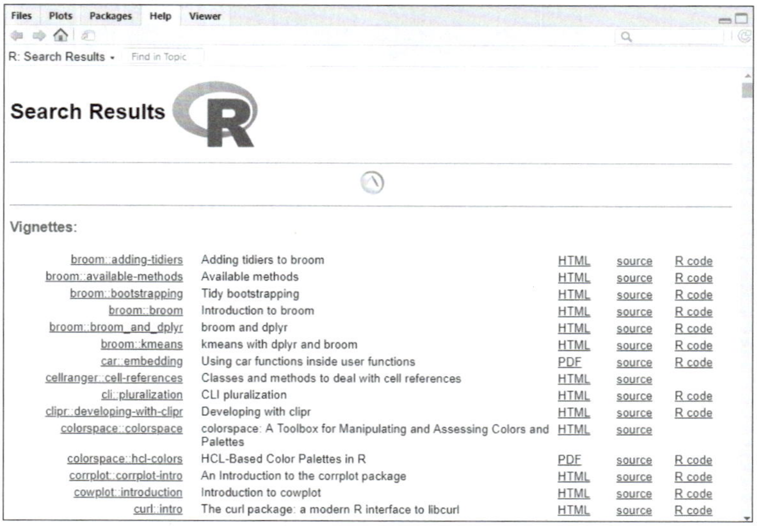


**Abbildung 3.21** Hilfe-Fenster

Wenn ich bspw. nach der Funktion `help` suche, erscheint die Dokumentation dieser Funktion.

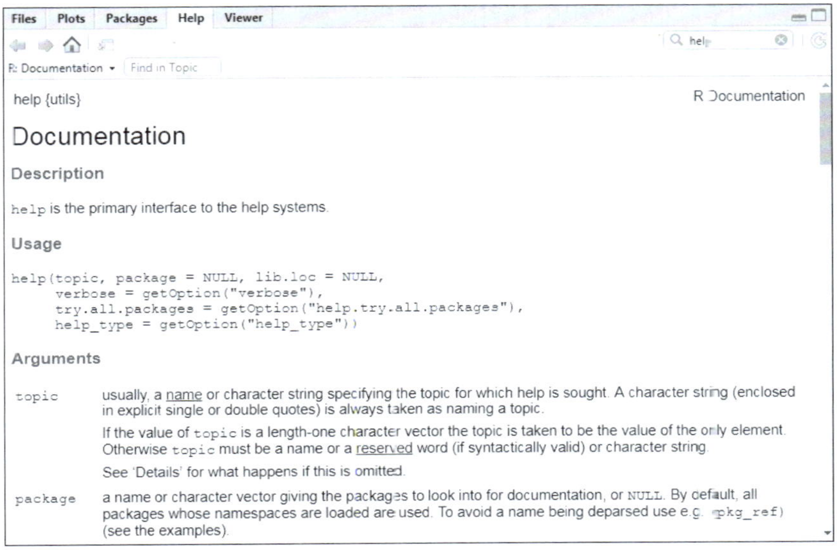


**Abbildung 3.22** R-eigene Hilfe

Die Dokumentationen für andere Funktionen und auch für in Paketen mitgelieferte Datensätze, die Sie hier suchen, sind immer im gleichen Stil aufgebaut.

Die erste Zeile zeigt an, was in der Hilfe gesucht wurde:

```
help {utils}
```

Die nächste Zeile, in großer Schrift und fett hervorgehoben, beschreibt die Hauptfunktion, die die von Ihnen gesuchte Funktion ausübt. In diesem Fall steht dort DOCUMENTATION, da die Hilfe-Funktion »help« der Dokumentation dient. Gleich darunter erfahren Sie im Abschnitt DESCRIPTION (Beschreibung), was das genau bedeutet, und unter USAGE (Gebrauch) finden Sie die Syntax der Funktion.

Die Funktion `help()` wird also mit `help` aufgerufen. Zwei runde Klammern schließen die Argumente, die die Funktionen erhalten kann, in ihr ein:

```
help(topic, package = NULL, lib.loc = NULL,
     verbose = getOption("verbose"),
     try.all.packages = getOption("help.try.all.packages"),
     help_type = getOption("help_type"))
```

Unter ARGUMENTS werden nun die *Argumente*, die die Funktion von Ihnen zugewiesen bekommen kann oder nicht, genauer beschrieben. Das erste Argument der `help`-Funktion ist `topic`, also das Thema, mit dem geholfen werden soll.

Wem die englische Beschreibung nicht hilft, der kann es mit dem Google Translator versuchen. Für den ersten Parameter, `topic`, habe ich folgende Übersetzung erhalten:

> *In der Regel ein Name oder eine Zeichenfolge, die das Thema angibt, für das nach Hilfe gesucht wird. Eine Zeichenkette (eingeschlossen in expliziten einfachen oder doppelten Anführungszeichen) wird immer als Benennung eines Themas verwendet.*
>
> *Wenn der Wert von topic ein Zeichenvektor der Länge 1 ist, wird als Topic der Wert des einzigen Elements angenommen. Andernfalls muss das Thema ein Name oder ein reserviertes Wort (sofern syntaktisch gültig) oder eine Zeichenfolge sein.*
>
> *Unter "Details" erfahren Sie, was passiert, wenn dies weggelassen wird.*

Das ist nicht fehlerfrei, reicht aber aus, um zu verstehen, dass an der Stelle, wo das Argument `topic` steht, der Name des von Ihnen gesuchten Begriffes stehen muss. Das erfahren Sie sogar gleich im ersten Satz.

Zu `package` sagt die Übersetzung, dass Sie hier das Paket benennen können: können, nicht müssen. Das `package = NULL` gibt an, dass in der Voreinstellung kein spezielles *Paket* nach `topic` durchsucht wird, sondern RBase. Sollten Sie nach einer Funktion in einem bestimmten Paket suchen, geben Sie das Paket an.

Die nächsten Eintragungen in der Auflistung zu `help` sind ebenfalls Argumente, die Sie der Funktion hinzufügen können oder nicht.

Unter DETAILS erscheint nun die technische Beschreibung des Umgangs mit der Funktion, z. B. bezüglich bestimmter Besonderheiten verschiedener Betriebssysteme. Das ist aber für den Informatiker interessanter als für den R-Einsteiger.

Die dann folgenden Unterpunkte (hier OFFLINE HELP, NOTE, REFERENCES und SEE ALSO) sind weitere manchmal sehr nützliche, manchmal weniger nützliche zusätzliche Infos.

Für den Einsteiger unverzichtbar ist jedenfalls die immer letzte Überschrift: EXAMPLES. Hier werden funktionierende *Beispiele* der Anwendung der Funktion gezeigt, die Sie in der Regel durch einfaches Kopieren und Einfügen in Ihr Skript nachbilden können. Im Fall von »help« finden Sie dort z. B.:

```
help()
help(help)              # the same
help(lapply)
```

**Listing 3.4** Beispiel für die Verwendung von »help« in der Onlinehilfe

Probieren Sie es aus. Schreiben Sie `help` in Ihre Konsole, und drücken Sie auf [↵]. Sofort öffnet sich die Dokumentation im Hilfe-Fenster.



### 3.6.2 Hilfe aus der riesigen R-Community

Vor allem am Anfang aber kann die sehr technische Beschreibung der R-eigenen Dokumentationen der Funktionen, Pakete und Datensätze für R-Anfänger kompliziert erscheinen. Abhilfe schafft die riesige frei zugängliche (open access-)R-Nutzergemeinschaft (Community).

#### Stack Overflow

*Stack Overflow* ist eine Frage-und-Antwort-Plattform zum Thema Programmierung. Sie ist zwar auf Englisch, aber mit Ihrem RStudio, das Sie auf Englisch installiert haben, kommen ja auch die Fehlermeldungen auf Englisch. Nach denen können Sie dann hier suchen und z. B. Ausschau nach Code oder Codeschnipseln halten, die Ihnen weiterhelfen. Über zehn Millionen Nutzer sind hier bereits registriert. Sie erreichen Stack Overflow auf der Webseite *www.stackoverflow.com*.

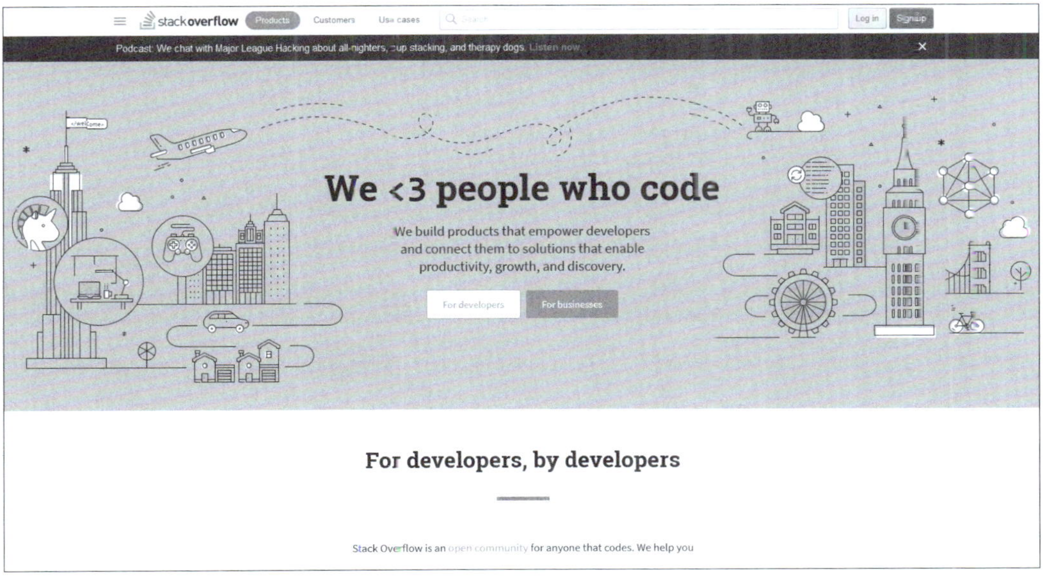


**Abbildung 3.23** Stack-Overflow-Webseite

Um Fragen zu stellen und Antworten zu bekommen, müssen Sie sich registrieren.

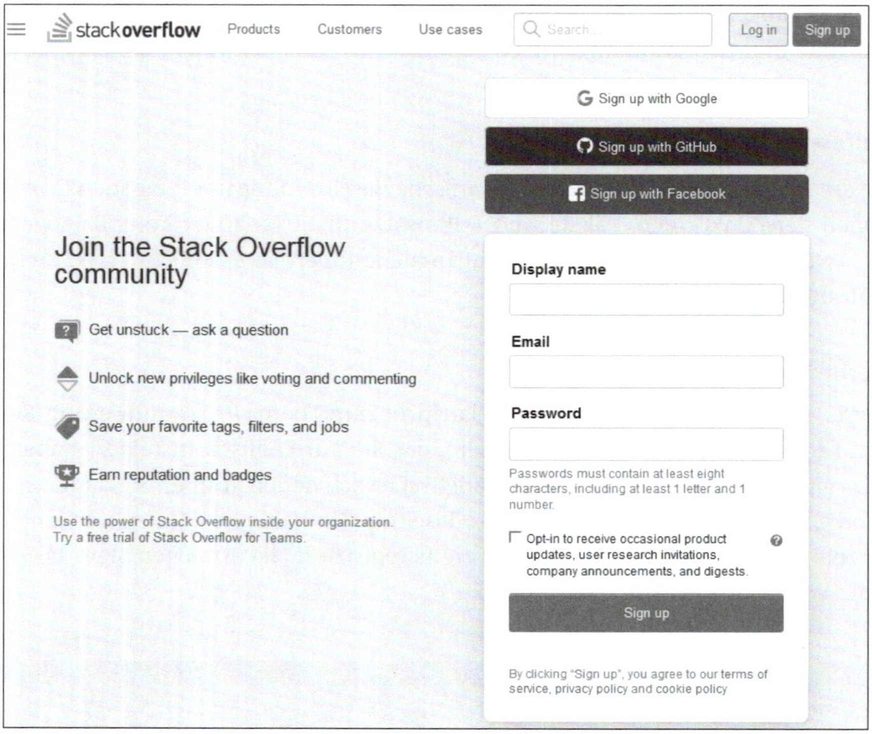


**Abbildung 3.24** Registrierung bei Stack Overflow

Sind Sie einmal registriert, können Sie mit dem Fragenstellen beginnen.

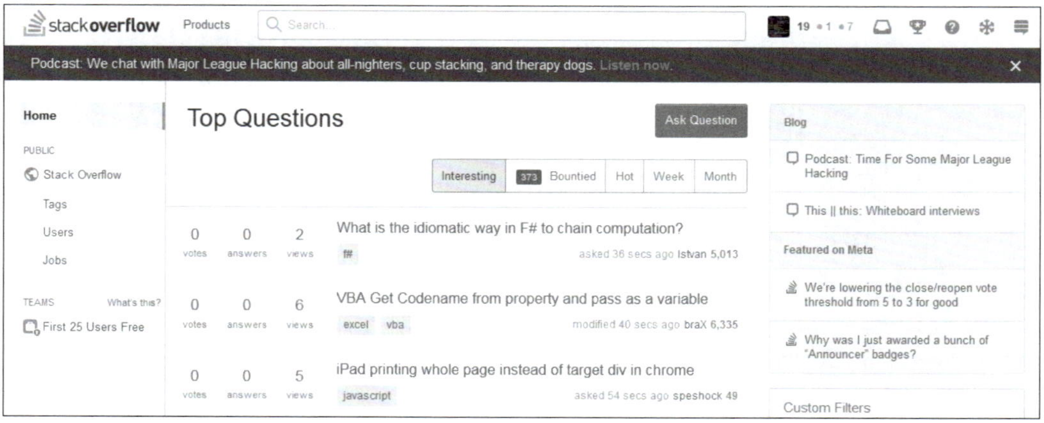


**Abbildung 3.25** Fragen stellen 1

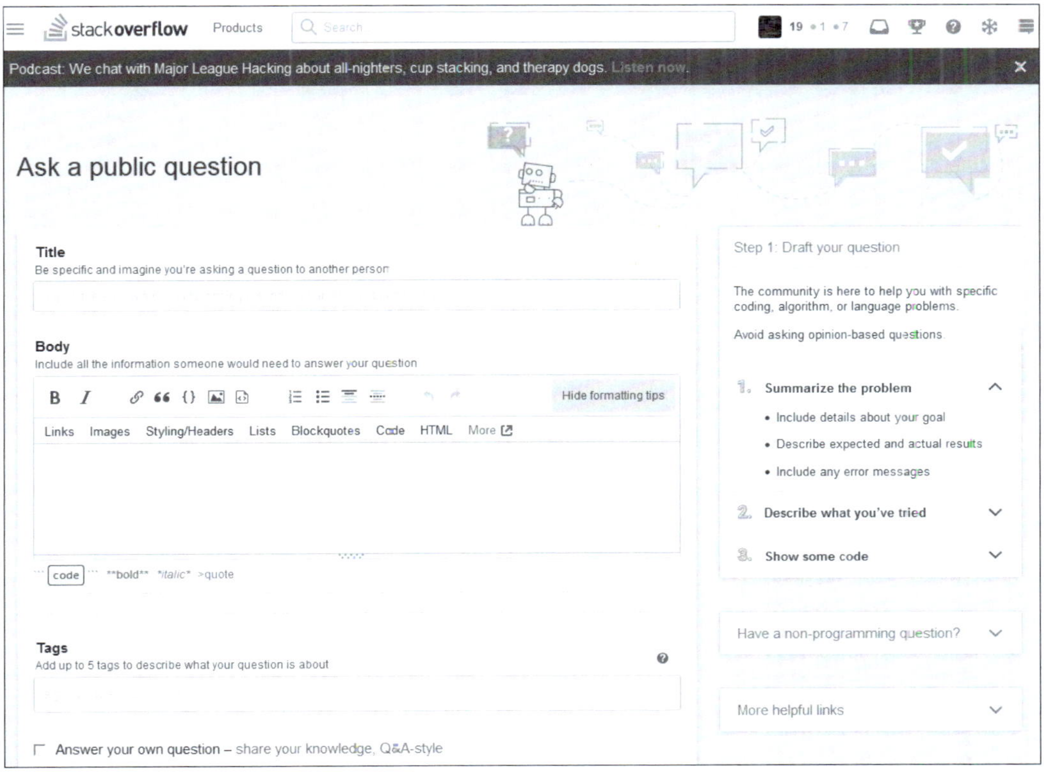


**Abbildung 3.26** Fragen stellen 2

Achten Sie dabei unbedingt darauf, dass Sie die Formalien der Seite bei Ihren Fragestellungen einhalten. Das ist sehr wichtig, denn Fragen zu stellen ist auf Stack Overflow kein Recht, sondern ein Privileg, und die Beantwortung der Fragen ist ein Gefallen, der Ihnen von der Nutzergemeinschaft getan wird. Nutzen Sie zum Verständnis der Vorgaben im Zweifel wieder den Google Translator, und sehen Sie sich bereits gestellte Fragen an.

Meistens aber werden Sie vor allem beim Einstieg in R Probleme haben, die andere schon hatten und die auf Stack Overflow so oder so ähnlich bereits gelöst wurden. Suchen Sie zur Probe das Thema »Package«. Da Ihr Thema ein R-Thema ist, fügen Sie das auch in die Suchoption mit ein. Wenn Sie also R PACKAGE suchen, schlägt Ihnen Stack Overflow bereits einige beantwortete Fragen und gelöste Probleme vor.

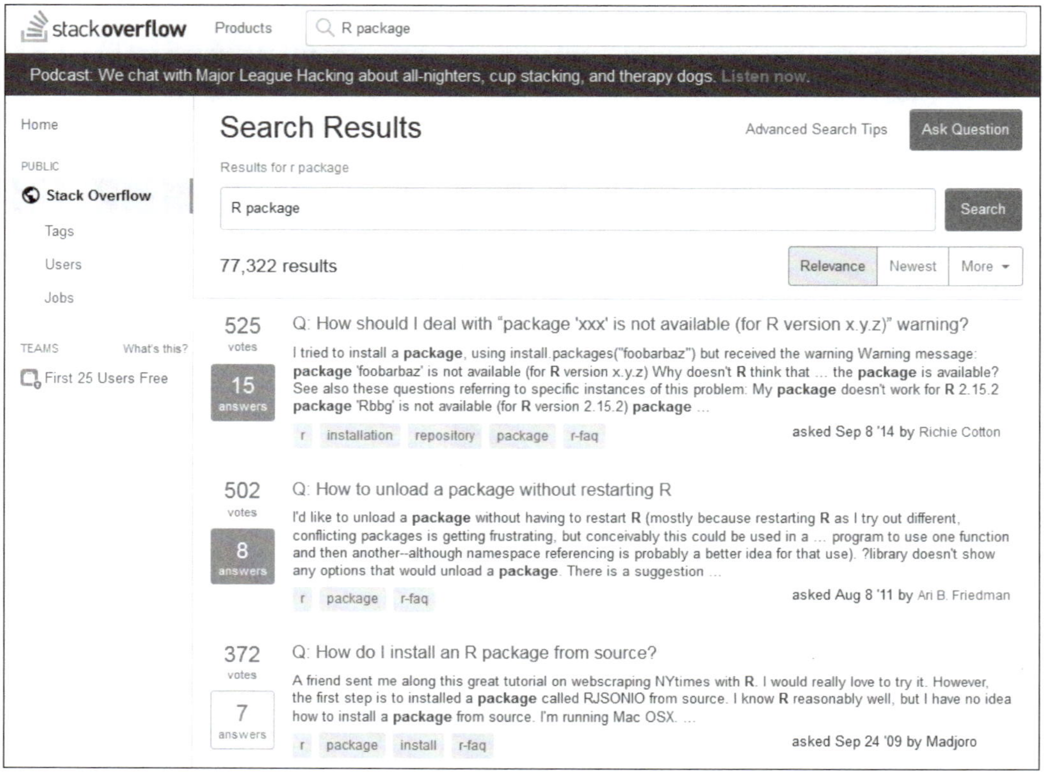


**Abbildung 3.27** Fragenpräsenz überprüfen

### YouTube

Mittlerweile ein Klassiker sind entweder kleinere Vorträge zu bestimmten Themen auf YouTube oder ganze Vorlesungen zu allen Themen. Die Webseite von YouTube ist *www.youtube.com*. Suchen Sie hier nach einem Video, das Ihr Problem behandelt, auch auf Deutsch! Meist finden Sie jemanden, der Ihr Problem dort gelöst hat oder z. B. einen Grundlagenkurs in R gibt (z. B. *http://r-wrk.de/youtubewessel*). Geplant ist auch von mir ein Vortrag zu diesem Buch und der hiesigen Einführung. Suchen Sie doch auf *youtube.com* einfach mal nach mir – »Benjamin Matuzak« oder genauer nach der »Einführung in die Data Science mit R für Quereinsteiger und Anfänger auf Deutsch« (z. B.: *http://r-wrk.de/einfuehrung*.

### Weitere Hilfe

Neben Stack Overflow gibt es weitere nützliche Seiten, so z. B. CRAN und GitHub.

#### *CRAN*

Das *Comprehensive R Archive Network* (CRAN) ist unter der Webseite *http://r-wrk.de/cran* zu erreichen. CRAN ist ein Netzwerk von FTP-(Dateiübertragungsprotokoll-)Servern und Webservern auf der ganzen Welt, auf denen identische, aktuelle Versionen von Code und Dokumentation für R gespeichert und verfügbar sind. CRAN haben Sie während der Installation des Programms bereits kennengelernt.

Zudem gibt es hier eine Reihe von »Bedienungsanleitungen« für R (*Manuals*). Die sind aber allesamt auf Englisch, und es ist nicht Ziel dieses Buches, dass Sie diese Dokumente verwenden oder verstehen können.

#### *GitHub*

Auf der Seite von *GitHub*, *www.github.com*, steht der Nutzer mit seinen Quelltext-Datenbanken, den sogenannten *Repositories* (also Verzeichnissen, die mit Git verwaltet werden), im Zentrum. Sowohl das Erstellen öffentlich einsehbarer als auch privater, also nicht öffentlicher *Repositories* ist nach einer kostenlosen Registrierung möglich.

Im Oktober 2016 berichtete die Wissenschaftszeitschrift *Nature* über die zunehmende Bedeutung von GitHub auch für den Austausch von wissenschaftlichen Daten.

#### *Google*

Die vielleicht einfachste Variante, Hilfe zu finden, ist die Suche per Google. Wenn Sie Ihr Problem spezifisch genug formulieren, schlägt Ihnen Google häufig eine der genannten Hilfen vor. Aber auch Verweise auf Seiten von Bloggern können äußerst hilfreich sein, wie Sie auch im Verlauf dieses Buches feststellen werden.

### Speziell für Grafiken

Speziell für das Erstellen von *Grafiken* schauen Sie unter *https://www.r-graph-gallery.com/* jeweils nach dem Plot, den Sie erstellen möchten. Auf dieser Website stellt der Entwickler Yan Holtz seine Sammlung von reproduzierbaren *Graphen* aller Art zur Verfügung. Der Menüpunkt ALL führt zu einer komfortablen Übersicht. Sie finden hier die Vorlagen zu den eher einfachen Graphen, die in diesem Buch behandelt werden sollen, bis hin zu den komplexeren Graphen, die Sie natürlich auch gern ausprobieren können.

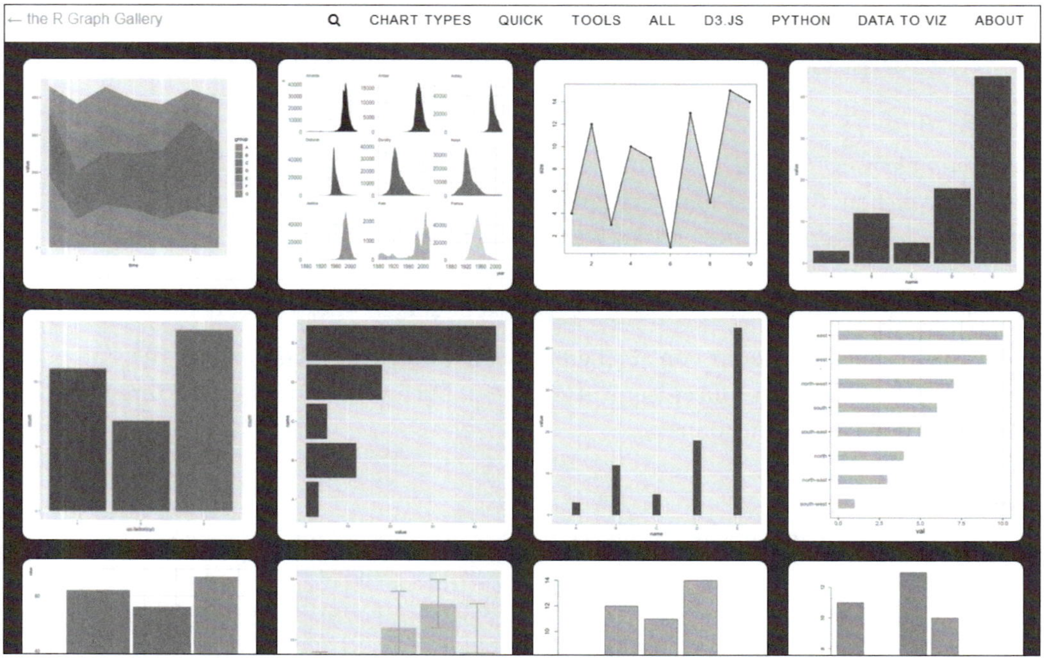


**Abbildung 3.28** Sammlung von Graphen mit R-Code, www.r-graph-gallery.com

Klicken Sie dazu einfach auf eine Abbildung, die Sie in etwa so erstellen wollen. Lesen Sie sich ein bisschen ein. Im Verlauf des Buches werden Sie diese Seite erneut verwenden.

# Kapitel 4
# Die Programmiersprache R



*In diesem Kapitel führe ich Sie in wichtige Basics und Eigenheiten der Sprache R ein. Sie werden hier die grundlegende Funktionsweise, wichtige Vokabeln und wichtige Grundlagen der Sprache R kennenlernen.*

Kapitel 4 soll Ihnen den ersten Zugang zur Programmierung mit R ermöglichen. Es ist hierzu unabdingbar, die grundlegende Syntax, also die Befehlsstruktur der Sprache R kennenzulernen. Wir werden beginnen, in *Objekten*, *Funktionen* und *Paketen* zu denken, und uns ansehen, wie R »gesprochen« wird.

Mit den oben getätigten Berechnungen haben Sie schon die ersten »Sätze« der Sprache R verfasst und bereits mit der Funktionsweise der Sprache R Bekanntschaft gemacht: R ist eine objektorientierte Sprache, in der Objekte und Funktionsaufrufe eine zentrale Rolle spielen. Mehrere Funktionen in einer Sammlung werden zu Paketen (Packages), die Sie wiederum herunterladen und benutzen können. Im Folgenden stelle ich Ihnen diese drei wichtigen Komponenten der Sprache R dar.

## 4.1 Objekte

Objekte fassen Daten zusammen. Sie sind sozusagen kleine Speicher, die das, was Sie berechnet, aufgelistet oder in einer Tabelle dargestellt haben, unter einem Objektnamen abspeichern. Den Objektnamen vergeben Sie selbst. Zugewiesen werden die Werte dem Objekt mit dem Operator `<-`. Diese(n) dem einmal kreierten Objekt zugewiesenen Wert(e) können Sie sich dann mit einem einfachen Abruf dieses Objektes (Strg + ↵) ausgeben lassen:

```
q <- 3
q
```

**Die Ausgabe:**

```
[1] 3
```

oder

```
Variable1 <- 3*(4+3)
Variable1
```

**Die Ausgabe:**

```
[1] 21
```

Mit der hier kreierten Variablen, und das gilt dann auch für alle anderen von Ihnen kreierten Objekte, können Sie dann weiterrechnen:

```
Variable2 <- 9
Variable2
```

**Die Ausgabe:**

```
[1] 9
```

```
Variable2 <- Variable1/7
Variable2
```

**Die Ausgabe:**

```
[1] 3
```

**Listing 4.1** Erstellung und Abruf von Variablen

Probieren Sie auch das einfach aus!

## 4.2 Funktionen

Die Vokabeln der Sprache R sind die Funktionen, die Grammatik ist die ihnen zugrunde liegende Syntax, die Funktionsstruktur. Funktionen werden in R in der Regel mit dieser Syntax aufgerufen:

```
Funktionsname(Argumentname1=Argument1,. . .,ArgumentnameN=ArgumentN)
```

Der *Aufruf* einer Funktion beginnt also

1. mit deren Nennung und
2. dem Öffnen einer Klammer.
3. Dann folgt ein Argument oder nicht, dem ein weiteres folgen kann oder nicht, dem ein weiteres folgen kann oder nicht usw.
4. Schließlich muss die geöffnete Klammer wieder geschlossen werden.

Was in der Theorie kompliziert wirken kann, ist veranschaulicht vielleicht besser nachzuvollziehen. Ein Beispiel für eine einfache R-Funktion ist die Funktion `seq()`. Sie gibt Ihnen eine Zahlenreihe aus, die Sie selbst bestimmen können:

```
seq <- seq(1,10)
seq
```

**Die Ausgabe:**

```
[1]  1  2  3  4  5  6  7  8  9 10
```

`seq(1,10)` ist also der Befehl, dass R die Funktion `seq()`(erstelle mir eine Zahlensequenz) auf die Argumente `(1,10)` »in einer Zahlenreihe von 1 (Anfang) bis 10 (Ende)« anwenden soll. Wenn Sie nun nur jede zweite Zahl in der Zahlenreihe von 1 bis 10 angegeben haben möchten, dann müssen Sie dies R ebenfalls per Argument innerhalb der Funktion mitteilen:

```
seq2 <- seq(1,10,2)
seq2
```

**Die Ausgabe:**

```
[1] 1 3 5 7 9
```

`seq(1,10,2)` bedeutet also: »Erstelle mir eine Zahlensequenz« auf die Argumente `(1,10,2)` »in einer Zahlenreihe von 1 bis 10 für jede zweite Zahl« Schauen Sie dazu gern noch mal in die R-interne Hilfe mit `help(seq)` hinein, auch in die Beispiele. Wie oben sind auch die Ergebnisse Ihrer Funktionsaufrufe in den Objekten gespeichert. Sie können sie nun jederzeit wieder abrufen.

```
seq
```

**Die Ausgabe:**

```
[1]  1  2  3  4  5  6  7  8  9 10
seq2
```

**Die Ausgabe:**

```
[1] 1 3 5 7 9
```

**Listing 4.2** Funktionsaufrufe am Beispiel der Funktion seq()

Beachten Sie, dass Sie den zweiten Funktionsaufruf unter dem Objekt seq2 gespeichert haben.

## 4.3 Pakete (Packages)

Pakete sind ebenfalls wichtige, grundlegende Bestandteile der Arbeit mit R. Ein Paket in R ist eine Sammlung von (nützlichen) Funktionen, die Ihnen die Arbeit mit R deutlich erleichtern. Häufig werden Pakete auch mit zusätzlich gespeicherten Datensätzen angeliefert. Ein solches Paket ist das Paket *ggplot2*, das hervorragend für die Datenvisualisierung geeignet ist. Da dieses Paket später die Basis für die Visualisierungen in diesem Buch sein soll, laden Sie es am besten gleich hier herunter.

### Wie lade ich Pakete (herunter)?

Gehen Sie zum Herunterladen von Paketen auf den Reiter PACKAGES im Teilbildschirm rechts unten in Ihrem RStudio.

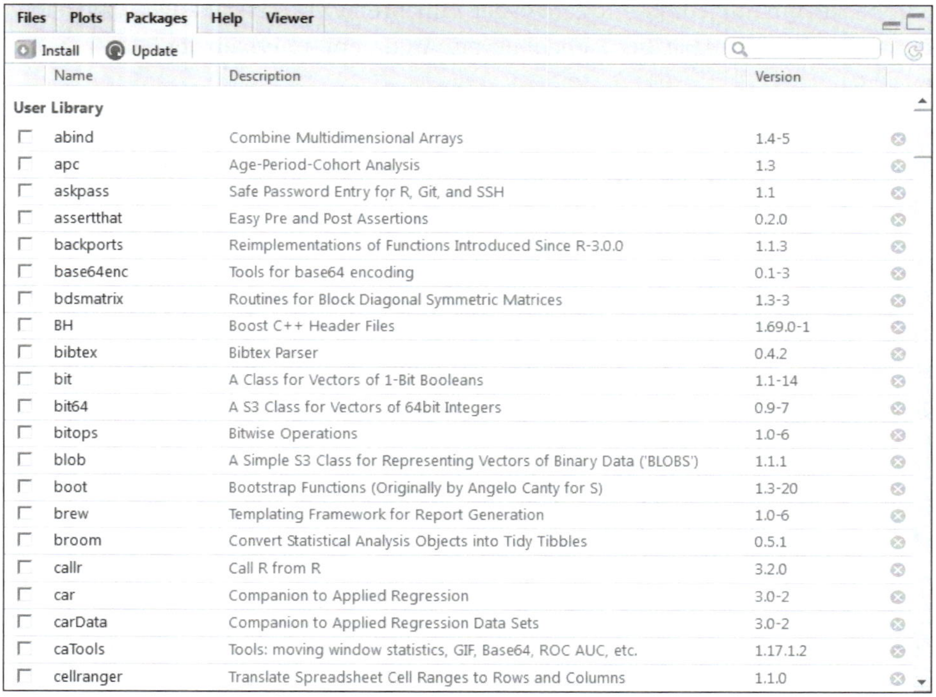


**Abbildung 4.1** Pakete installieren, Schritt 1

R zeigt Ihnen an dieser Stelle eine Liste mit allen installierten Paketen, das können vorinstallierte Pakete sein oder Pakete, die Sie selbst bereits installiert haben. Hier können Sie nachprüfen, ob das Paket, das Sie installieren möchten, bereits vorhanden ist oder nicht.

Ist es nicht vorhanden, installieren Sie es. Klicken Sie dazu oben links auf INSTALL. Es öffnet sich ein neues Fenster. Schreiben Sie hier in das mittlere Feld den Namen des Paketes, das Sie installieren wollen, in diesem Fall `ggplot2`. R lädt das Paket voreingestellt von CRAN herunter und speichert es, ebenfalls voreingestellt, in meinem »Documents«-Ordner.

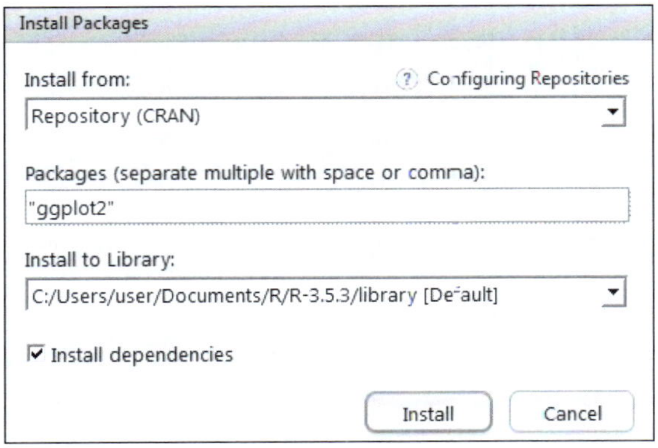


**Abbildung 4.2** Pakete installieren, Schritt 2

> **Tipp**
>
> Sie können auch R per Befehl fragen, wo gespeichert wird, nämlich mit dem Befehl
>
> ```
> getwd()
> ```
>
> **Die Ausgabe:**
>
> ```
> [1] "C:/Users/user/Documents"
> ```
>
> Natürlich ist hier in der Ausgabe mein Dateipfad angegeben. Ihrer ist dann der auf Ihrem Rechner.
>
> Zum Ändern nutzen Sie den Befehl
>
> ```
> setwd()
> ```
>
> und schreiben Ihren gewünschten Dateipfad in der gleichen Form wie gerade gesehen zwischen die Klammern.

Wenn Sie nun auf INSTALL klicken, lädt R für Sie das Paket herunter und speichert es für Sie in der »Packages«-Liste aus Abbildung 4.1.

Ein Weg, das Paket zu laden, ist der, die »Packages«-Liste nach dem Paket abzusuchen und links in das Kästchen neben dem Paketnamen einen Haken zu setzen.

Ein zweiter Weg ist das Installieren und Laden der Pakete im Skript selbst. Sie installieren und laden Pakete per Skript wie folgt:

Verwenden Sie die Funktion `install.packages("")`, und schreiben Sie den Namen des Paketes, das Sie herunterladen wollen, in Anführungsstrichen zwischen die Klammern:

```
install.packages("ggplot2")
```

**Abbildung 4.3** Händisches Laden von Paketen

Verwenden können Sie die Funktionen und gegebenenfalls die Datensätze der Pakete aber nur, wenn Sie das Paket auch aktivieren. Das machen Sie mit der Funktion

`library()`.

Für das Beispiel ggplot2 schreiben Sie `ggplot2` ohne Anführungszeichen(!) zwischen die Klammern.

```
library(ggplot2)
```

**Listing 4.3** Pakete installieren und laden

**Achtung**

Mit der Funktion `install.packages()` schreiben Sie das Argument immer mit Anführungszeichen(!) und immer mit beiden Anführungszeichen nach oben(!), mit der Funktion `library()` ohne(!). Wenn das Laden also bis hierher nicht funktioniert hat, schauen Sie am besten nach, ob es daran liegt.

Ich lasse häufig alle Pakete, die ich für meine Analyse benötige, am Skriptanfang in einem eigenen Codestück stehen – so muss ich nicht jedes Mal, bevor ich das Skript ausführe, schauen, welche Pakete ich brauchen werde. Ich schreibe auch per *Kommentarzeile* (die beginnt mit #) Stichworte zu den Hauptfunktionen des Pakets hinzu. Ein paar Beispiele finden Sie in Abbildung 4.4.

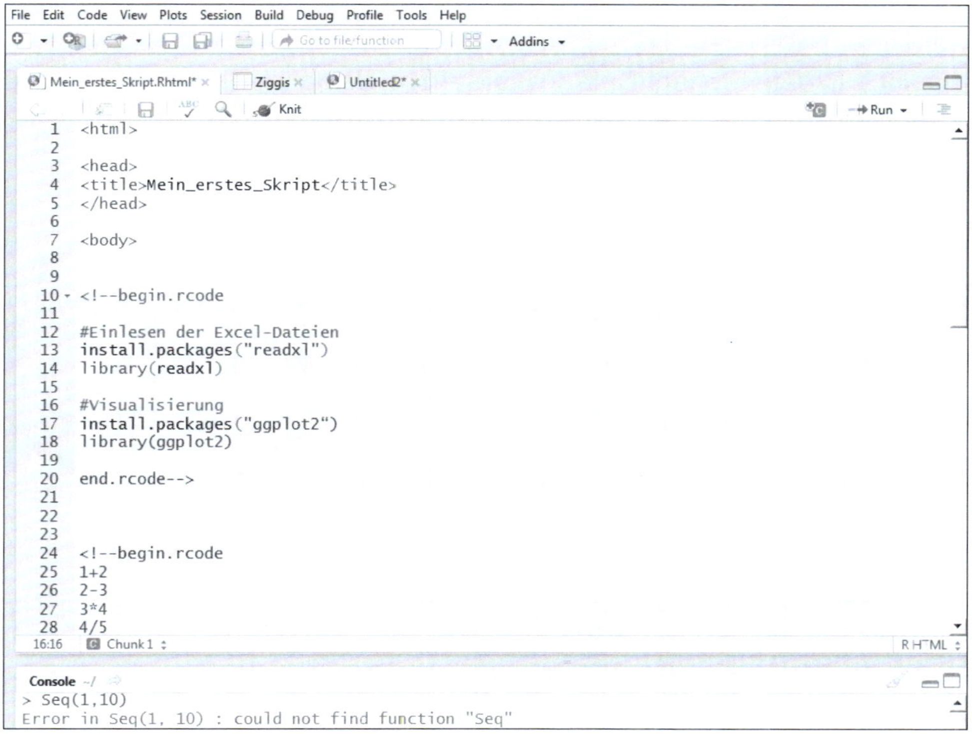


**Abbildung 4.4** Pakete installieren und laden per Befehl

Ich kann nun alle Funktionen des heruntergeladenen Paketes und die gegebenenfalls mitgelieferten Datensätze verwenden.

### Pakete und ihre Datensätze

Wenn ein Paket einen Datensatz beinhaltet, dann wird der mit dem Laden des Paketes gleich mitgeladen. Datensätze, die mit Paketen angeliefert werden, sind im Prinzip weit verbreitete Übungsdaten, mit denen allerlei Beispiele im Netz gezeigt werden. Sie können sich den Datensatz einfach ansehen, indem Sie ein Objekt kreieren und es dann wieder aufrufen. Ein Datensatz, der mit ggplot2 angeliefert wird, ist der *mpg-Datensatz*. Das finden Sie entweder einfach bei Google heraus (suchen Sie dazu nach »ggplot2 data«, und stöbern Sie ein wenig herum, bis Sie den Datensatz gefunden haben), oder Sie schauen in die Dokumentation des Packages, z. B. unter HELP. Scrollen Sie dann herunter, und suchen Sie den Index des Paketes.

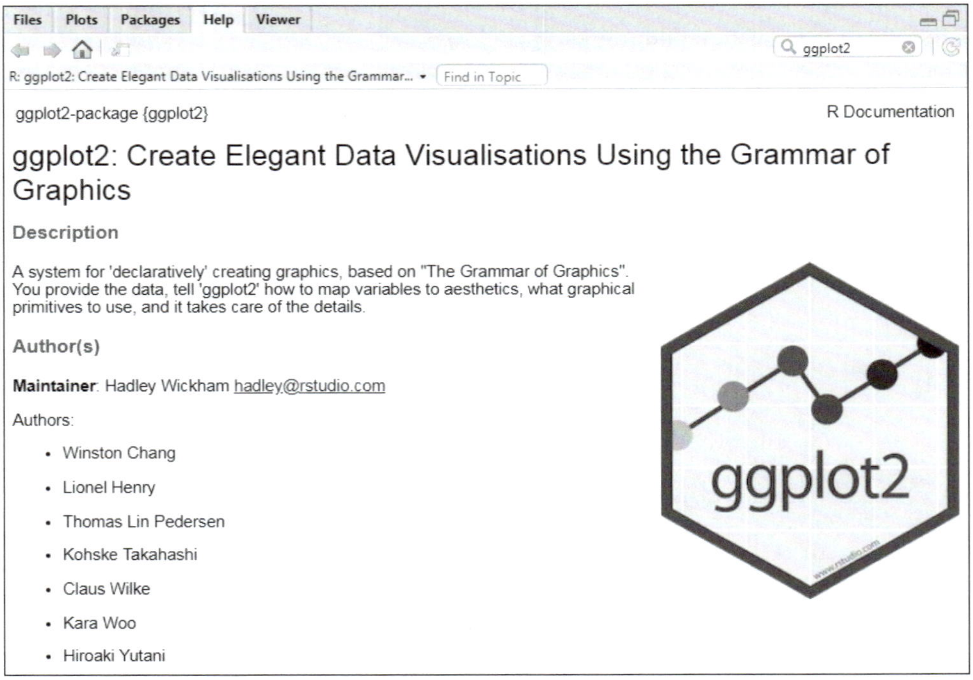


**Abbildung 4.5** ggplot2-Dokumentation

Wenn Sie hier nun Zeile für Zeile durchgehen, stoßen Sie auf zwei Datensätze:

1. diamonds (Diamanten), mit der Beschreibung »Prices of 50.000 round cut Diamonds« (Preise von 50.000 rund geschliffenen Diamanten)
2. mpg, mit der Beschreibung »Fuel economy data from 1999 and 2008 for 38 popular models of car« (Benzinverbrauchdaten von 1999 und 2008 für 38 beliebte Automodelle)

Schauen Sie sich den zweiten Datensatz doch mal etwas genauer an. Kreieren Sie dazu ein Objekt, das den Datensatz »mpg« beinhalten soll, und rufen Sie das Objekt dann auf:

```
mpg <- mpg
mpg
```

**Listing 4.4** Einladen und Aufrufen des mpg-Datensatzes

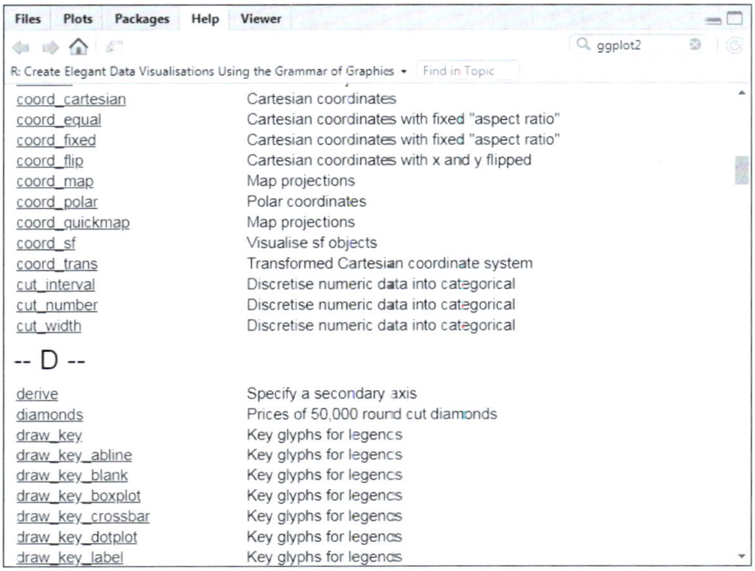


**Abbildung 4.6** Diamonds-Datensatz im ggplot2-Paket

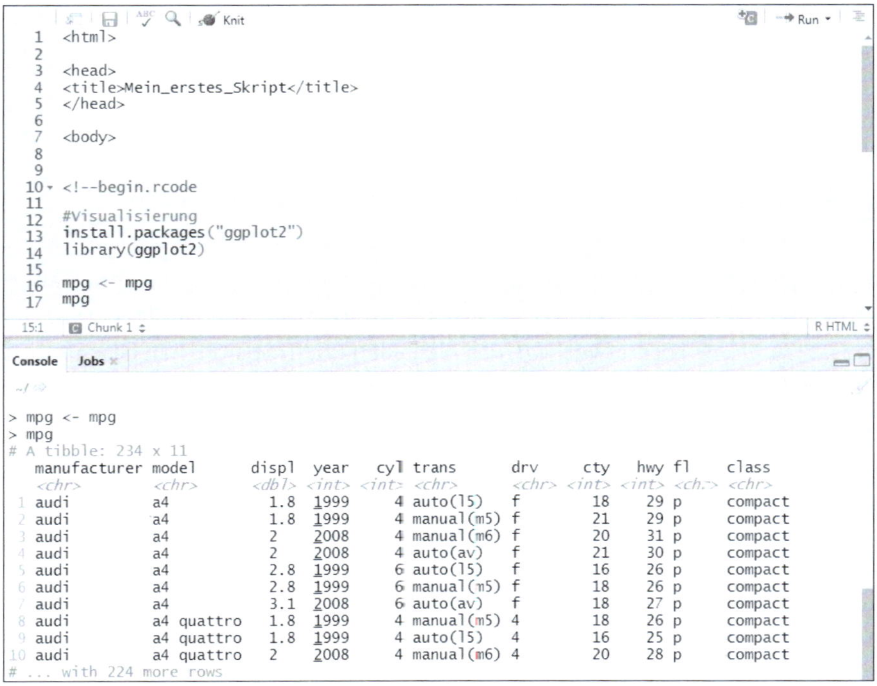


**Abbildung 4.7** mpg-Datensatz im ggplot2-Paket

Im Skript sieht das wie in Abbildung 4.8 aus:

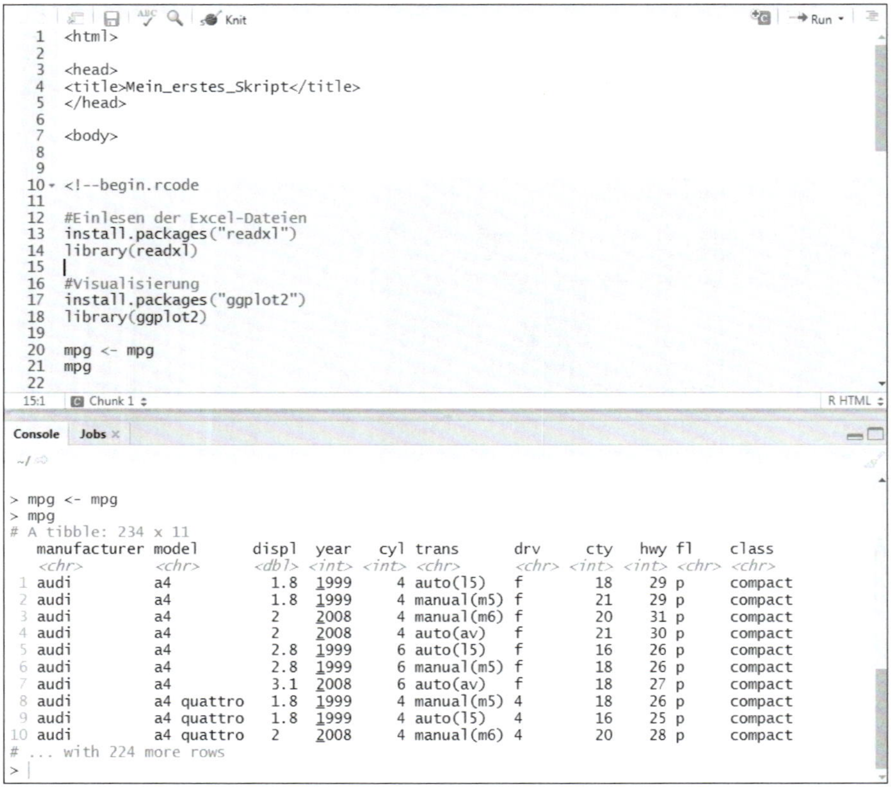


**Abbildung 4.8** mpg-Dataset

In der Konsole zeigt Ihnen R die ersten zehn Zeilen des Datensatzes an. Sie können alternativ auch den Befehl `head(name_Ihres_Datensatzes)`, also `head(mpg)`, benutzen. Dass der mpg-Datensatz im *tibble*-Format vorliegt, das 234 Zeilen und 11 Spalten hat, beschreibt R Ihnen gleich in der ersten Zeile »# A tibble 234 x 11«.

**Tibble-Datensatz**

Ein Datensatz in der tibble-Form ist einfach ein Datensatz, der in einer gut auswertbaren Form (sowohl für R als auch grundsätzlich) daherkommt. Jede Zeile ist hierbei eine Observation, jede Spalte eine Variable. Tibbles sind mit den Daten, die wir hier verwenden, mit der alternativen R-Datensatzform data.table gleichzusetzen. Wir werden in diesem Buch mit der tibble-Datensatzform arbeiten.

Sie erkennen so auch die Namen der Spalten und bekommen einen Einblick in die Werte. Wie Sie einen solchen Datensatz und andere Datensätze für die statistische Datenanalyse verwenden können, erfahren Sie später.

Wie Sie sich nun auch den Diamonds-Datensatz ansehen können, wissen Sie bestimmt schon selbst. Das geht genauso wie mit dem mpg-Datensatz. Probieren Sie es einfach aus!



## 4.4 Ein paar Vokabeln

Wie in jeder Sprache ist es hilfreich, gleich von Anfang an die wichtigsten Vokabeln zu lernen. Die ersten haben Sie schon gelernt, so z. B. die oben gezeigten Rechenoperatoren, die ebenfalls als Funktionen verstanden werden können. `help()`, `seq()` oder die Funktionen zum Paketeinstallieren und -laden haben Sie ebenfalls bereits kennengelernt.

### 4.4.1 Die wichtigsten Funktionen und Befehle für Anfänger

Ich habe Ihnen hier die meiner Ansicht nach wichtigsten Funktionen für Anfänger und eine zusammenfassende Beschreibung zusammengestellt. Das sind zum einen Funktionen, die Sie selbst gut gebrauchen können, und zum anderen solche Funktionen, die Sie immer wieder in Beispielen finden. Nach dem Lesen dieses Abschnitts können Sie diese Beispiele besser lesen, verstehen und nachbauen.

#### Die c()-Funktion

Die Funktion `c()` ist eine sehr wichtige Funktion, mit der Sie z. B. einen Vektor (hier zu verstehen als mehrere verschiedene Werte/Einträge in einer Variablen) in geordneter Form erstellen können:

```
a <- c(1,2,3,4,5)
a
```

**Die Ausgabe:**

```
[1] 1 2 3 4 5
```

```
b <- c("Apfel",5,3,4,2)
b
```

**Die Ausgabe:**

```
"Apfel" "1"     "5"     "3"     "4"     "2"
```

### Die names()-Funktion

Die `names()`-Funktion zeigt Ihnen alle Variablennamen Ihres Datensatzes an.

```
names(mpg)
```

**Die Ausgabe:**

```
 [1] "manufacturer" "model"        "displ"        "year"         "cyl"
"trans"
 [7] "drv"          "cty"          "hwy"          "fl"           "class"
```

### Die str()-Funktion

Die `str()`-Funktion gibt Ihnen Auskunft über die *Struktur* des Datensatzes. Sie liefert Ihnen damit auch wichtige Informationen über die Variablen selbst.

```
str(mpg)
```

**Die Ausgabe:**

```
Classes 'tbl_df', 'tbl' and 'data.frame':234 obs. of  11 variables:
 $ manufacturer: chr  "audi" "audi" "audi" "audi" ...
 $ model       : chr  "a4" "a4" "a4" "a4" ...
 $ displ       : num  1.8 1.8 2 2 2.8 2.8 3.1 1.8 1.8 2 ...
 $ year        : int  1999 1999 2008 2008 1999 1999 2008 1999 1999 2008 ...
 $ cyl         : int  4 4 4 4 6 6 6 4 4 4 ...
 $ trans       : chr  "auto(l5)" "manual(m5)" "manual(m6)" "auto(av)" ...
 $ drv         : chr  "f" "f" "f" "f" ...
 $ cty         : int  18 21 20 21 16 18 18 18 16 20 ...
 $ hwy         : int  29 29 31 30 26 26 27 26 25 28 ...
 $ fl          : chr  "p" "p" "p" "p" ...
 $ class       : chr  "compact" "compact" "compact" "compact" ...
```

In der ersten Zeile sehen Sie, dass es sich um einen Datensatz handelt, der die Form eines tbl_df-, eines tbl- und eines data.frame-Datensatzes hat. Sie sehen ebenfalls, dass es sich um einen Datensatz mit 234 *Beobachtungen* (*observations*) – also Reihen (rows) – und 11 *Variablen* (*variables*) oder *Spalten* (*columns*) handelt.

Zudem ist jede Variable ab Zeile 2 genannt und beschrieben, erstens mit wiederum ihrer *Datenform*, character (chr), numeric (num) oder integer (int), und zweitens mit den jeweils ersten paar *Observationen* ("audi" "audi" "audi" "audi" ...). Die ersten vier Observationen sind also alle Audi des Modells a4 mit dem Display 1.8, 1.8, 2 und 2.

Wie Sie hier sehen, ist es wichtig, dass Sie die Daten kennen und wissen, was die einzelnen Variablen bedeuten und in welcher Einheit sie gemessen sind.

4

### Die summary()-Funktion

Die Funktion `summary()` gibt Ihnen verschiedene Informationen über die Variablen Ihres Datensatzes. Handelt es sich um eine character-String-Variable, zeigt R Ihnen die Anzahl der Observationen an, die Variablenklasse und den Variablenmodus. Handelt es sich um eine numerische Variable (numeric, integer), gibt R Ihnen die Minimal- und Maximalwerte (Min., Max.), die 25-%- und 75-%-Quantilen[1] (1st Qu., 3rd Qu.), den Median und den *Mittelwert* (*mean*) an. Vor allem auf den letzten Wert, den Mittelwert (eigentlich: das *arithmetische Mittel*), werde ich im Verlauf des Buches erneut Bezug nehmen.

```
summary(mpg)
```

**Die Ausgabe:**

```
manufacturer        model              displ           year
 Length:234         Length:234         Min.   :1.600   Min.   :1999
 Class :character   Class :character   1st Qu.:2.400   1st Qu.:1999
 Mode  :character   Mode  :character   Median :3.300   Median :2004
                                       Mean   :3.472   Mean   :2004
                                       3rd Qu.:4.600   3rd Qu.:2008
                                       Max.   :7.000   Max.   :2008
      cyl           trans                drv                cty
```

### Variablen filtern mit $

Das *Allokationszeihen* $, also das normale Dollarzeichen, selektiert, einfach gesagt, eine Variable aus einem Datensatz, oder fügt eine neue hinzu. Ersteres sehen Sie schon im Ergebnis des `str(mpg)`-Befehls von oben angedeutet: $manufacterer, $model etc.

`mpg$manufacturer` ruft also im Datensatz mpg die Spalte manufacturer auf:

```
mpg$manufacturer
Die Ausgabe:
  [1] "audi"       "audi"       "audi"       "audi"       "audi"
  [6] "audi"       "audi"       "audi"       "audi"       "audi"
 [11] "audi"       "audi"       "audi"       "audi"       "audi"
 [16] "audi"       "audi"       "audi"       "chevrolet"  "chevrolet"
 [21] "chevrolet"  "chevrolet"  "chevrolet"  "chevrolet"  "chevrolet"
 [26] "chevrolet"  "chevrolet"  "chevrolet"  "chevrolet"  "chevrolet"
 [31] "chevrolet"  "chevrolet"  "chevrolet"  "chevrolet"  "chevrolet"
```

1 Das 25-%-Quantil bspw. ist der Wert, für den gilt, dass 25 % aller Werte kleiner sind als dieser Wert. Das 25-%-Quantil wird auch erstes oder unterstes Quantil genannt, in Englisch 1st Quantil. Das 50-%-Quantil ist der Median, und das 75-%-Quantil beschreibt den Wert, unterhalb dessen 75 % aller Werte aus den vorliegenden Daten liegen.

```
 [36] "chevrolet"  "chevrolet"  "dodge"      "dodge"      "dodge"
 [41] "dodge"      "dodge"      "dodge"      "dodge"      "dodge"
 [46] "dodge"      "dodge"      "dodge"      "dodge"      "dodge"
 [51] "dodge"      "dodge"      "dodge"      "dodge"      "dodge"
 [56] "dodge"      "dodge"      "dodge"      "dodge"      "dodge"
 [61] "dodge"      "dodge"      "dodge"      "dodge"      "dodge"
 [66] "dodge"      "dodge"      "dodge"      "dodge"      "dodge"
 [71] "dodge"      "dodge"      "dodge"      "dodge"      "ford"
 [76] "ford"       "ford"       "ford"       "ford"       "ford"
 [81] "ford"       "ford"       "ford"       "ford"       "ford"
 [86] "ford"       "ford"       "ford"       "ford"       "ford"
 [91] "ford"       "ford"       "ford"       "ford"       "ford"
 [96] "ford"       "ford"       "ford"       "ford"       "honda"
[101] "honda"      "honda"      "honda"      "honda"      "honda"
[106] "honda"      "honda"      "honda"      "hyundai"    "hyundai"
[111] "hyundai"    "hyundai"    "hyundai"    "hyundai"    "hyundai"
[116] "hyundai"    "hyundai"    "hyundai"    "hyundai"    "hyundai"
[121] "hyundai"    "hyundai"    "jeep"       "jeep"       "jeep"
[126] "jeep"       "jeep"       "jeep"       "jeep"       "jeep"
[131] "land rover" "land rover" "land rover" "land rover" "lincoln"
[136] "lincoln"    "lincoln"    "mercury"    "mercury"    "mercury"
[141] "mercury"    "nissan"     "nissan"     "nissan"     "nissan"
[146] "nissan"     "nissan"     "nissan"     "nissan"     "nissan"
[151] "nissan"     "nissan"     "nissan"     "nissan"     "pontiac"
[156] "pontiac"    "pontiac"    "pontiac"    "pontiac"    "subaru"
[161] "subaru"     "subaru"     "subaru"     "subaru"     "subaru"
[166] "subaru"     "subaru"     "subaru"     "subaru"     "subaru"
[171] "subaru"     "subaru"     "subaru"     "toyota"     "toyota"
[176] "toyota"     "toyota"     "toyota"     "toyota"     "toyota"
[181] "toyota"     "toyota"     "toyota"     "toyota"     "toyota"
[186] "toyota"     "toyota"     "toyota"     "toyota"     "toyota"
[191] "toyota"     "toyota"     "toyota"     "toyota"     "toyota"
[196] "toyota"     "toyota"     "toyota"     "toyota"     "toyota"
[201] "toyota"     "toyota"     "toyota"     "toyota"     "toyota"
[206] "toyota"     "toyota"     "volkswagen" "volkswagen" "volkswagen"
[211] "volkswagen" "volkswagen" "volkswagen" "volkswagen" "volkswagen"
[216] "volkswagen" "volkswagen" "volkswagen" "volkswagen" "volkswagen"
[221] "volkswagen" "volkswagen" "volkswagen" "volkswagen" "volkswagen"
[226] "volkswagen" "volkswagen" "volkswagen" "volkswagen" "volkswagen"
[231] "volkswagen" "volkswagen" "volkswagen" "volkswagen"
```

`mpg$year` ruft im Datensatz mpg die Spalte year auf:

```
mpg$year
```

**Die Ausgabe:**

```
  [1] 1999 1999 2008 2008 1999 1999 2008 1999 1999 2008 2008 1999 1999 2008
 [15] 2008 1999 2008 2008 2008 2008 2008 1999 2008 1999 1999 2008 2008 2008
 [29] 2008 2008 1999 1999 1999 2008 1999 2008 2008 1999 1999 1999 1999 2008
 [43] 2008 2008 1999 1999 2008 2008 2008 2008 1999 1999 2008 2008 2008 1999
 [57] 1999 1999 2008 2008 2008 1999 2008 1999 2008 2008 2008 2008 2008 2008
 [71] 1999 1999 2008 1999 1999 1999 2008 1999 1999 1999 2008 2008 1999 1999
 [85] 1999 1999 1999 2008 1999 2008 1999 1999 2008 2008 1999 1999 2008 2008
 [99] 2008 1999 1999 1999 1999 1999 2008 2008 2008 2008 1999 1999 2008 2008
[113] 1999 1999 2008 1999 1999 2008 2008 2008 2008 2008 2008 2008 1999 1999
[127] 2008 2008 2008 2008 1999 2008 2008 1999 1999 1999 2008 1999 2008 2008
[141] 1999 1999 1999 2008 2008 2008 2008 1999 1999 2008 1999 1999 2008 2008
[155] 1999 1999 1999 2008 2008 1999 1999 2008 2008 2008 2008 1999 1999 1999
[169] 1999 2008 2008 2008 2008 1999 1999 1999 1999 2008 2008 1999 1999 2008
[183] 2008 1999 1999 2008 1999 1999 2008 2008 1999 1999 2008 1999 1999 1999
[197] 2008 2008 1999 2008 1999 1999 2008 1999 1999 2008 2008 1999 1999 2008
[211] 2008 1999 1999 1999 1999 2008 2008 2008 2008 1999 1999 1999 1999 1999
[225] 1999 2008 2008 1999 1999 2008 2008 1999 1999 2008
```

### Textvariablen (Strings) schreiben mit "..."

Die Funktion "..." sehen Sie ebenfalls im Ergebnis des `str(mpg)`-Befehls von oben angedeutet. Die Textvariablen (character-Strings) sind in Anführungszeichen angegeben (z. B. Variable `manufacturer`, Wert `"audi"`), alle anderen Variablen sind das nicht (z. B. Spalte `displ`, Wert 1.8).

Die Funktion grenzt character-Strings (also Wörter oder kleine Texte) ab, und Sie können damit auch character-Strings erstellen.

```
x <- "hallo R"
y <- "Doppelte Anführungszeichen grenzen character-Strings ab"
x
```

**Die Ausgabe:**

```
[1] "hallo R
```

```
y
```

**Die Ausgabe:**

```
[1] "Doppelte Anführungszeichen grenzen character-Strings ab"
```

### Datentypprüfung mit is....()

Mit `is. ... ()` können Sie Datentypen überprüfen und abfragen, ob eine bestimmte Aussage stimmt (TRUE) oder nicht stimmt (FALSE). Zum Beispiel:

```
is.data.frame(mpg)
```

**Die Ausgabe:**

```
[1] TRUE
is.character(mpg$manufacturer)
```

**Die Ausgabe:**

```
[1] TRUE
is.numeric(mpg$model)
```

**Die Ausgabe:**

```
[1] FALSE
is.numeric(mpg$year)
```

**Die Ausgabe:**

```
[1] TRUE
```

Manche zusätzlichen `is. ... ()`-Prüfungen befinden sich in den bereits angesprochenen Paketen. Um zu überprüfen, ob Ihr Datensatz im tibble-Format vorliegt, installieren Sie das Paket *tidyverse*, und laden Sie es in die R-Umgebung:

```
install.packages("tidyverse")
library(tidyverse)
is.tibble(mpg)
```

**Die Ausgabe:**

```
[1] TRUE
```

Möchten Sie wissen, ob ein Objekt in einem Datumsformat vorliegt, geht das z. B. mit der Funktion

`is.Date()` aus dem Paket *lubridate*:

```
install.packages("lubridate")
library(lubridate)
is.Date(mpg$manufacturer)
```

**Die Ausgabe:**

```
[1] FALSE
```

Natürlich können Sie nicht einfach so jede Information mit `is. ... ()` abfragen. Die Argumente, also das, was Sie abfragen können, sind vorgegeben (schauen Sie gern wieder bei »Help« nach).

## 4.4.2 Cheat-Sheets

*Cheat-Sheets* sind eine Art Merkblätter oder Spickzettel. Sie werden für Programmiersprachen, Tastaturkürzel oder Programmfunktionen verwendet und sollen dabei helfen, den Arbeitsablauf (Workflow) zu beschleunigen. Die wichtigsten Infos zu einem bestimmten Thema werden in einem solchen Cheat-Sheet zusammengefasst.

Auf der Webseite von RStudio finden Sie diese in Hülle und Fülle. Für R Base unter *https://raw.githubusercontent.com/rstudio/cheatsheets/master/base-r.pdf.*

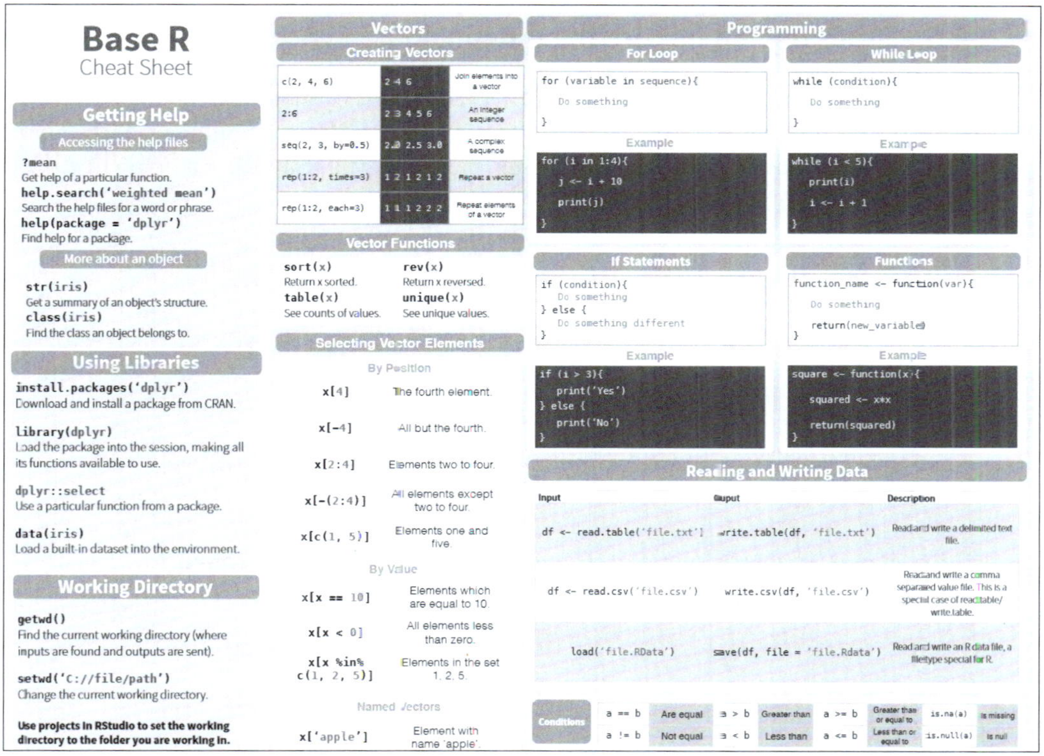


**Abbildung 4.9** Cheat-Sheet R Base

Einige der hier aufgeführten Funktionen haben Sie bereits kennengelernt. Andere lernen Sie im Verlauf des Buches kennen, oder Sie erkunden sie selbst.

Generell können Sie für alle Themen stöbern auf *http://r-wrk.de/cheatsheets*.

## 4.5 Kommentare

*Kommentare* werden durch # eingeleitet und reichen stets bis zum Zeilenende; mehrzeilige Kommentare kennt R nicht. Kommentare sind sehr sinnvoll, um sowohl die Schritte der Datenbearbeitung zu dokumentieren als auch die Programmierschritte zu kommentieren. So kann auch der nächste Verwender sie verstehen. Die Kommentarfunktion ist auch dafür geeignet, ein Inhaltsverzeichnis anzulegen.

## 4.6 Groß- und Kleinschreibung und andere Syntaxregeln

R ist *case-sensitive*: Das heißt, dass wenn Sie bspw. eine Variable mit einem kleinen Anfangsbuchstaben geschrieben haben (z. B. `mpg$cyl`), in Ihrem Befehl aber nach einem großen Anfangsbuchstaben suchen lassen (z. B. `mpg$Cyl`), R Ihre Variable nicht findet. Der folgende Befehl funktioniert:

```
mpg <- mpg
summary(mpg$cyl)
```

**Die Ausgabe:**

```
Min. 1st Qu.  Median     Mean 3rd Qu.     Max.
4.000    4.000    6.000    5.889    8.000    8.000
```

Dieser Befehl dagegen funktioniert nicht:

```
summary(mpg$Cyl)
```

R findet die Variable `Cyl` nicht und kann folglich auch nichts berechnen:

**Die Ausgabe:**

```
Length  Class   Mode
0    NULL    NULL
Warning:
Unknown or uninitialised column: `Cyl`.
```

Die Variable `Cyl` ist also unbekannt. Häufig bekommen Sie in solchen Fällen die etwas schlichtere Fehlermeldung `Error in [Befehl]: object x not found`.

### 4.6.1 Benennung

Für Objekt-, Funktions- und/oder Variablennamen sollten Sie keine Leerzeichen verwenden. Das geht zwar, macht aber alles komplizierter. Verwenden Sie stattdessen Punkte oder Unterstriche, wenn nötig.

Geben Sie also nicht `Variable 3 <- 3*(4+3)` ein, sondern `Variable3 <- 3*(4+3)` oder `Variable_3 <- 3*(4+3)`. Das gilt auch für die Variablennamen innerhalb von Datensätzen (Data Frames).



### 4.6.2 Klammern

*Klammern*! Denken Sie immer daran, die Klammern, die Sie geöffnet haben, auch wieder zu schließen. Viele Fehler lassen sich allein dadurch vermeiden. Der Editor hilft Ihnen: Er zeigt Ihnen beim Schließen einer Klammer mit einer Graumarkierung die Klammer an, auf die sie sich bezieht.

### 4.6.3 Syntax

Die beiden wichtigsten Syntaxregeln zum Arbeiten mit Datensätzen sind meiner Einschätzung nach diese beiden:

1. **Erst Zeile, dann Spalte**
   R zählt in der geöffneten Klammer zuerst die Zeile, dann die Spalte:

   ```
   mpg2 <- mpg[15, 2]
   ```

   Der Befehl holt Ihnen also die Zeile 15 der Spalte 2 aus dem Datensatz `mpg` und speichert sie unter mpg2 ab.

   ```
   mpg2
   ```

   **Die Ausgabe:**

   ```
   # A tibble: 1 x 1
     model
     <chr>
   1 a4 quattro
   ```

   Wenn Sie die Stelle vor dem Komma freilassen, bekommen Sie alle Zeilen der Spalte 2, wenn Sie die Stelle nach dem Komma freilassen, alle Spalten für die Zeile 15. Sehen Sie es sich an:

   ```
   mpg3 <- mpg[, 2]
   mpg3
   mpg4 <- mpg[15,]
   mpg4
   ```

2. **Nested Reading**
   Eine einfache, aber nicht zu unterschätzende Regel ist die, dass R den Code grundsätzlich von innen nach außen liest und Sie somit Funktionen in eine andere Funk-

tion hineinschreiben können. Das heißt *Nesting*, und das Auslesen dieser ineinander verschachtelten Funktionen nenne ich *Nested Reading*. Ein einfaches Beispiel wäre, dass ich R mitteile, dass ich meine `mpg[15, 2]`-Funktion als tibble gespeichert haben möchte:

```
mpg2 <- as_tibble(mpg[15, 2])
```

**Listing 4.5** Beispiel für Nested Reading

R liest also zuerst Zeile 15 aus Spalte 2 aus, macht dann daraus eine tibble-Form und speichert mir das Ganze schließlich unter dem Objekt mpg2 ab.

Hier ist ein komplexeres Beispiel:

Wenn Sie die vorkommenden Automarken vom Hersteller »dodge« zählen wollen, dann können Sie das einmal ohne Nesting machen, indem Sie die Befehle einzeln geben:

```
m_dodge <- which(mpg$manufacturer == "dodge")
```

(»R, such mir aus mpg$manufacturer alle Zeilen mit ›dodge‹ heraus, und speichere mir das Ergebnis unter m_dodge.«)

```
m_dodge
```

**Die Ausgabe:**

```
[1]
 38 39 40 41 42 43 44 45 46 47 48 49 50 51 52 53 54 55 56 57 58 59 60 61 62 63
 64 65 66 67 68 69 70 71 72 73 74
```

```
m_anzahl_automarken <- length(m_dodge)
```

(»R, sag mir, wie lang mein neuer Vektor `m_dodge` ist, wie viele Zeilen er hat, und speichere mir das Ergebnis unter `m_anzahl_automarken`.«)

```
m_anzahl_automarken
```

**Die Ausgabe:**

```
[1] 37
```

Oder Sie machen es mit Nesting und verkleinern den Aufwand:

```
m_anzahl_automarken <- length(which(mpg$manufacturer == "dodge"))
```

(»R, such mir aus `mpg$manufacturer` alle Zeilen mit `"dodge"` heraus, R, sag mir, wie viele Zeilen der Vektor hat, und speichere mir das Ergebnis unter `m_anzahl_automarken`.«)

```
m_anzahl_automarken
```

**Die Ausgabe:**

*[1] 37*



## 4.7 Computer sind dumm

Denken Sie immer daran, dass Computer immer noch relativ dumm sind. Sie müssen ihnen (noch) alles sagen, was Sie von ihnen wollen, so wie gerade gezeigt.

Eine gute Übung hierzu ist, sich in etwa ein Kochrezept vorzustellen. »Geben Sie sechs (wie viel) Eier (wovon) in eine Pfanne (wohin), die Sie vorher erhitzt haben (Besonderheit).« Das geht schon in etwa. Es fehlen aber noch Angaben wie: Womit wird die Pfanne erhitzt, mit Öl oder Butter, auf wie viel Grad, ist eine kleine oder große Pfanne gemeint? Und die Eier sind ja nur eine Variable von möglicherweise vielen. Ohne diese Informationen können Sie nicht so kochen, wie es der Koch, der Ersteller des Rezeptes, vorgesehen hat. Wie auch? Woher sollen Sie denn wissen, was der Koch von Ihnen will.

Der Befehl `is.numeric(mpg2[, 4])` würde in Kochrezeptform also heißen: R, schau bitte im Datensatz mpg2 alle Zeilen der Spalte 4 durch. Sag mir dann bitte, ob alle diese Zeilen in einer numerischen Form vorliegen. Die Antwort ist: Es gibt keine Spalte 4. Probieren Sie es doch mal mit Spalte 1.

# Kapitel 5
# Grundlagen der statistischen Datenanalyse

*Ich möchte Ihnen hier die wichtigsten Konzepte der statistischen Datenanalyse vorstellen. Was will ich von Daten, was sind Daten überhaupt, und was sind die am häufigsten auf sie angewendeten statistischen Methoden?*

Das Wichtigste an jeder Analyse ist ihr Beginn. Zu einem guten Start gehört ein Studiendesign, an dem Sie sich orientieren. Mit dem Studiendesign setzen Sie die Parameter, also den Rahmen, für alles, was folgt.

## 5.1 Fragestellung und Studiendesign

Um ein brauchbares Studiendesign zu kreieren, fragen Sie sich am Anfang und immer wieder im Laufe Ihrer Studie: Welche Frage will ich eigentlich beantworten, was will ich genau herausfinden, welche Daten habe und/oder brauche ich dazu, und wie gehe ich am besten vor, um aus ihnen Ergebnisse zu gewinnen? Dann importieren Sie Ihre Daten in R und bringen sie in eine saubere Datentabellenform (dazu genauer in Kapitel 6, »Daten einlesen und für die Analyse vorbereiten«). Danach treten Sie in die eigentliche Bearbeitungsphase ein. In einem Dreiklang aus Bearbeitung, Visualisierung und Berechnung/Modellierung arbeiten Sie, mit Wiederholungsschleifen, an Ihren Daten, bis Sie mit dem Ergebnis, das Sie letztlich darstellen wollen, zufrieden sind. Dann können Sie Ihre Ergebnisse Ihren Lesern bzw. dem Publikum präsentieren. In Abbildung 5.1 habe ich das für Sie zusammengefasst.

Sie sehen hier in einem letzten Punkt, dass auch die Dokumentation Ihrer Studie nicht fehlen darf. Sie sollten aufschreiben, was Sie wissen wollen, wie Sie vorgehen, warum Sie so vorgehen und was Sie mit den Daten genau gemacht haben. Nur so kann auch der Nächste Ihre Schritte nachvollziehen und zu den gleichen oder anderen Analyseergebnissen kommen.

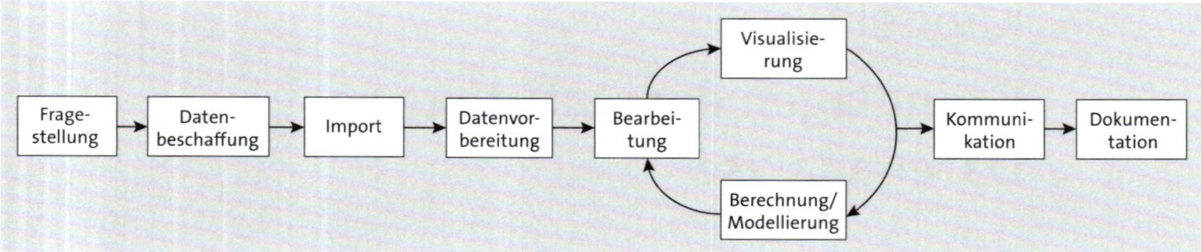


**Abbildung 5.1** Studienverlauf

In diesem Buch werde ich Ihnen ein paar anschauliche Beispiele für mögliche (Forschungs-)Fragen geben und Ihnen auch zeigen, welche Konsequenzen z. B. die Änderung einer Frage für Ihre Daten und deren Analyse haben kann.

Ich komme dabei noch etwas ausführlicher auf das Thema Studiendesign zurück.

Zunächst aber müssen wir uns darauf einigen, was wir unter Daten und Datensätzen verstehen wollen.

## 5.2 Von Daten und Datensätzen

Was sind Daten? Sie haben schon viel über *Daten* und *Datensätze* gelesen, aber was verbirgt sich eigentlich dahinter? Nach meiner Definition sind Daten nichts anderes als zusammengefasste Informationen, die in Zahlen, Kategorien oder Wörtern über Phänomene (Dinge) in der Welt dargestellt sind. Datensätze bestehen aus einer Sammlung von Daten, dargestellt in einer bestimmten Form.

**Achtung: Potenziale der Arbeit mit Daten**

Ich möchte Sie an dieser Stelle warnen: Daten offenbaren Fakten, die in die eine oder andere Richtung interpretiert werden können, manchmal aber auch nur bestimmte Schlussfolgerungen zulassen. Daten und die Arbeit mit ihnen haben das Potenzial, einige Ihrer grundsätzlichen Ideen und Annahmen zu widerlegen und im Extremfall sogar ihr gesamtes Weltbild durcheinanderzubringen. Daten und Fakten kümmern sich weder um Ihre Ansichten noch um Ihre Gefühle. Es ist dann an Ihnen, Ihre gewonnenen Erkenntnisse nach bestem Wissen und Gewissen einzuordnen und damit verantwortungsvoll umzugehen.

Um Ihnen eine Einführung zu geben, was Daten und Datensätze überhaupt sind, ergibt es Sinn, zwischen zwei Arten von Datengruppen zu unterscheiden. Je nach Datengruppe ändern sich Bearbeitungsweise, Analyse- und Aussagemöglichkeiten. In der folgenden Unterscheidung zwischen *Querschnitt-* und *Längsschnittdaten* (*Längsschnittdaten* werden häufig auch *Paneldaten* genannt) trenne ich dann noch einmal zwischen *selbst erhobenen* und *fremd erhobenen* Daten. So können Sie sowohl Beispiele sehen zur Arbeit mit eigenen Daten als auch zur Verwendung mit öffentlich zugänglichen Daten.



### 5.2.1 Querschnittdaten

*Querschnittdaten* sind Daten, in denen die Observationen zu einem einzigen Zeitpunkt erfasst werden. Bei Querschnittdaten interessiert nicht die Veränderung der Daten im Zeitablauf, sondern die Datenlage zu einem bestimmten Zeitpunkt. Das kann das Ergebnis einer Landtagswahl, eine Umfrage, eine Bevölkerungszählung (Zensus) oder ein von Ihnen aufgestellter Einkaufszettel sein.

#### Selbst erhobene Querschnittdaten

Sie analysieren solche Daten bereits, wenn auch unbewusst, z. B. beim Einkaufen: Wenn Ihr Einkauf beendet ist, überschlagen Sie meistens, wie groß die Einkaufstüte ist, die Sie für die Waren brauchen. Die normale Einkaufstüte im Supermarkt hat 10.000 oder 20.000 cm³, also zehn oder 20 Liter Fassungsvermögen. Und Ihr Einkauf? Schreiben Sie Ihren Einkaufszettel doch einfach mal in eine Excel-Tabelle. Dann könnte die z. B. so aussehen:

| Artikel | Anzahl | Einheit | Gewicht | geschätztes Volumen in cm³ |
|---|---|---|---|---|
| Brot | 1 | Laib | 1 kg | 1.765 |
| Butter | 1 | Stück | 250 g | 260 |
| Milch | 2 | Liter | 2 kg | 2.000 |
| Eier | 12 | Stück | 660 g | 1.715 |

Ihre erste Variable ist also der Artikel, den Sie kaufen wollen. Die zweite Variable die Anzahl der Einheit, in der der Artikel gemessen wird. Dann haben Sie noch das Gewicht als dritte Variable und schließlich das aus dem Augenmaß heraus geschätzte Volumen in Kubikzentimetern (cm³) als vierte Variable. Das Gesamtvolumen Ihres Einkaufs beträgt 5.740 cm³ oder 5,74 Liter. Ihr Einkauf passt also locker in die 10.000 cm³ bzw. zehn Liter große Tüte, selbst mit den Zwischenräumen, die beim Auf- und Nebeneinanderpacken der Waren in der Tüte entstehen.

Und nein, für solche einfachen Fragestellungen benötigen Sie R nicht zwingend. Mit fremd erhobenen, öffentlich zugänglichen Daten aber kann sich das schnell ändern. Die sind in der Regel komplexer, so wie die Fragen, die sich mit ihnen untersuchen lassen.

### Fremd erhobene, öffentlich zugängliche Querschnittdaten

Ein klassisches Beispiel für solche komplexeren zu einem Zeitpunkt aufgenommenen Daten sind *Zensusdaten*. Der letzte deutsche Zensus wurde 2011 erhoben.[1] Wenn Sie etwas über die deutsche Bevölkerungszusammensetzung wissen wollen, dann sind Sie hier genau richtig. Googeln Sie einfach »Zensus 2011«. Dann finden Sie gleich beim dritten oder vierten Google-Vorschlag den Link zur offiziellen Webseite: *http://r-wrk.de/ZensusDatei*.

**Abbildung 5.2** Öffentliche Zensusdaten Deutschland

Wenn Sie da ein bisschen herumlesen, kommen Sie auf den Artikel ERGEBNISSE DES ZENSUS 2011 ZUM DOWNLOAD – ERWEITERT. Wenn Sie darauf klicken, werden Ihnen eine Excel- und eine *.csv*-Datei zum Herunterladen angeboten (*http://r-wrk.de/ZensusDatei*).

1 Ein neuer gesamteuropäischer Zensus kommt übrigens in 2021 – sicher mit interessanten Informationen!

**Abbildung 5.3** Öffentliche Zensusdaten zum Herunterladen – Deutschland

Wenn Sie nun die Excel-Datei öffnen und unten links das Tabellenblatt BEVÖLKERUNG auswählen, haben Sie den gesamten Teil BEVÖLKERUNG mit Dutzenden Variablen vor sich (z. B. Einwohnerzahl, darunter männlich und weiblich, Schulabschlüsse, Migrationshintergrund etc.).

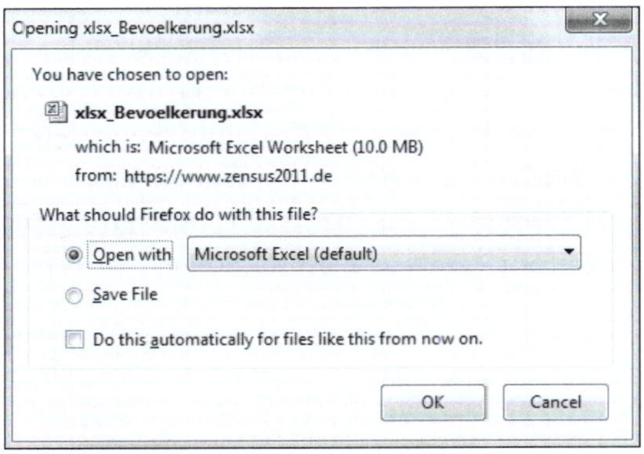


**Abbildung 5.4** Öffnen der Zensus-Datei

A1 | $f_x$ 12-stelliger Amtlicher

| | A | B | C | D | E | F | G | H | I | J | K | L |
|---|---|---|---|---|---|---|---|---|---|---|---|---|
| 1–8 | 12-stelliger Amtlicher Gemeindeschlüssel (AGS) | Bundesland | Regierungsbezirk/ Ebene NUTS-2 | Kreisfreie Stadt/ Stadtkreis/ Landkreis | Gemeinde-verband | Gemeinde | Gebiet | Regional-ebene | Einwohnerzahl zum 09. Mai 2011 | Bevölkerung nach Geschlecht: insgesamt | Bevölkerung nach Geschlecht – Geschlecht: männlich | Bevölkerung nach Geschlecht – Geschlecht: weiblich |
| 9 | 1 | 2 | 3 | 4 | 5 | 6 | 7 | 8 | 9 | 10 | 11 | 12 |
| 10 | 00 | 00 | | | | | Deutschland | Bund | 80219695 | 80219695 | 39145941 | 41073754 |
| 11 | 01 | 01 | | | | | Schleswig-Holstein | Land | 2800119 | 2800119 | 1360484 | 1439635 |
| 12 | 01001 | 01 | 0 | 01 | | | Flensburg, Stadt | Stadtkreis/kreisfreie Stadt/Landkreis | 82258 | 82258 | 40534 | 41724 |
| 13 | 010010000000 | 01 | 0 | 01 | 0000 | 000 | Flensburg, Stadt | Gemeinde | 82258 | 82258 | 40534 | 41724 |
| 14 | 01002 | 01 | 0 | 02 | | | Kiel, Landeshauptstadt | Stadtkreis/kreisfreie Stadt/Landkreis | 235782 | 235782 | 113505 | 122277 |
| 15 | 010020000000 | 01 | 0 | 02 | 0000 | 000 | Kiel, Landeshauptstadt | Gemeinde | 235782 | 235782 | 113505 | 122277 |
| 16 | 01003 | 01 | 0 | 03 | | | Lübeck, Hansestadt | Stadtkreis/kreisfreie Stadt/Landkreis | 210305 | 210305 | 99832 | 110473 |
| 17 | 010030000000 | 01 | 0 | 03 | 0000 | 000 | Lübeck, Hansestadt | Gemeinde | 210305 | 210305 | 99832 | 110473 |
| 18 | 01004 | 01 | 0 | 04 | | | Neumünster, Stadt | Stadtkreis/kreisfreie Stadt/Landkreis | 77249 | 77249 | 37710 | 39539 |
| 19 | 010040000000 | 01 | 0 | 04 | 0000 | 000 | Neumünster, Stadt | Gemeinde | 77249 | 77249 | 37710 | 39539 |
| 20 | 01051 | 01 | 0 | 51 | | | Dithmarschen | Stadtkreis/kreisfreie Stadt/Landkreis | 133900 | 133900 | 65528 | 68372 |
| 21 | 010510011011 | 01 | 0 | 51 | 0011 | 011 | Brunsbüttel, Stadt | Gemeinde | 12834 | 12834 | 6363 | 6471 |
| 22 | 010510044044 | 01 | 0 | 51 | 0044 | 044 | Heide, Stadt | Gemeinde | 20768 | 20768 | 9787 | 10981 |
| 23 | 010515163 | 01 | 0 | 51 | 5163 | | Burg-St. Michaelisdonn | Gemeindeverband | 16317 | 16317 | 8037 | 8280 |
| 24 | 010515163003 | 01 | 0 | 51 | 5163 | 003 | Averlak | Gemeinde | 615 | 614 | 307 | 307 |
| 25 | 010515163010 | 01 | 0 | 51 | 5163 | 010 | Brickeln | Gemeinde | 208 | 208 | 100 | 108 |
| 26 | 010515163012 | 01 | 0 | 51 | 5163 | 012 | Buchholz | Gemeinde | 1080 | 1081 | 556 | 525 |
| 27 | 010515163016 | 01 | 0 | 51 | 5163 | 016 | Burg (Dithmarschen) | Gemeinde | 4219 | 4219 | 2020 | 2199 |
| 28 | 010515163022 | 01 | 0 | 51 | 5163 | 022 | Dingen | Gemeinde | 658 | 660 | 335 | 325 |
| 29 | 010515163024 | 01 | 0 | 51 | 5163 | 024 | Eddelak | Gemeinde | 1398 | 1399 | 692 | 707 |
| 30 | 010515163026 | 01 | 0 | 51 | 5163 | 026 | Eggstedt | Gemeinde | 772 | 772 | 386 | 386 |
| 31 | 010515163032 | 01 | 0 | 51 | 5163 | 032 | Frestedt | Gemeinde | 374 | 374 | 190 | 184 |
| 32 | 010515163037 | 01 | 0 | 51 | 5163 | 037 | Großenrade | Gemeinde | 493 | 491 | 238 | 253 |
| 33 | 010515163051 | 01 | 0 | 51 | 5163 | 051 | Hochdonn | Gemeinde | 1193 | 1193 | 572 | 621 |
| 34 | 010515163064 | 01 | 0 | 51 | 5163 | 064 | Kuden | Gemeinde | 637 | 637 | 337 | 300 |
| 35 | 010515163089 | 01 | 0 | 51 | 5163 | 089 | Quickborn | Gemeinde | 201 | 200 | 99 | 101 |

Titel | Erläuterungen | Bevölkerung

**Abbildung 5.5** Zensusdaten geöffnet

Wenn Sie nun z. B. wissen wollen, wie viele männliche und weibliche Einwohner Deutschland im Jahr 2011 hatte, dann ist Ihre Frage schnell beantwortet. Wenn Sie aber wissen wollen, wie viele Einwohner in einem Bundesland leben, und das auch noch professionell grafisch darstellen wollen, dann bietet sich RStudio an. Wir kommen auf die Arbeit mit diesen Querschnittdaten zurück.

## 5.2.2 Längsschnitt- oder Paneldaten[2]

Wollen Sie nun aber z. B. aktuelle Werte mit früheren Werten vergleichen, hat sich die Fragestellung geändert. Die aktuellen Daten zusammen mit den früheren Wahlergebnissen oder Zensusdaten bilden eine Zeitreihe. Es sind dann Längsschnitt-/Paneldaten, also Daten, die die Veränderung oder Nicht-Veränderung der Daten über die Zeit angeben. Unter *Längsschnitt-* oder *Paneldaten* verstehen wir die Beobachtungswerte einer statistischen Einheit zu unterschiedlichen Zeitpunkten – also eine Abfrage (bei Perso-

2 Kleine, gewollte Ungenauigkeit: Laut einiger Lexika kann/sollte hier zusätzlich zwischen a) Paneldaten und b) Zeitreihendaten unterschieden werden. Paneldaten sind zweidimensionale Daten, die in einer Panelstudie erhoben werden. Zeitreihendaten sind Daten, in denen eine einzige Einheit über mehrere Zeitperioden beobachtet wird. Paneldaten können also verstanden werden als Zeitreihen mehrerer Variablen in einem Datensatz.

nen) oder Datenaufnahme möglichst immer der gleichen Daten zu unterschiedlichen Zeitpunkten. Beispiele können z. B. Wirtschaftsdaten sein oder einfach Ihre eigene Tabelle darüber, wie viele Zigaretten Sie am Tag rauchen.

### Selbst erhobene Längsschnittdaten

Wie erheben Sie nun solche Daten selbst, um daraus einen Datensatz zu erstellen? Es funktioniert genau wie bei den Querschnittdaten: Sie schreiben einfach geordnet auf, was Sie messen wollen, was Sie sehen. Das geht als Text: Am 07.11.2019 habe ich acht Zigaretten geraucht. Am 08.11.2019 habe ich elf Zigaretten geraucht. Am 09.11.2019 habe ich zwölf Zigaretten geraucht ... Oder, einfacher, in Tabellenform in Excel:

| Datum | Zigaretten |
|---|---:|
| 07.11.2019 | 8 |
| 08.11.2019 | 11 |
| 09.11.2019 | 12 |

Jetzt ist es schwierig, aus drei Tagen irgendwelche Entwicklungen Ihres Rauchverhaltens herauszulesen (hypothetisch natürlich). Das ist die erste Krux der Arbeit mit Längsschnittdaten. Es müssen genügend sein, damit sie überhaupt aussagekräftig sind. Die Aussage, die hier getroffen werden kann, ist, dass Sie täglich durchschnittlich (8 + 11 + 12) / 3, also $10,\overline{3}$ (Periode 3) oder gerundet zehn bis elf Zigaretten rauchen. Viel mehr können Sie aus diesen wenigen Daten aber nicht herausholen. Stattdessen ergibt es Sinn, weitere Daten zu sammeln, die dann ausreichen, um die Erkenntnis zu gewinnen, zu der Sie gelangen möchten. Ihre Idee könnte z. B. sein, dass Sie einen Monat lang Ihr Rauchverhalten überprüfen wollen, sodass Sie es ändern, also danach steuern können, wenn Sie es denn ändern möchten. Das Ergebnis Ihrer Datensammlung könnte in etwa so aussehen:

| Datum | Zigaretten |
|---|---:|
| 01.11.2019 | 10 |
| 02.11.2019 | 12 |
| 03.11.2019 | 13 |
| 04.11.2019 | 9 |
| 05.11.2019 | 9 |
| 06.11.2019 | 8 |

| Datum | Zigaretten |
|---|---:|
| 07.11.2019 | 8 |
| 08.11.2019 | 11 |
| 09.11.2019 | 12 |
| 10.11.2019 | 11 |
| 11.11.2019 | 7 |
| 12.11.2019 | 8 |
| 13.11.2019 | 8 |
| 14.11.2019 | 9 |
| 15.11.2019 | 11 |
| 16.11.2019 | 13 |
| 17.11.2019 | 13 |
| 18.11.2019 | 8 |
| 19.11.2019 | 7 |
| 20.11.2019 | 7 |
| 21.11.2019 | 10 |
| 22.11.2019 | 12 |
| 23.11.2019 | 12 |
| 24.11.2019 | 14 |
| 25.11.2019 | 6 |
| 26.11.2019 | 9 |
| 27.11.2019 | 9 |
| 28.11.2019 | 8 |
| 29.11.2019 | 11 |
| 30.11.2019 | 11 |

#### Fremd erhobene, öffentlich zugängliche Querschnittdaten

Wollen Sie vielleicht wissen, wie das Wirtschaftswachstum in der Welt im Jahr 2021 aussehen wird? Vielleicht wollen Sie wissen, ob China die USA aufgrund der Corona-Krise bereits bis dahin wirtschaftlich überholt hat? Stöbern Sie dazu wieder bei Google. Lassen Sie sich von Google Translate »Bruttoinlandsprodukt weltweit 2021« übersetzen, und übernehmen Sie in die Google-Suchmaschine. »gross domestic product worldwide 2021«. Zuerst kommt Statista. Da ist die gesamte Weltwirtschaft abgebildet. Das ist ein guter Anfang, um einen Überblick zu bekommen. Gleich der zweite Google-Eintrag ist aber eher das, was wir suchen. Der International Monetary Fund (*IMF*) hat die Daten, die wir wollen (*http://r-wrk.de/imf*). Die Organisation für wirtschaftliche Zusammenarbeit und Entwicklung (*OECD*), ein paar Einträge darunter, hätten Sie auch nehmen können (*http://r-wrk.de/oecd*). Die stellen sogar Vorausberechnungen sogar bis 2060 zur Verfügung, was uns aber für unsere Fragestellung zu viel ist. Stöbern Sie etwas auf den Webseiten herum, bis Sie irgendwo DATA, DOWNLOAD neben einer Grafik, DATA DOWNLOAD, ALL DATA (so wie beim IMF) o. Ä. finden. Das ist auf vielen Webseiten im Prinzip sehr ähnlich. Die Daten vom IMF zum *Wirtschaftswachstum* werden in einer Excel-Datei bereitgestellt, lassen sich einfach herunterladen und öffnen und sehen so aus:

| **Real GDP growth (Annual percent change)** | **1980** | **1981** | **1982** | **1983** | **...** | **2020** | **2021** |
|---|---|---|---|---|---|---|---|
| **Afghanistan** | no data | no data | no data | no data | ... | -3 | 4.5 |
| **Albania** | 2.7 | 5.7 | 2.9 | 1.1 | ... | -5 | 8 |
| **Algeria** | -5.4 | 3 | 6.4 | 5.4 | ... | -5.2 | 6.2 |
| **Angola** | 2.4 | -4.4 | 0 | 4.2 | ... | -1.4 | 2.6 |
| **Antigua and Barbuda** | 8.2 | 3.8 | -0.1 | 5.4 | ... | -10 | 8 |
| **Argentina** | 0.7 | -5.7 | -3.1 | 3.7 | ... | -5.7 | 4.4 |
| **Armenia** | no data | no data | no data | no data | ... | -1.5 | 4.8 |
| **Aruba** | no data | no data | no data | no data | ... | -13.7 | 12.1 |
| **Australia** | 2.9 | 4.1 | 0.1 | -0.5 | ... | -6.7 | 6.1 |

Links sind die Länder zu sehen, rechts die Jahre und die dazugehörigen Werte des Wirtschaftswachstums pro Land im Verlauf von 1980 bis 2021 (ab 2020 vorausberechnet/geschätzt, da noch nicht alle Zahlen vorliegen). Das macht Hoffnung, die Weltwirtschaft erholt sich voraussichtlich wieder nach dem schweren Krisenjahr 2020.

### 5.2.3 Datenqualität

Ich möchte noch auf ein wahres Sprichwort zur Datenqualität hinweisen: »Garbage in, Garbage out«. (Wird Müll hineingegeben, kommt Müll heraus.) Ist die Qualität der Daten, die Sie haben, schlecht, d. h. fehlerhaft mit falschen oder zu vielen fehlenden Werten, dann bringt auch eine Analyse nur unzureichende Ergebnisse hervor. Achten Sie deshalb darauf, dass Sie möglichst gute Daten in Ihrer Analyse verwenden.

### 5.2.4 Datentypen in R (!)

Es ist an dieser Stelle wichtig zu verstehen, dass es in R, wie auch in den meisten anderen Programmiersprachen, unterschiedliche Datentypen gibt. Einige davon haben Sie oben schon kennengelernt. Die grundlegenden Datentypen von R sind *character* (Zeichen, Wörter), *numeric* (Zahlen), *integer* (Ganzzahlen), *factors* (Levels), complex (komplexe Daten) und *logical* (logische Daten - TRUE oder FALSE). Für dieses Buch werden nur die Datentypen character, numeric, integer, factors und logical von Bedeutung sein.

Die grundlegenden Datenstrukturen von R umfassen *vectors* (Vektoren), *lists* (Listen), *matrices* (Matrizen) und *data frames* (*Datensätze/ Datentabellen*). In diesem Buch liegt der Fokus auf Vektoren und Datensätzen in Form von Datentabellen. Beides haben Sie oben bereits kennengelernt.

#### Vektor

Ein Vektor kann verstanden werden als ein geordneter Satz von einer unbestimmten Anzahl an gleichen Objekten, die in einer Reihe notiert werden. Diese »Reihe« kann natürlich auch horizontal dargestellt vorliegen, wie Sie in den Datensätzen sehen werden:

```
seq <- seq(1,10)
seq
```

**Die Ausgabe:**

```
[1]  1  2  3  4  5  6  7  8  9 10
```

```
seq2 <- seq(1,10,2)
seq2
```

**Die Ausgabe:**

```
[1] 1 3 5 7 9
```

**Listing 5.1** Das Erstellen von Vektoren

`seq` und `seq2` sind also Vektoren, `seq` ist ein Vektor der Länge 10 (10 Observationen), `seq2` ein Vektor der Länge 5 (5 Observationen).

**Datensatz – Data Frame**

Ein sauberer Datensatz im Sinne dieses Buches ist im Prinzip eine Sammlung von Vektoren, die in einer einfachen Tabellenform vorliegt. Folgendes ist bei der Arbeit in R mit solchen Datensätzen wichtig:

1. Es handelt sich verkürzt gesagt um eine Matrix, die aber nicht nur aus Zahlen bestehen muss, sondern auch aus Wörtern bestehen kann, wie z. B. oben im mpg-Datensatz.
2. Vektoren in der Datei müssen dieselbe Länge haben.
3. Wenn R neue Vektoren in den Datensatz durch einen Befehl hinzufügt, wird der neue Vektor genauso lang wie die bereits bestehenden Vektoren.
4. *Fehlende Werte* werden mit »NA« eingetragen.
5. Eine Spalte für jeden Vektor (Variable), eine Reihe für jede Beobachtung (dort stehen die jeweiligen, beobachteten Werte).
6. Noch ein Tipp zur Arbeit mit Datensätzen in R für Anfänger: Schreiben Sie mehrwortige Namen der Variablen, die Sie kreieren, immer zusammen und mit Bindestrich: BIP_pro_Kopf; schreiben Sie ohne Umlaute: `Laender` statt `Länder`.

In R haben Sie, wie schon erwähnt, die häufigsten Datensatzformen `data.frame` oder `tibbles` (was einfach die neuere Form von `data.frame` ist).

### 5.2.5 Statistik

Was ist Statistik? In Abbildung 2.1 in Abschnitt 2.1.2, »Data Science«, haben Sie schon gesehen, dass Statistik zentral für Data Science ist. Statistik ist nach Horst Rinne »die Lehre von Methoden zum Umgang mit quantitativen Informationen«, also mit Daten. Mit Statistik und ihren Methoden ist es möglich, »eine systematische Verbindung zwischen [tatsächlicher, beobachteter] Erfahrung (Empirie) und Theorie herzustellen«[3]. Statistik beschreibt also *Methoden zur Analyse empirischer Daten*, mit denen Theorien und Thesen überprüft und/oder Fragen beantwortet werden können.

Meiner Erfahrung nach werden die meisten publizierten Analysen in den Print-, Massen- und Onlinemedien mit nur drei dahinterliegenden Konzepten dargestellt, nämlich mit

1. dem *Durchschnitt* (auch *Mittelwert*, *arithmetisches Mittel*),
2. dem *Wachstum* (positives und negatives Wachstum) und
3. *Trends*.

---

3 Rinne, Horst: Taschenbuch der Statistik. 4., vollständig überarb. und erw. Aufl. Deutsch, Frankfurt/M. 2008, ISBN 978-3-8171-1827-4, S. 1.

Erlauben Sie mir, dass ich Ihnen das alles einmal zuerst zur Veranschaulichung in Excel zeige. Es sind ja bisher nur die Beispieldaten in Ihrer RStudio-Umgebung vorhanden. Außerdem ermöglicht dieses Vorgehen auch den Vergleich des Arbeitsaufwandes zwischen der händischen Erstellung in Excel und der automatisierten Variante in R.

Wir gehen nun diese Konzepte einzeln durch.

## 5.3 Berechnung des Durchschnittswertes (Mittelwert, arithmetisches Mittel)

Ihren durchschnittlichen monatlichen Zigarettenverbrauch berechnen Sie, indem Sie alle gemessenen Werte addieren und diese Summe dann durch die Anzahl der Beobachtungen teilen.

Als Formel sieht das so aus:

$$\text{Mittelwert} = (x_1 + x_2 + \cdots + x_n)/n$$

Im Fall des Zigarettendatensatzes wäre das also 10 + 12 + 13 + 9 + 9 usw. für alle restlichen Werte. Die Summe, 296, teilen Sie dann durch die Anzahl der Observationen. Sie haben 30 Tage beobachtet, also 30 Observationen getätigt. Der Durchschnittswert ist demnach laut Formel 296 / 30 = 9,8666666. Sie haben also im November 296 Zigaretten geraucht – fast zehn am Tag. Erschreckend! Sehen wir uns nun die Veränderung und den Trend an. Vielleicht gibt es ja auch positive Nachrichten.

## 5.4 Wachstumsberechnung (Veränderungsberechnung)

Unter Wachstum und dessen Berechnung verstehe ich in diesem Buch die Veränderung eines Anfangswertes (Anfangsbeobachtung) gegenüber einem Endwert (Endbeobachtung). Dabei kann die Endbeobachtung selbst wieder zu einem Anfangswert werden, dem ein weiterer Endwert folgt. Die Formel zur Berechnung des Wachstums vom Anfangswert zum Endwert kann formal so beschrieben werden:

$$\text{Wachstumrate} = (\text{Endwert} - \text{Anfangswert}) / \text{Anfangswert}$$

Was heißt das konkret? Wie berechne ich das *Wachstum* z. B. meines Zigarettenverbrauches, sagen wir als Beispiel für eine Woche:

Kreieren Sie in Ihrer Excel-Datei mit den Daten des Zigarettenverbrauches zunächst die Überschrift »Wachstumsrate«. Auf der Höhe des zweiten Datums berechnen Sie nun die

*Wachstumsrate* durch das Subtrahieren der zweiten minus der ersten Zelle und durch das Teilen dieses Ergebnisses durch die erste Zelle (mit dem »=«-Zeichen beginnt die Formel). Nach dem Betätigen der [↵]-Taste können Sie die Zelle an dem Kreuz rechts unten an der Zelle einfach herunterziehen. Dann werden die restlichen Tage ebenfalls automatisch so berechnet.

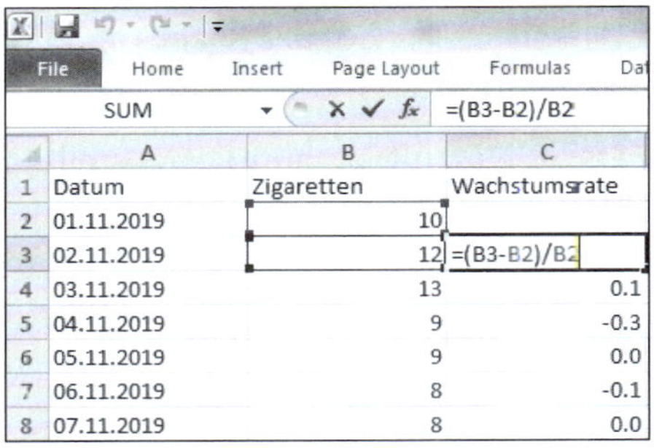


| | A | B | C |
|---|---|---|---|
| 1 | Datum | Zigaretten | Wachstumsrate |
| 2 | 01.11.2019 | 10 | |
| 3 | 02.11.2019 | 12 | =(B3-B2)/B2 |
| 4 | 03.11.2019 | 13 | 0.1 |
| 5 | 04.11.2019 | 9 | -0.3 |
| 6 | 05.11.2019 | 9 | 0.0 |
| 7 | 06.11.2019 | 8 | -0.1 |
| 8 | 07.11.2019 | 8 | 0.0 |

**Abbildung 5.6** Berechnung der Wachstumsrate in Excel

Wollen Sie diese Rate nun auch noch als Prozentangabe ausweisen, so wie solche Raten fast immer in den Medien auftauchen, müssen Sie nur noch in der nächsten Spalte die eben berechneten Werte mit 100 multiplizieren.

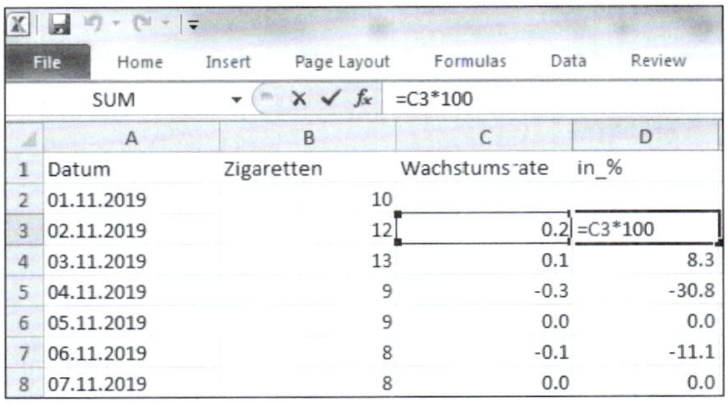


| | A | B | C | D |
|---|---|---|---|---|
| 1 | Datum | Zigaretten | Wachstumsrate | in_% |
| 2 | 01.11.2019 | 10 | | |
| 3 | 02.11.2019 | 12 | 0.2 | =C3*100 |
| 4 | 03.11.2019 | 13 | 0.1 | 8.3 |
| 5 | 04.11.2019 | 9 | -0.3 | -30.8 |
| 6 | 05.11.2019 | 9 | 0.0 | 0.0 |
| 7 | 06.11.2019 | 8 | -0.1 | -11.1 |
| 8 | 07.11.2019 | 8 | 0.0 | 0.0 |

**Abbildung 5.7** Wachstumsrate in Prozent

Gehen Sie dabei am besten so vor, wie gerade beschrieben: Kreieren Sie wieder zunächst Ihren gewünschten Variablennamen, z. B. »in_%« oder »Wachstumsrate_in_%« o. Ä. Auf der Höhe des ersten berechneten Ergebnisses berechnen Sie nun die Wachstumsrate in Prozent, indem Sie einfach alle berechneten Werte mit 100 multiplizieren. (Mit dem »=«-Zeichen beginnt die Formel.). Nach Betätigen der [↵]-Taste können Sie die Zelle an dem Kreuz rechts unten an der Zelle einfach herunterziehen. Dann werden die restlichen Jahre ebenfalls automatisch so berechnet.

## 5.5 Trend und lineare Regression

Laut Statistikabteilung der Uni Bonn bezeichnet ein *Trend* »eine langfristige systematische Veränderung des mittleren Niveaus der Zeitreihe«. Trends gibt es wiederum verschiedene. Ich zeige Ihnen in diesem Buch insgesamt zwei Arten von Trends, die Ihr Verständnis für diese stärken und die Sie selbst erstellen können. Der wichtigste ist der *lineare Trend*. Einen zweiten, den *Loess-Trend*, lernen Sie im Verlauf des Buches als eine weitere Darstellungsoption kennen.

Der lineare Trend zeigt die Tendenz an, wie sich die in einem Diagramm dargestellten Daten in der Vergangenheit entwickelt haben und wie sie sich in der Zukunft voraussichtlich entwickeln werden. Ich bestimme einen solchen linearen Trend einer Datenreihe mit einer Regression.

Einfach erklärt berechnet eine Regressionsanalyse den geringsten Abstand zwischen mehreren Datenpunkten und dem möglichen Mittelwert dieser Datenpunkte für alle $x$- und $y$-Werte auf einer angenommenen Linie. Das ist dann die Trendlinie. Der *Trend* ist also nichts anderes als eine Linie, gezogen an den Punkten, an denen die kürzesten Abstände zu den jeweiligen beobachteten Datenpunkten und der angenommenen Linie sind. Die Formel lautet:

$$y(i) \; = \; a + bx(i)$$

$y$ ist hier der zu errechnende $y$-Wert auf der Trendlinie. $a$ bezeichnet den $y$-Achsenabschnitt des Trends bei $y = 0$, also den Schnittpunkt des Trends mit der $y$-Achse. $b$ bezeichnet die Steigung der Trendlinie, die mit dem $x$-Wert multipliziert werden muss. Die ($i$) stehen für die jeweilige Beobachtung, bei der Sie sich bei der Berechnung befinden. Das Ergebnis dieser Gleichung soll zeigen, um wieviel Einheiten $y$ steigt, wenn $x$ um eine Einheit zunimmt.

Der Vollständigkeit halber seien die Formeln der Werteberechnung hier mit angegeben. Berechnen aber wird das alles R für Sie:

$$a = \bar{y} - b \cdot \bar{x}$$

$\bar{x}$ und $\bar{y}$ sind hierbei die jeweiligen Durchschnittswerte der gemessenen Daten $x$ und $y$. Die Formel für die Steigung des Trends ($b$) lautet:

$$b = \frac{\sum_{i-1}^{n}(x_i - \bar{x}) \cdot (y_i - \bar{y})}{\sum_{i-1}^{n}(x_i - \bar{x})^2}$$

Das mag etwas kompliziert aussehen, ist aber laut ausgesprochen nicht schwer zu verstehen: Für den Parameter »Steigung« in unserem Trend wird einfach der Abstand eines jeden Datenpunktes (mit den jeweiligen $x$- und $y$-Werten) zum Mittelwert seiner

Datenreihe ($x$ oder $y$) bestimmt. Diese Abstände werden dann miteinander multipliziert, und jeder Punkt wird hier noch einmal durch das Quadrat der Standardabweichung aller $x$-Werte geteilt.

**Beispiel:**

Ich rauche an einem normalen Tag 7 Zigaretten und trinke 0 Tassen Kaffee. Das wäre der Punkt $P(0|7)$ in einem gedachten Koordinatensystem und $y = 7$ bei $x = 0$ für unsere obige Gleichung. An einem stressigen Tag trinke ich 2 Tassen Kaffee und rauche 14 Zigaretten.

Wie würden nun andere Tage aussehen? Was ist, wenn der Tag, sagen wir, nur »etwas« stressig ist und ich mir nur eine Tasse Kaffee trinke ($x$=1) oder sehr sehr stressig ($x$=3)? Was passiert dann mit unserem $y$? Wie sieht der Trend dann aus? Wir brauchen also zuerst die Mittelwerte

$$\bar{x} = \left(0 + \frac{2}{2}\right) = 1$$

$$\bar{y} = \left(7 + \frac{14}{2}\right) = 10.5$$

und ziehen diese dann von den einzelnen Tages-Werten ab:

| **Tag *i*** | **1** | **2** |
|---|---|---|
| **Kaffee *x*:** $(x_i - \bar{x})$ | -1 | 1 |
| **Zigaretten *y*:** $(y_i - \bar{y})$ | -3.5 | 3.5 |

Dann berechnen wir $b$:

Wir brauchen dafür im Zähler für jeden Tag $i$ das Produkt der beiden Werte $(x_i - \bar{x})$ und $(y_i - \bar{y})$.

Im Nenner benötigen wir das Quadrat der zweiten Zeile, wir müssen also für jedes $i$ den Wert $(x_i - \bar{x})^2$ berechnen.

| **Tag *i*** | **1** | **2** |
|---|---|---|
| $(x_i - \bar{x})$ | -1 | 1 |
| $(y_i - \bar{y})$ | -3,5 | 3,5 |
| $(x_i - \bar{x})(y_i - \bar{y})$ | 3,5 | 3,5 |
| $(x_i - \bar{x})^2$ | 1 | 1 |

Nun summieren wir lediglich die dritte Zeile für den Nenner und die vierte Zeile für den Zähle bei der Formel für $b$:

$$b = \frac{3{,}5 + 3{,}5}{1 + 1} = \frac{7}{2} = 3{,}5$$

Bei jeder Tasse Kaffee, die ich mehr trinke, rauche ich also 3,5 Zigaretten mehr. An einem Tag, an dem ich eine Tasse Kaffee trinke, rauche ich also 7+3,5 Zigaretten, sprich 10,5, bei zwei Tassen 14, bei drei Tassen Kaffee 17,5 Zigaretten. In meinem Koordinatensystem wäre der letzte Fall also ein Punkt $P(3|17{,}5)$.

Wichtig: Das Modell funktioniert nur, wenn

1. die Variablen linear zusammenhängen (sonst ergibt die Berechnung von vornherein wenig Sinn),
2. die Residuen untereinander keine Korrelation aufweisen und näherungsweise normalverteilt sind.

Nach dieser Berechnung trifft die Trendlinie sozusagen die am besten passende Durchschnittslinie zwischen allen Punkten.

## 5.6 Beispieldatensatz »Zigarettenverbrauch«

Besonders einfach verständlich wird die Methode der linearen Regression in einem Bild über zwei Variablen in einem Streudiagramm. Je näher die Punkte zur Regressionslinie liegen, umso mehr hängen die Variablen zusammen, korrelieren. Um ein Streudiagramm mit Trend in Excel zu erstellen, öffnen Sie den *Zigarettendatensatz* in Excel, gehen Sie dann auf den Reiter INSERT, und klicken Sie mit der Maus auf SCATTER.

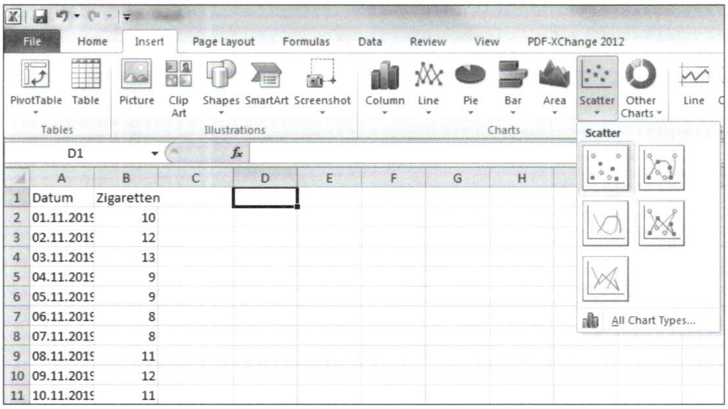


**Abbildung 5.8** Erstellen eines Scatterplots in Excel, Schritt 1

Es öffnet sich das leere Diagramm. Mit einem Rechtsklick in dieses leere Diagramm und dem Befehl SELECT DATA öffnet sich ein weiteres Fenster.

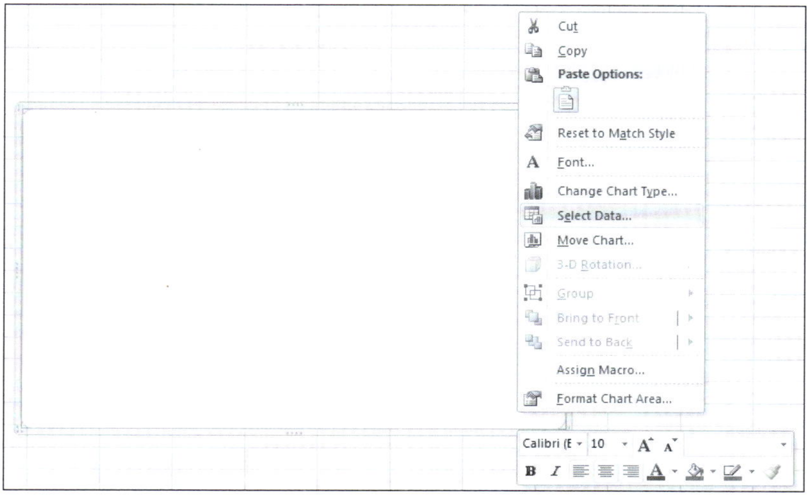


**Abbildung 5.9** Erstellen eines Scatterplots in Excel, Schritt 2

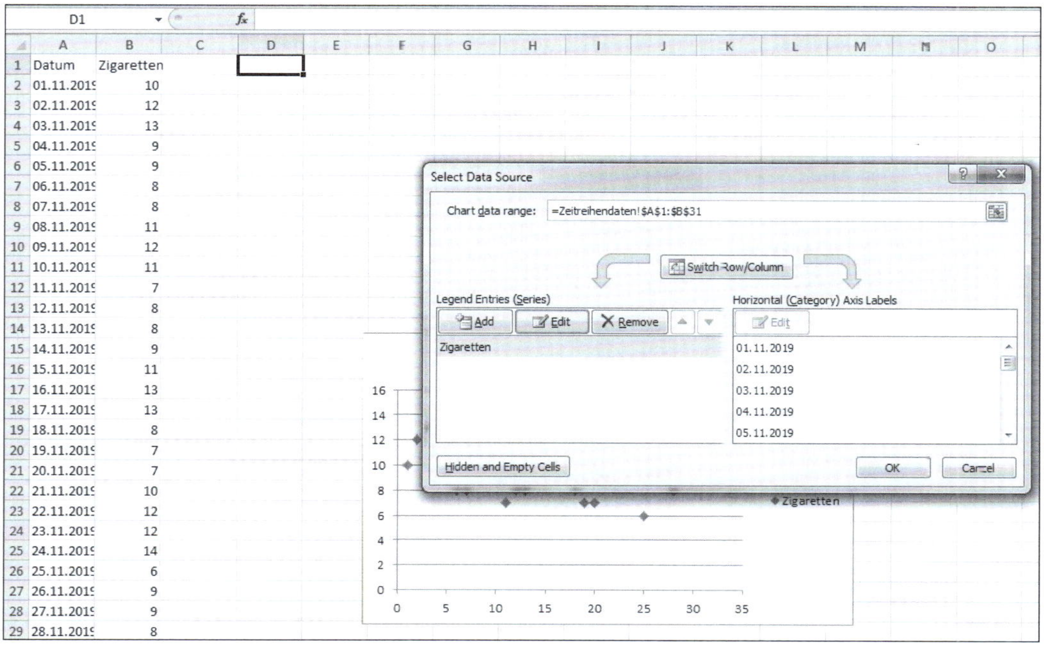


**Abbildung 5.10** Erstellen eines Scatterplots in Excel, Schritt 3

Wählen Sie nun Ihre Daten aus, indem Sie den gesamten Bereich Ihrer Daten mit der Maus markieren. Drücken Sie dann auf OK, wird Ihnen das noch unbearbeitete, aber nun mit Daten befüllte Diagramm angezeigt. Den Trend fügen Sie hinzu, indem Sie irgendeinen Punkt im Diagramm auswählen und dort einen Rechtsklick ausführen. Es öffnet sich ein Auswahlfenster, in dem Sie auf ADD TRENDLINE (Trennlinie hinzufügen) klicken.

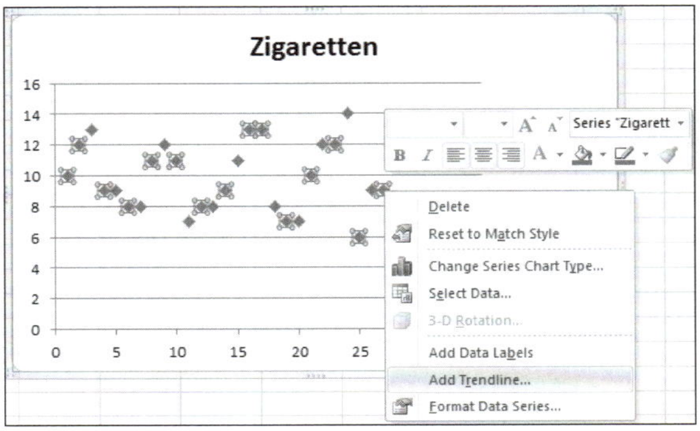


**Abbildung 5.11** Erstellen eines Scatterplots in Excel, Schritt 4

Jetzt werden Ihnen verschiedene Trendarten vorgeschlagen. Voreingestellt ist in der Regel LINEAR. Sie müssen also nichts weiter tun, als auf CLOSE zu klicken.

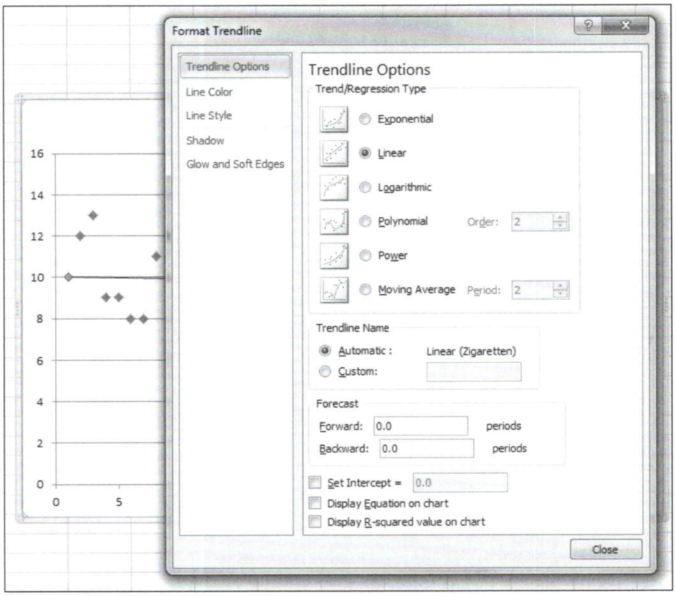


**Abbildung 5.12** Erstellen eines Scatterplots in Excel, Schritt 5

Ihr finales Diagramm sollte dann den von Ihnen erstellten Trend enthalten (siehe Abbildung 5.13).

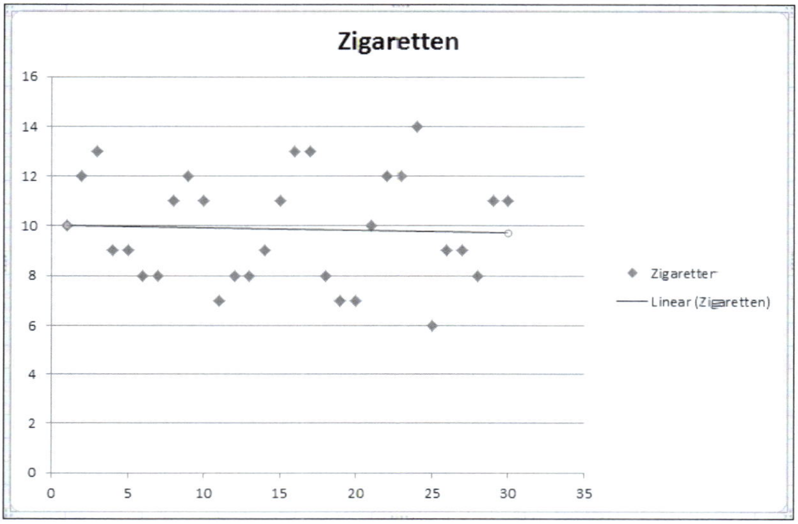


**Abbildung 5.13** Erstellen eines Scatterplots in Excel, Schritt 6

Gute Nachrichten: Sie rauchen mit der Zeit weniger.

Wie funktioniert nun all das in R? Als Erstes brauchen Sie Ihre Daten!

Kapitel 6

# Daten einlesen und für die Analyse vorbereiten

*In diesem Kapitel zeige ich Ihnen, wie Sie den eigentlich wichtigsten Schritt der Datenanalyse mit R gehen können, nämlich das Dateneinlesen. Ich zeige Ihnen hierfür auch ein paar einfache Tricks.*



Das (korrekte!) Einlesen der Daten in das Programm, mit dem Sie arbeiten, ist der wichtigste aller Schritte. Ohne Daten gibt es keine Analyse. Dieses Buch beschränkt sich auf den praktischen Umgang mit R. Deswegen ist es von Vorteil, die Daten so zu öffnen, dass Sie sie am besten gleich verwenden können. Ich würde Ihnen deshalb empfehlen, die Daten vor dem Einlesen vorzubereiten – natürlich in einer Kopie der Daten, nicht im Original! Später zeige ich Ihnen natürlich trotzdem, wie Sie Daten auch in R modifizieren können.

Sie können mit R grundsätzlich mittlerweile eine Reihe von Dateiformaten einlesen: Excel-Dateien (*.xlsx*), Textdateien (*.csv*, *.txt*), Shape-Dateien (*.shp*), SPSS-Dateien (*.sav*) etc. Wir beschäftigen uns vor dem Hintergrund der Praktikabilität nur mit dem Einlesen von *.xlsx*- (Excel) und *.csv*-Dateiformaten – den mit Abstand häufigsten Formaten, in denen Daten gesammelt und geliefert werden. RStudio bietet für das Einlesen dieser Dateiformen eine *Einlesehilfe* an, die Ihnen das Einlesen von Dateien erleichtert. Wir gehen die Möglichkeiten dazu nun im Folgenden einzeln durch.

## 6.1 Daten aus Excel einlesen

Excel-Dateien treten mit zwei Dateiendungen auf: *.xls* und *.xlsx*. Die Dateiendung *.xls* weist auf eine alte Excel-Datei-Version hin, die bereits ab 2007 durch *.xlsx* ersetzt wurde. Sie sollten also grundsätzlich den Nachfolger *.xlsx* verwenden. Sie können die alten Dateien auch einfach in einer neuen Excel-Datei öffnen und im neuen *.xlsx*-Format abspeichern.

Starten Sie zum Einlesen Ihrer Excel-Daten mit INSERT CHUNK, und kreieren Sie ein neues `Codestück`. Bewegen Sie dann die Maus in Richtung Arbeitsumgebung (Speicher), und klicken Sie auf IMPORT DATASET. Hier können Sie nun das Dateiformat auswählen, in dem Ihre Daten gespeichert sind. Das ist im Fall des Zigarettendatensatzes eine Excel-Datei im Format *.xlsx*. Wir importieren also FROM EXCEL.

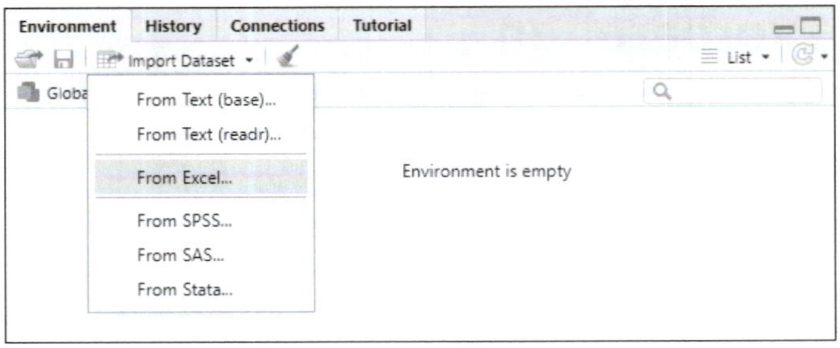


**Abbildung 6.1** Datenimport einer Excel-Datei, Schritt 1

Es öffnet sich ein Fenster, in dem oben rechts in der Ecke die Option BROWSE angegeben ist. Klicken Sie zum Suchen und Finden Ihrer Datei darauf. Mit einem Doppelklick auf Ihre Datei, die Sie einlesen wollen, öffnet R Ihnen die ausgewählte Datei in diesem Fenster.

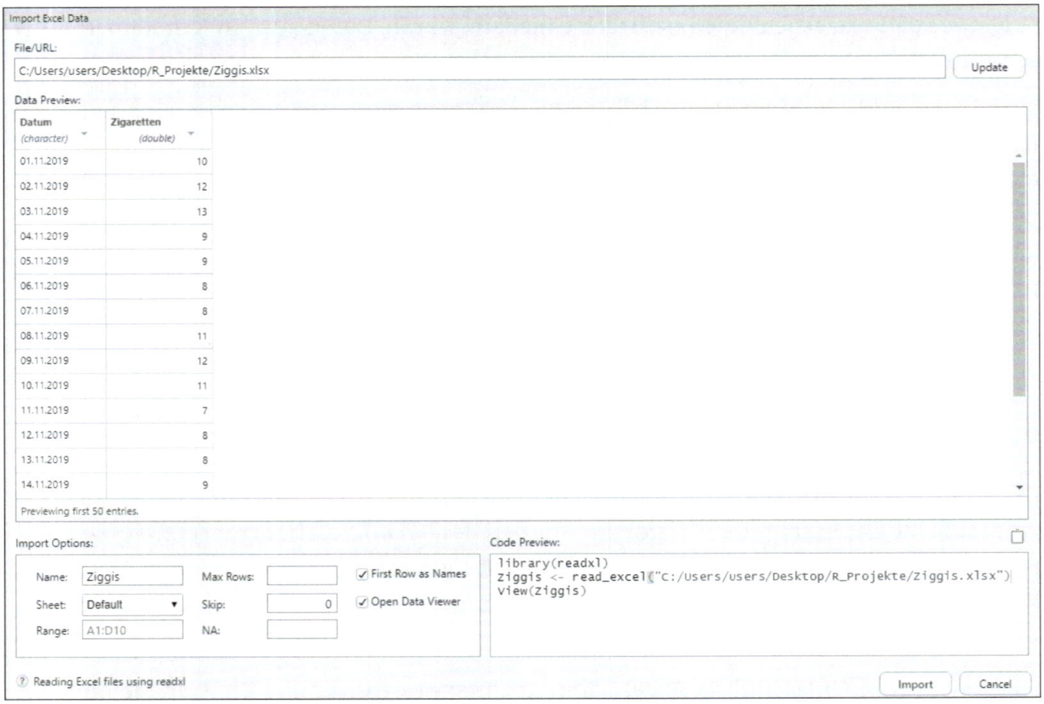


**Abbildung 6.2** Datenimport einer Excel-Datei, Schritt 2

Die Hilfe, die R Ihnen hier bietet, liegt in dem Code, den R für Sie unten rechts im Fenster geschrieben hat. Das ist der Code, mit dem Sie die Datei auch im Skript einlesen würden. Diesen im folgenden Bild markierten Code können Sie nun ganz einfach per Rechtsklick auf die markierten Zeilen kopieren, um ihn dann in Ihr Skript einzufügen. Wie Sie sehen, lädt R sogar das Package (`readxl`), das benötigt wird, um Excel-Dateien einzulesen, für Sie gleich mit.



Denken Sie bitte daran, dass Sie das nötige Paket `readxl` erst einmal installieren müssen, wenn Sie das nicht schon gemacht haben. Nur damit kann das Paket auch geladen und die Funktion ausgeführt werden.

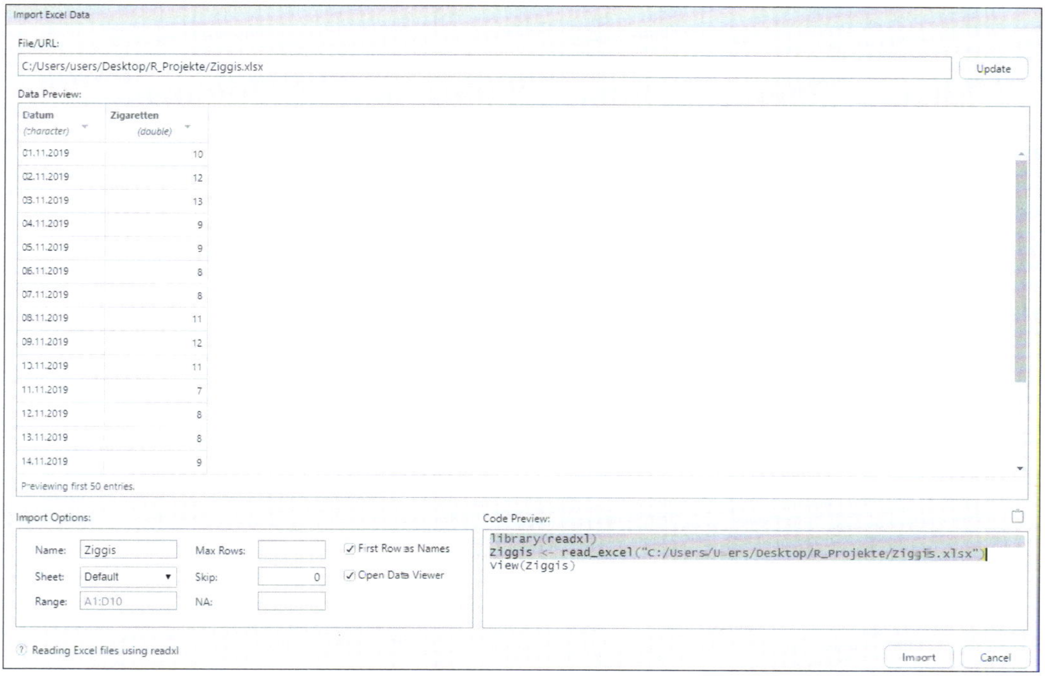


**Abbildung 6.3** Datenimport einer Excel-Datei, Schritt 3

> **Tipp**
>
> Wenn Sie direkt unter den Variablennamen schauen, sehen Sie, dass Sie per Klick auf das Dreieck, das nach unten zeigt, das Format der Variable verändern können. Wenn Sie das wollen, z. B. um Speicherplatz zu sparen, um eine `Numeric`-Variable in eine `Integer`-Variable zu verändern, können Sie das hier tun. R schreibt den veränderten Code unten rechts neu und fügt Ihre Änderungen dort ein. Probieren Sie es gern aus.

Kopieren Sie den Code per Rechtsklick und COPY, klicken Sie dann auf CANCEL, und fügen Sie den Code per Rechtsklick und PASTE in Ihr Skript ein. Natürlich funktioniert hier auch das klassische Copy (Strg + C) and Paste (Strg + V).

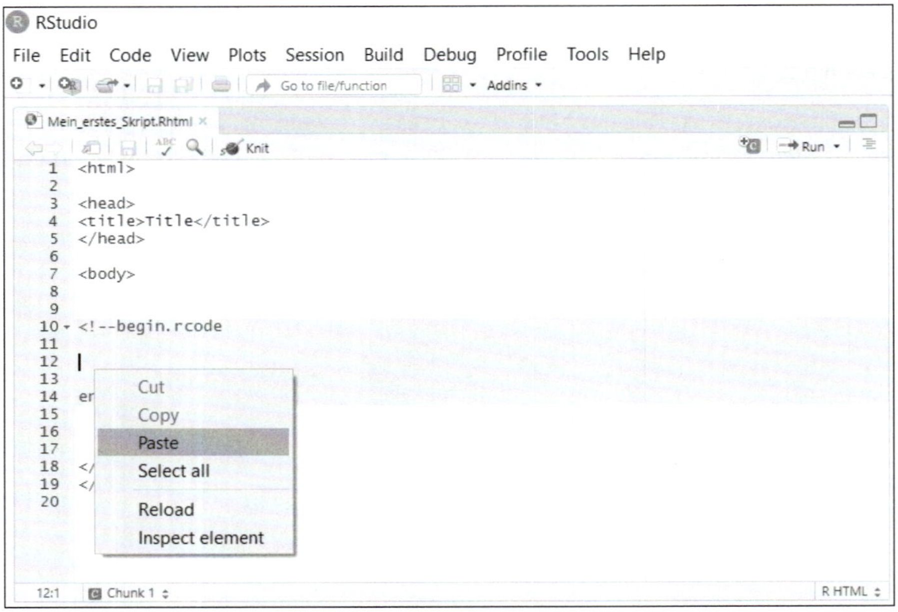


**Abbildung 6.4** Datenimport einer Excel-Datei, Schritt 4

Nun lassen Sie den Code laufen. Oben links in der ARBEITSUMGEBUNG sehen Sie dann unter DATA das neue Objekt ZIGGIS, das R für Sie kreiert hat. Darin befinden sich Ihre Daten.

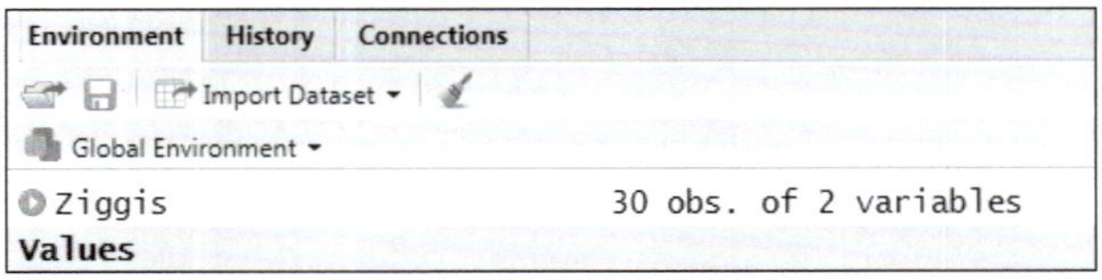


**Abbildung 6.5** Datensatz Zigaretten – eingelesen und geladen

Mit einem Klick auf das Objekt ZIGGIS öffnen Sie den Viewer.

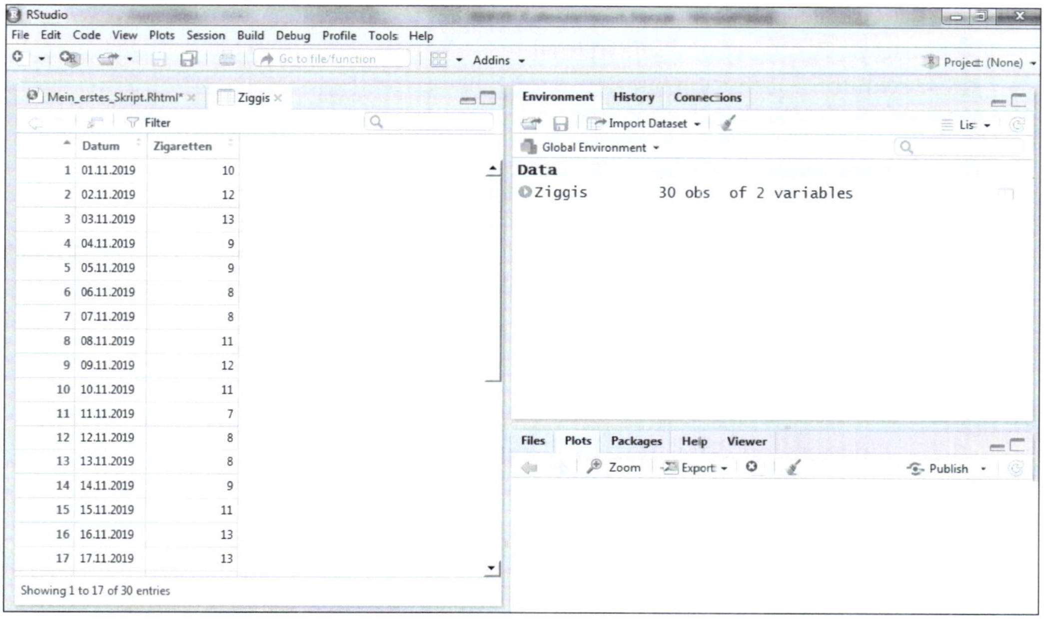


**Abbildung 6.6** Daten ansehen

Ihr Skriptstück für das Einlesen sollte nun so aussehen:

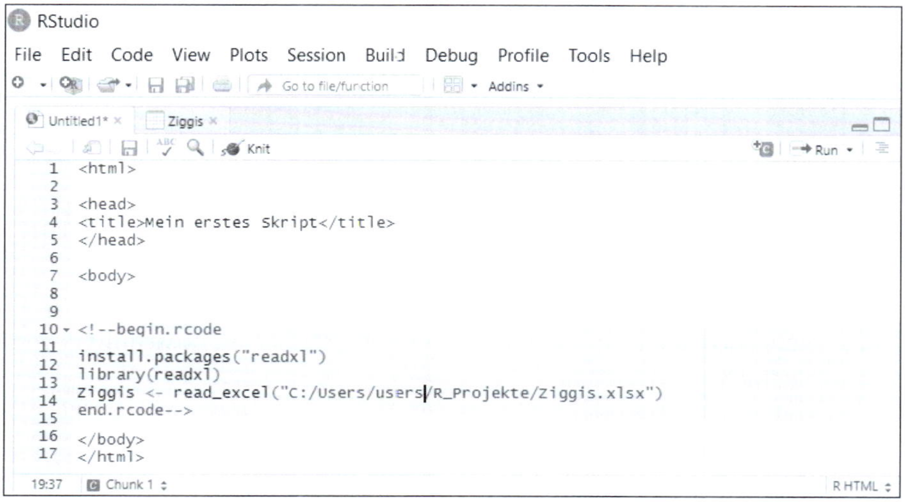


**Abbildung 6.7** Das Skript nach dem Einlesen der Excel-Datei

Einzig der Dateipfad *Users/users* sollte sich unterscheiden. Hier müsste Ihrer stehen.

Die deutschen Datumsangaben verursachen hier regelmäßig Probleme. Mal werden sie im falschen Format eingelesen, mal gar nicht. Wie Sie damit umgehen, zeige ich Ihnen in Abschnitt 6.3, »Umgang mit Datumsangaben«.

## 6.2 Daten im .csv-Format einlesen

Das Einlesen von *.csv*-Dateiformaten (*.csv*-Files) funktioniert beinahe genauso wie das Einlesen von Excel-Dateien. Als Beispiel nehmen wir die oben bereits heruntergeladenen Zensusdaten, die wir aber dieses Mal als *.csv*-Datei herunterladen und abspeichern (*http://r-wrk.de/ZensusDatei*).

### 6.2.1 Einlesen von .csv-Dateien mit RStudio

Zum Einlesen von *.csv*-Dateien mit RStudio gehen Sie zunächst auf IMPORT DATASET. Dieses Mal wählen Sie FROM TEXT (READR) aus, denn *.csv*-(comma-separated values-) Dateien sind eigentlich `Textdateien` (deswegen können Sie diese z. B. auch in einem beliebigen Text-Editor öffnen). Einen Teil der Daten finden Sie im Abschnitt A.2, »Zensus Länder«.

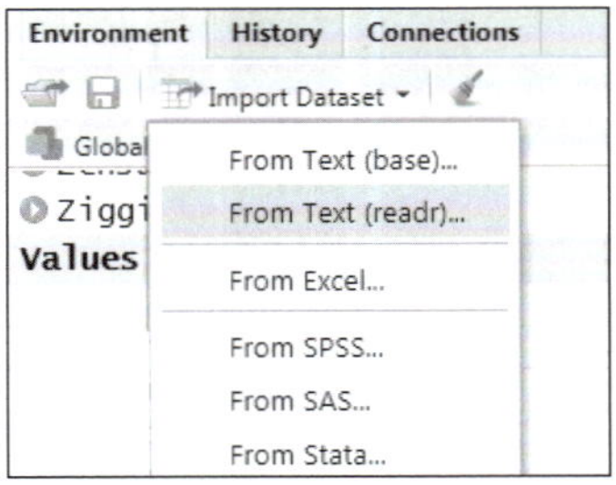


**Abbildung 6.8** Importieren einer .csv-Datei, Schritt 1

Dann suchen Sie per Klick auf BROWSE Ihre Datei, die Sie öffnen wollen.

Jetzt zeigt Ihnen R wieder den ausgewählten Datensatz (bzw. einen Ausschnitt davon) geöffnet an. Oder nicht?

**Achtung**

Wenn Sie nichts sehen, kann es sein, dass die Texteinträge durch einen anderen Trenner als das Komma ("Comma") voneinander abgegrenzt sind! Das kann ein Semikolon sein oder ein Leerzeichen ("Whitespace"). Wenn das so ist, dann müssen Sie dies R unter IMPORT OPTIONS mitteilen.

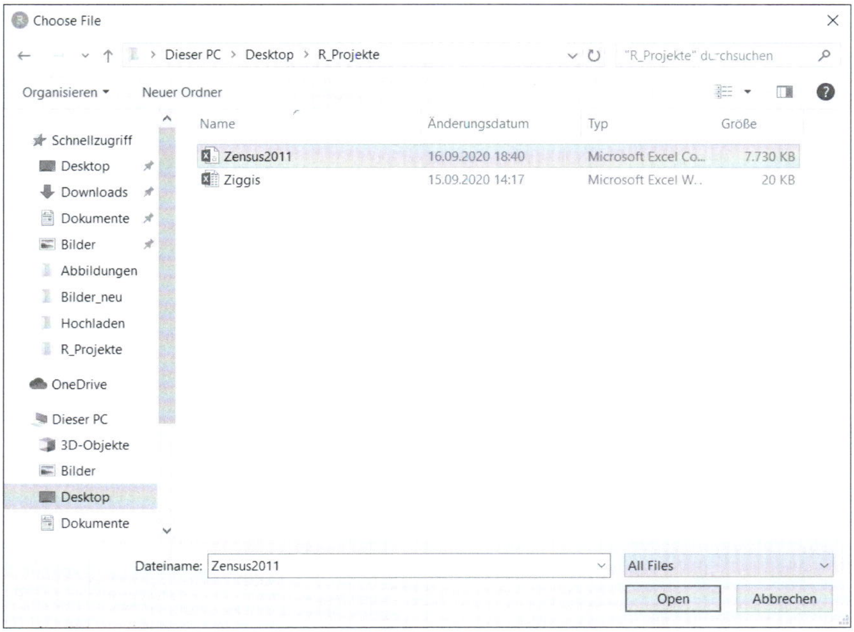


**Abbildung 6.9** Importieren einer .csv-Datei, Schritt 2

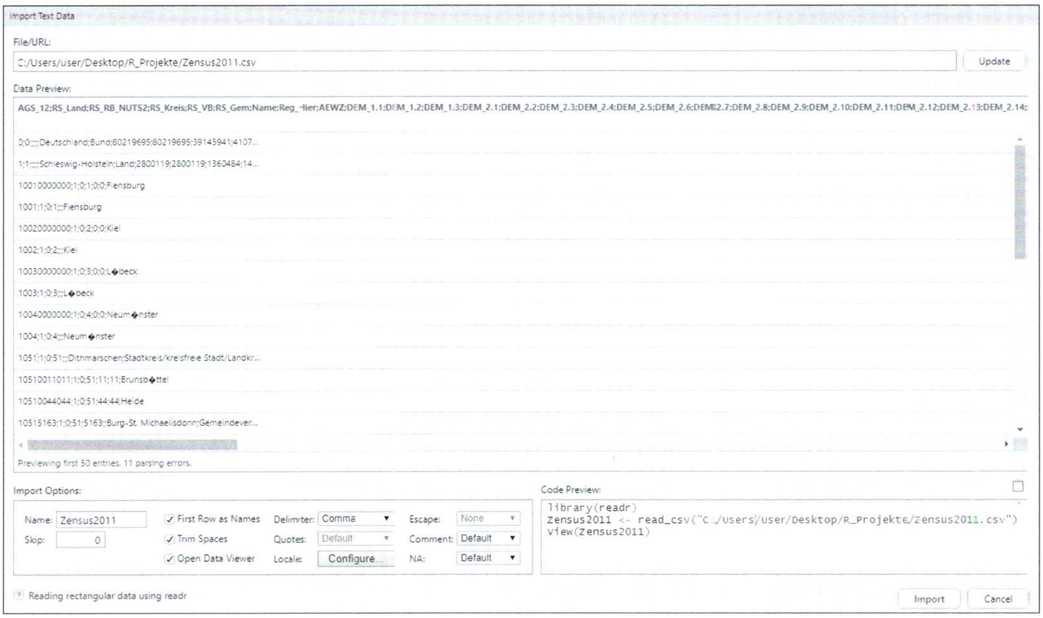


**Abbildung 6.10** Importieren einer .csv-Datei, Fehlversuch

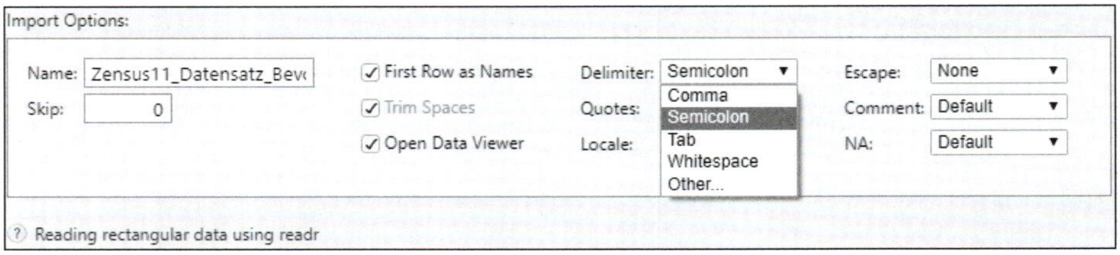


**Abbildung 6.11** Import-Option anpassen

R fügt das dann automatisch dem Befehl hinzu, den Sie anschließend ins Skript kopieren. Unten rechts befindet sich der Code, den Sie nun wieder in Ihr Skript kopieren können.

Denken Sie bitte wieder daran, dass Sie das Paket `readr` installiert haben müssen, wenn der Code laufen soll.

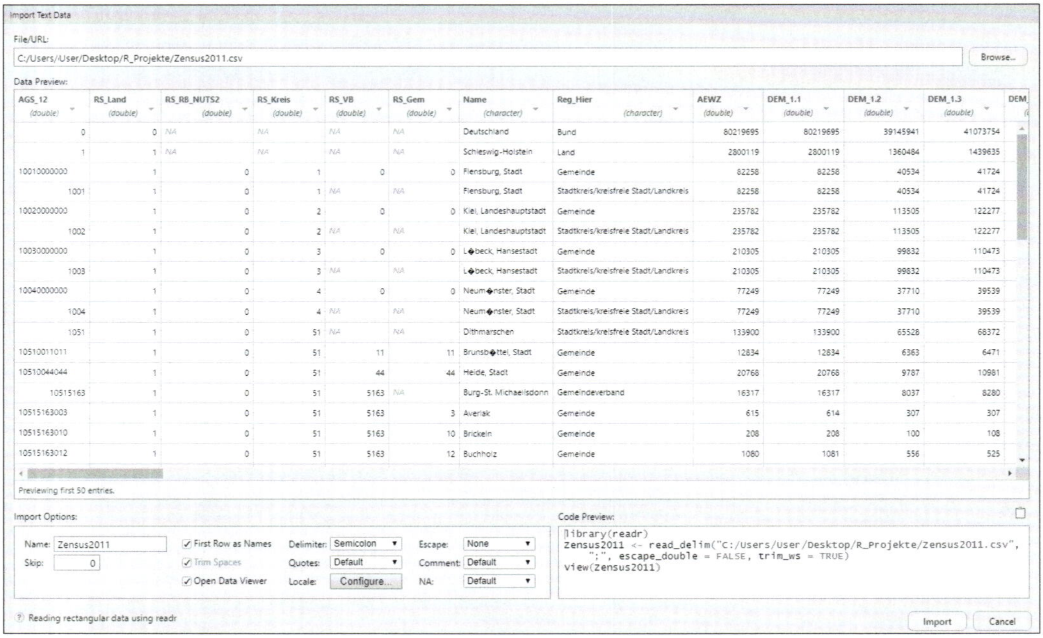


**Abbildung 6.12** Importieren einer .csv-Datei, Schritt 3

Machen Sie von hier aus einfach weiter wie bei der Excel-Datei:

Geben Sie per Copy and Paste hinein ins Skript, und führen Sie den Befehl aus.

## 6.2.2 Umwandeln in Excel und weiter mit Abschnitt 6.1

Klappt das alles nicht, suchen Sie eine Alternativlösung: Wenn Sie sich mit Excel wohler fühlen, weil Sie es eventuell besser kennen, können Sie z. B. die *.csv*-Datei erst in einer Excel-Datei öffnen, speichern und diese Excel-Datei dann in R einlesen. Sie entscheiden.

Öffnen Sie dazu eine Excel-Datei, und klicken Sie auf OPEN (Öffnen) im Reiter FILE (DATEI). Dann suchen Sie nach Ihrer *.csv*-Datei da, wo Sie sie abgespeichert haben. Taucht sie nicht auf, wählen Sie unten rechts in dem nun geöffneten Fenster FROM TEXT (Textdateien) aus. Denken Sie daran, dass *.csv*-Dateien Textdateien sind.



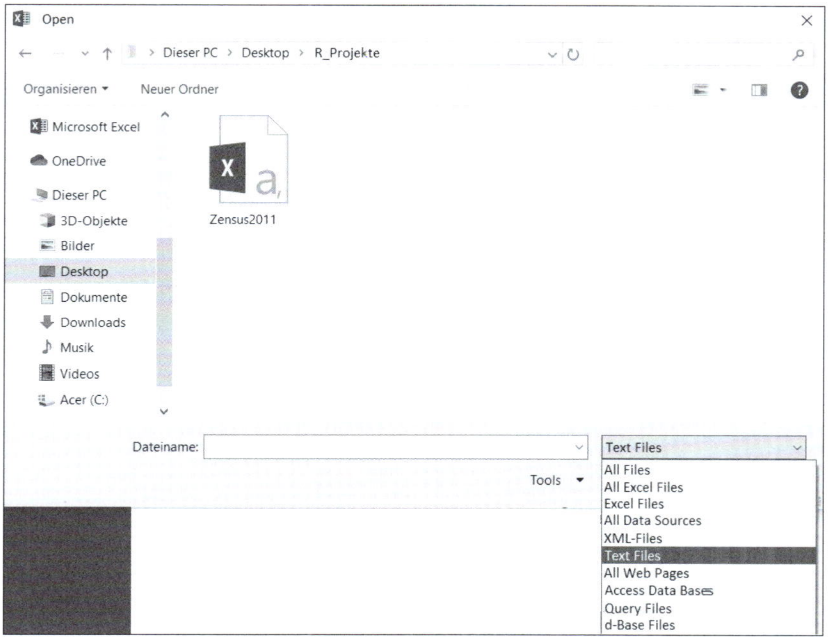


**Abbildung 6.13** .csv-Datei in Excel öffnen

Der Doppelklick auf »Zensus2011« sollte Ihre Datei nun öffnen. Sie sieht dann genauso aus, wie unter Abbildung 6.12 dargestellt.

Nach diesen Einstellungen speichern Sie die Datei als *.xlsx* ab. Jetzt ist die *.csv*-Datei im Excel-Format gespeichert, und Sie können sie, wie in Abbildung 6.1 bis Abbildung 6.4 dargestellt, in R importieren.

## 6.3 Umgang mit Datumsangaben

Das nervigste Kapitel, egal ob in Excel, SQL oder R ist für mich immer das Thema des Umgangs mit *Datumsangaben*. Das ist einer der Gründe, weshalb ich mich auf Wirtschaftsgeschichte konzentriert habe. Hier gibt es meist nur Jahresangaben in den Daten. Für alle anderen aber ist dieses Kapitel gedacht.

Die Probleme beginnen wie gesagt schon beim Einlesen von Daten aus Excel- und *.csv*-Files. Häufig haben Sie, mindestens bei Ihren selbst gesammelten Daten, Datumsangaben deutscher Art: Tag, Monat, Jahr. Der 01.11.2019 ist ein Beispiel. In R-Sprache ist das ein %d.%m.%Y-Format. Diese Art von Datumsangabe haben Sie auch in Ihrem Zigarettendatensatz.

Filter

| | Datum | Zigaretten |
|---|---|---|
| 1 | 01.11.2019 | 10 |
| 2 | 02.11.2019 | 12 |
| 3 | 03.11.2019 | 13 |
| 4 | 04.11.2019 | 9 |
| 5 | 05.11.2019 | 9 |
| 6 | 06.11.2019 | 8 |
| 7 | 07.11.2019 | 8 |
| 8 | 08.11.2019 | 11 |
| 9 | 09.11.2019 | 12 |
| 10 | 10.11.2019 | 11 |

**Abbildung 6.14** Deutsche Datumsangaben

Schauen Sie sich nun das vorinstallierte (`default`-)Format der Datumsangaben in R an:

```
Datum_Heute <- Sys.Date()
Datum_Heute
```

**Die Ausgabe:**

```
[1] "2019-12-27"
```

**Listing 6.1** Ausgabe des aktuellen Datums

In R-Sprache ist das »%Y-%m-%d«, das typische amerikanische Datumsformat.

### 6.3.1 Datumsangaben als character-Strings

Wenn Sie den Zigarettendatensatz eingelesen haben, als Excel- oder *.csv*-Datei, hat R die Spalte DATUM eventuell als Text (character) eingelesen. R kann dann hier kein Datum erkennen, weshalb Sie in diesem Fall beim Einlesen auch nicht das sonst bequeme Interface benutzen können. Klicken Sie auf DATE, kann R nichts erkennen, wie in der Abbildung 6.15 gezeigt.

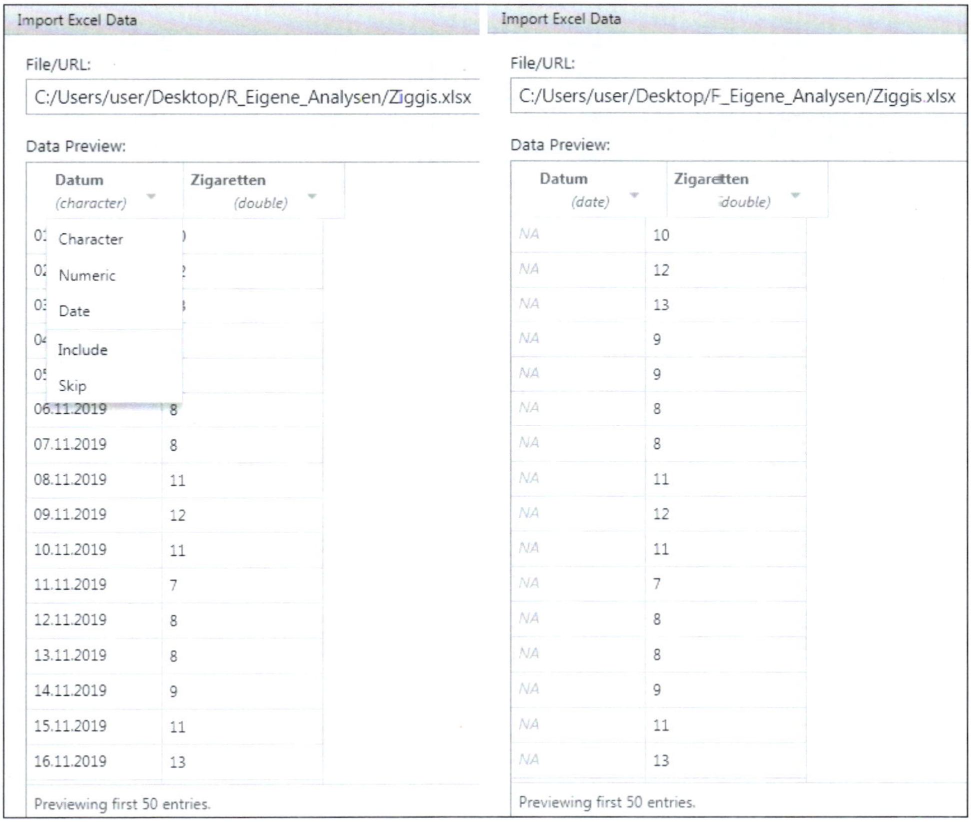


**Abbildung 6.15** Einlesen: NA bei Datumsangabe als Text

Da die Datumsangabe in Ihrem Zigarettendatensatz als character vorliegt und nicht im nötigen Format %Y-%m-%d (2019-11-01), funktioniert hier die Auswahl DATE für die Umwandlung nicht. Der dahinterliegende Befehl ist `as.Date(Ziggis$Datum)`, der ebenfalls nicht funktionieren kann. Stattdessen produziert die Umformatierung ausschließlich NA-`Werte`.

Wenn das bei Ihnen trotzdem geklappt hat, dann hatten Sie schon in Ihrer Ausgangsdatei das Datum in einem für R lesbaren Datumsformat vorliegen.

Im Folgenden zeige ich Lösungen für diejenigen, bei denen das nicht so ist. Dazu bringen Sie entweder schon bei der Datumsaufnahme das Datum in das nötige Format in Ihrer Excel-Tabelle, oder Sie machen das mit dem Paket `lubridate` in R. Beginnen wir mit Excel.

#### Excel

In der Excel-Lösung erstellen Sie eine neue Spalte, und führen Sie einen Rechtsklick auf die oberste, leere Zeile aus, dann klicken Sie auf FORMAT CELLS (Zellen formatieren).

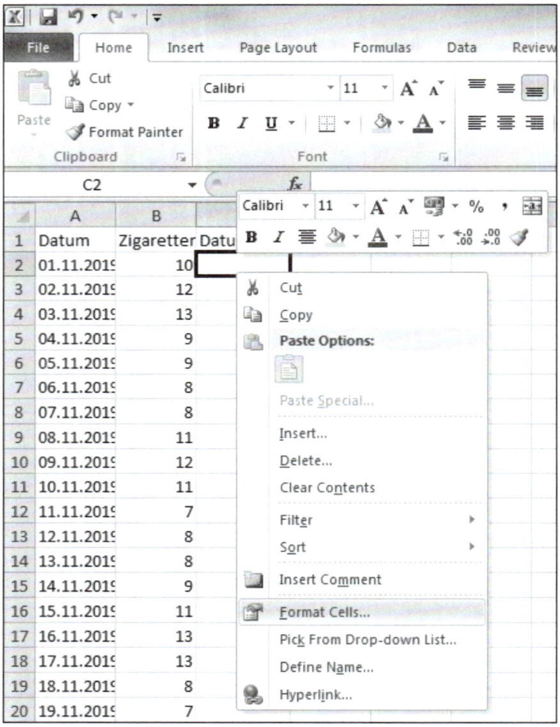


**Abbildung 6.16** Datumsangaben in Excel anpassen, Schritt 1

Es öffnet sich ein Fenster, in dem Sie die Form Ihrer gewünschten Datumsangabe auswählen können. Die praktischste Form der Datumsangabe für R ist hierbei die Form eines character-Strings yyyy-mm-dd: Das ist das Jahr mit vier Stellen, der Monat mit zwei Stellen als Zahl und der Tag mit zwei Stellen als Zahl, jeweils verbunden durch einen Bindestrich. Wählen sie dieses Format wie in der Abbildung 6.17 gezeigt aus.

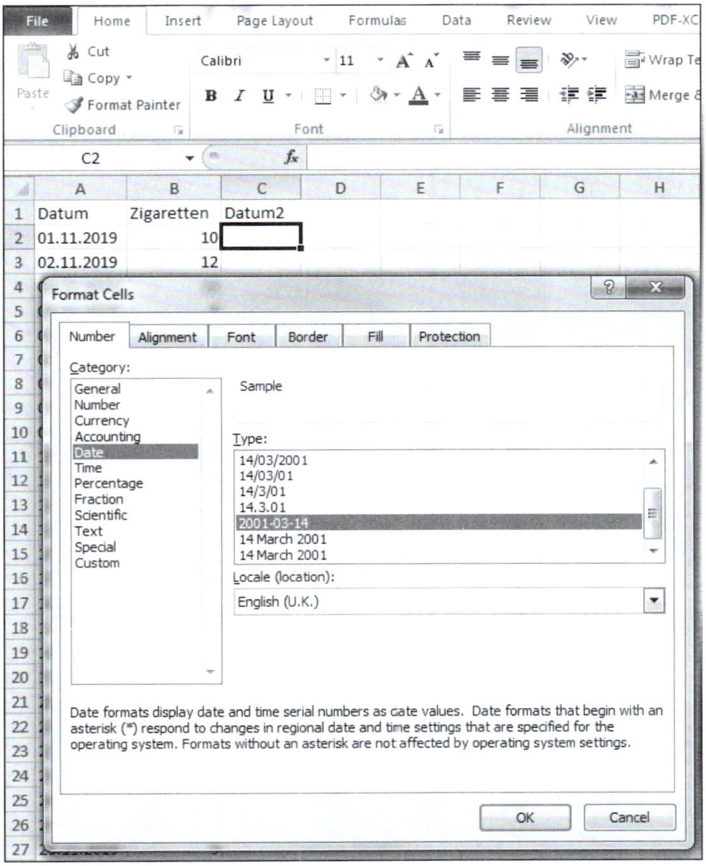


**Abbildung 6.17** Datumsangaben in Excel anpassen, Schritt 2

Jetzt hat diese Zeile das Format, das Sie gerade dort eingefügt haben. Schreiben Sie nun das Datum hinein, das Sie dort haben wollen. Mit der Maus gehen Sie nun auf die rechte unterste Stelle dieser Zellen und ziehen den Cursor hinunter bis zum Ende Ihres Datensatzes.

Jetzt können Sie die Datei problemlos einlesen und R sagen, dass die Spalte »Datum2« von nun an als Datum behandelt werden soll:

```
Ziggis$Datum2 <- as.Date(Ziggis$Datum2).
```

| | | | | | |
|---|---|---|---|---|---|
| 7 | | Clipboard | | Font | |
| 8 | | C2 | | fx | 01/11/2019 |
| 9 | | A | B | C | D |
| 10 | 1 | Datum | Zigaretten | Datum2 | |
| 11 | 2 | 01.11.2019 | 10 | 2019-11-01 | |
| 12 | 3 | 02.11.2019 | 12 | 2019-11-02 | |
| 13 | 4 | 03.11.2019 | 13 | 2019-11-03 | |
| 14 | 5 | 04.11.2019 | 9 | 2019-11-04 | |
| 15 | 6 | 05.11.2019 | 9 | 2019-11-05 | |
| 16 | 7 | 06.11.2019 | 8 | 2019-11-06 | |
| 17 | 8 | 07.11.2019 | 8 | 2019-11-07 | |
| 18 | 9 | 08.11.2019 | 11 | 2019-11-08 | |
| 19 | 10 | 09.11.2019 | 12 | 2019-11-09 | |
| 20 | 11 | 10.11.2019 | 11 | 2019-11-10 | |
| 21 | 12 | 11.11.2019 | 7 | 2019-11-11 | |
| 22 | 13 | 12.11.2019 | 8 | 2019-11-12 | |
| 23 | 14 | 13.11.2019 | 8 | 2019-11-13 | |
| 24 | 15 | 14.11.2019 | 9 | 2019-11-14 | |
| 25 | 16 | 15.11.2019 | 11 | 2019-11-15 | |
| 26 | 17 | 16.11.2019 | 13 | 2019-11-16 | |
| 27 | 18 | 17.11.2019 | 13 | 2019-11-17 | |
| 28 | 19 | 18.11.2019 | 8 | 2019-11-18 | |
| 29 | 20 | 19.11.2019 | 7 | 2019-11-19 | |
| 30 | 21 | 20.11.2019 | 7 | 2019-11-20 | |
| 31 | 22 | | | | |

**Abbildung 6.18** Datumsangaben in Excel anpassen, Schritt 3

Überprüfen Sie nun noch zur Sicherheit, ob Ihre Formatanpassung funktioniert hat:

```
str(Ziggis)
```

**Die Ausgabe:**

```
tibble [30 x 3] (S3: tbl_df/tbl/data.frame)
 $ Datum     : chr [1:30]
 "01.11.2019" "02.11.2019" "03.11.2019" "04.11.2019" ... ⮐
 $ Zigaretten: num [1:30] 10 12 13 9 9 8 8 11 12 11 ...
 $ Datum2    : Date[1:30], format: "2019-11-01" "2019-11-02" "2019-11-03" ⮐
"2019-11-04" ...
```

Ja, die Spalte »Datum2« ist nun in einem *Datumsformat* (*Date*).

### Lubridate

Eine zweite Möglichkeit der Datumsformatierung ist die in R selbst. Das geht mit dem Paket `lubridate` (zum Thema Installation und Laden von Paketen schauen Sie gern noch mal in Abschnitt 4.3, »Pakete (Packages)«, nach). Das Paket *lubridate* erkennt, dass ein `character`-String-Format vorliegt und wandelt es entsprechend Ihren Vorgaben automatisch in das Format %Y-%m-%d um.

Sie laden also Ihre Daten ein, installieren und laden das Paket lubridate dazu und teilen R mit, in welchem Format Sie Ihr Datum überführen wollen:

```
library(lubridate)
Ziggis$Datum3 <- dmy(Ziggis$Datum)
```

Ich nenne die neue Datumsspalte im Datensatz »Datum3«. Hier soll R die neue Datumsspalte speichern. Im Paket lubridate machen das die Funktionen ymd(), dmy(), mdy() automatisch. Das Format meiner Ausgangsspalte ist %d.%m.%Y. Mit der Funktion dmy(), »lies mein Datum als Format TagMonatJahr«, erkennt das Programm mein Datenformat und formatiert es entsprechend um.

Mit dem Befehl View(Ziggis) erhalten Sie die in Abbildung 6.19 gezeigte Darstellung.

```
View(Ziggis)
```

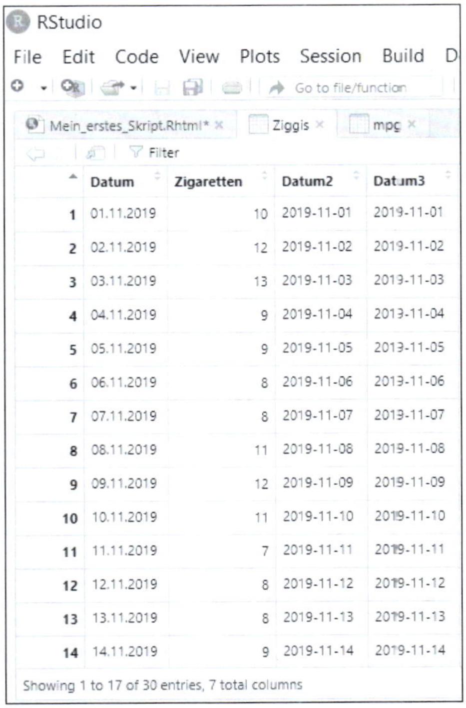


| | Datum | Zigaretten | Datum2 | Datum3 |
|---|---|---|---|---|
| 1 | 01.11.2019 | 10 | 2019-11-01 | 2019-11-01 |
| 2 | 02.11.2019 | 12 | 2019-11-02 | 2019-11-02 |
| 3 | 03.11.2019 | 13 | 2019-11-03 | 2019-11-03 |
| 4 | 04.11.2019 | 9 | 2019-11-04 | 2019-11-04 |
| 5 | 05.11.2019 | 9 | 2019-11-05 | 2019-11-05 |
| 6 | 06.11.2019 | 8 | 2019-11-06 | 2019-11-06 |
| 7 | 07.11.2019 | 8 | 2019-11-07 | 2019-11-07 |
| 8 | 08.11.2019 | 11 | 2019-11-08 | 2019-11-08 |
| 9 | 09.11.2019 | 12 | 2019-11-09 | 2019-11-09 |
| 10 | 10.11.2019 | 11 | 2019-11-10 | 2019-11-10 |
| 11 | 11.11.2019 | 7 | 2019-11-11 | 2019-11-11 |
| 12 | 12.11.2019 | 8 | 2019-11-12 | 2019-11-12 |
| 13 | 13.11.2019 | 8 | 2019-11-13 | 2019-11-13 |
| 14 | 14.11.2019 | 9 | 2019-11-14 | 2019-11-14 |

**Abbildung 6.19** Zigarettendatensatz – Datum angepasst

Ob Ihr Befehl funktioniert hat, sollten Sie auch hier überprüfen. Mit lubridate wird die Funktion is.Date() angeliefert, die Sie dazu verwenden können

```
is.Date(Ziggis$Datum)
```

**Die Ausgabe:**

```
[1] FALSE
```

```
is.Date(Ziggis$Datum3)
```

**Die Ausgabe:**

```
[1] TRUE
```

**Listing 6.2** Die Umformatierung eines deutschen Datums in ein für R lesbares Datum

Ihre Ausgangsspalte ist also kein Datum, sondern weiterhin ein Text. Die Spalte »Datum3« hingegen ist in einem R-kompatiblen Datumsformat, mit dem Sie nun auch wie mit jeder anderen Spalte Rechnungen ausführen können, so z. B. die Addition und Subtraktion von Tagen, Monaten oder Jahren.

### 6.3.2 Datumsangaben aus Individualkomponenten

Häufig sind Datumsangaben in Datensätzen auch in verschiedene Spalten aufgeteilt. Im `Zigarettendatensatz` könnte das wie folgt aussehen:

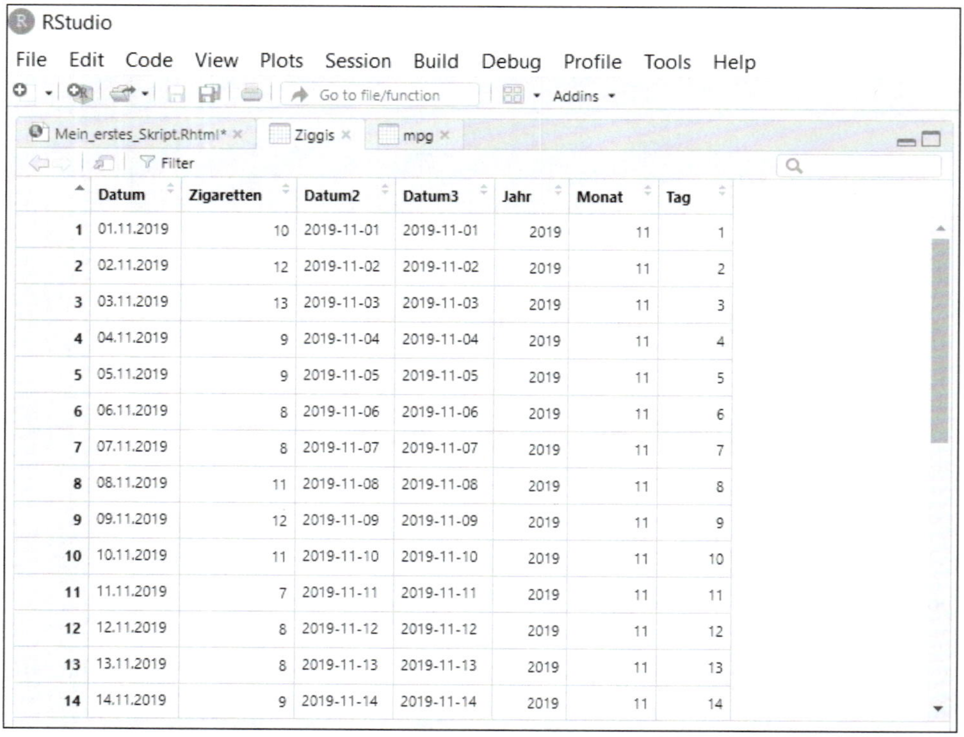


| | Datum | Zigaretten | Datum2 | Datum3 | Jahr | Monat | Tag |
|---|---|---|---|---|---|---|---|
| 1 | 01.11.2019 | 10 | 2019-11-01 | 2019-11-01 | 2019 | 11 | 1 |
| 2 | 02.11.2019 | 12 | 2019-11-02 | 2019-11-02 | 2019 | 11 | 2 |
| 3 | 03.11.2019 | 13 | 2019-11-03 | 2019-11-03 | 2019 | 11 | 3 |
| 4 | 04.11.2019 | 9 | 2019-11-04 | 2019-11-04 | 2019 | 11 | 4 |
| 5 | 05.11.2019 | 9 | 2019-11-05 | 2019-11-05 | 2019 | 11 | 5 |
| 6 | 06.11.2019 | 8 | 2019-11-06 | 2019-11-06 | 2019 | 11 | 6 |
| 7 | 07.11.2019 | 8 | 2019-11-07 | 2019-11-07 | 2019 | 11 | 7 |
| 8 | 08.11.2019 | 11 | 2019-11-08 | 2019-11-08 | 2019 | 11 | 8 |
| 9 | 09.11.2019 | 12 | 2019-11-09 | 2019-11-09 | 2019 | 11 | 9 |
| 10 | 10.11.2019 | 11 | 2019-11-10 | 2019-11-10 | 2019 | 11 | 10 |
| 11 | 11.11.2019 | 7 | 2019-11-11 | 2019-11-11 | 2019 | 11 | 11 |
| 12 | 12.11.2019 | 8 | 2019-11-12 | 2019-11-12 | 2019 | 11 | 12 |
| 13 | 13.11.2019 | 8 | 2019-11-13 | 2019-11-13 | 2019 | 11 | 13 |
| 14 | 14.11.2019 | 9 | 2019-11-14 | 2019-11-14 | 2019 | 11 | 14 |

**Abbildung 6.20** Datumsspalten einzeln

Die Spalte DATUM ist hier also in drei einzelne Spalten unterteilt: Jahr, Monat und Tag. Um diese in eine einzige Datumsspalte zusammenzuführen, bietet das `lubridate`-Paket die Funktion `make_date()`.

```
Ziggis$Datum4 <- make_date(Ziggis$Jahr, Ziggis$Monat, Ziggis$Tag)
```

Der Test zeigt auch hier, ob Ihre Umformung funktioniert hat:

```
is.Date(Ziggis$Datum4)
```

**Die Ausgabe:**

```
[1] TRUE
```

**Listing 6.3** Zusammenführen eines Datums aus Individualkomponenten

## 6.4 Daten vorbereiten

Daten sind häufig unvollständig, was viele Gründe haben kann: Es kann z. B. sein, dass die zeitliche Begrenzung einer Studie Ihre Datenerhebung irgendwann beendet. Es können z. B. auch unvollständige oder falsche Antworten auf eine Umfrage gegeben werden. Fehlende oder falsche Einträge Dritter in fremd erhobenen Daten sind ebenfalls häufige Gründe für unvollständige Daten. Sie müssen deshalb vor jeder Analyse die Daten bereinigen und in eine Form bringen, die Ihnen die Arbeit mit ihnen und eine Analyse erlaubt.

Die häufigste und für R zugleich praktischste Form eines Datensatzes ist die sogenannte *data.frame-Form*. Die Weiterentwicklung dieses Formats sind *tibbles*. Sehen Sie sich gern noch mal die Erklärungen zu Vektoren und Datensätzen in Kapitel 5, »Grundlagen der statistischen Datenanalyse«, an. Für den Rest des Buches sollen alle Datensätze in data.frame-Form, also tibbles sein oder in die tibble-Form überführt werden.

Damit Sie tibbles überhaupt verwenden können, müssen Sie das Package `tidyverse` installiert und geladen haben. Hier ist noch mal die Erinnerung daran, wie das geht:

```
install.packages("tidyverse")
library(tidyverse)
```

**Listing 6.4** Installieren und laden des Paketes tidyverse

Im Bild sehen Sie, dass das Package `tidyverse` weitere Packages mit herunterlädt: *ggplot2, tibble, tidyr, readr, purrr, dplyr, stringr* und *forcats*. Sie alle werden mit weiteren, nützlichen Funktionen angeliefert, die Sie so nicht zusätzlich herunterladen müssen. Viele von denen werden Sie in Ihren Analysen benötigen.

```
> library(tidyverse)
-- Attaching packages --------------------------------------- tidyverse 1.3.0 --
v ggplot2 3.2.1     v purrr   0.3.3
v tibble  2.1.3     v dplyr   0.8.3
v tidyr   1.0.0     v stringr 1.4.0
v readr   1.3.1     v forcats 0.4.0
-- Conflicts ------------------------------------------ tidyverse_conflicts() --
x dplyr::filter() masks stats::filter()
x dplyr::lag()    masks stats::lag()
> |
```

**Abbildung 6.21** tidyverse-Package-Installation

Wenn Sie nun noch einmal Ihren mpg-Datensatz per Mausklick im Speicher oder per `view(mpg)` im Skript betrachten, können Sie einige wichtige Dinge über (tibble-)Datensätze sehen.

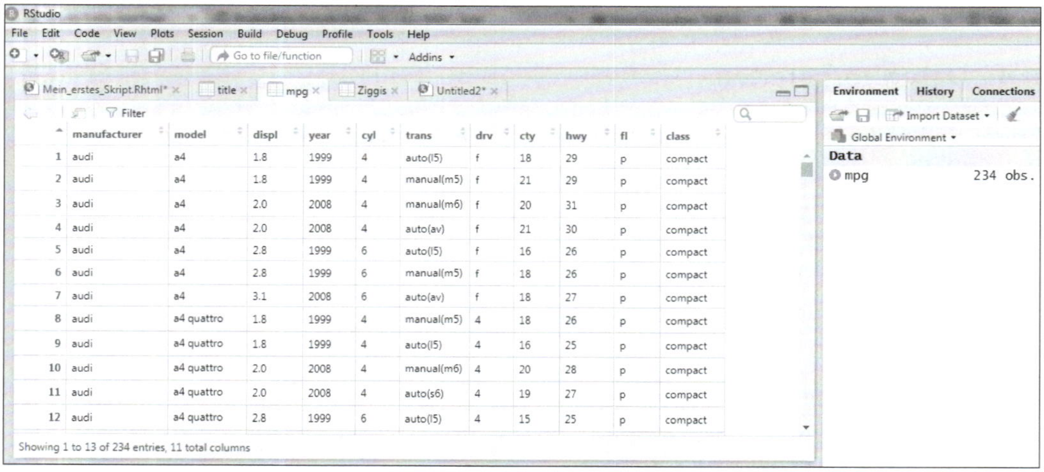


| | manufacturer | model | displ | year | cyl | trans | drv | cty | hwy | fl | class |
|---|---|---|---|---|---|---|---|---|---|---|---|
| 1 | audi | a4 | 1.8 | 1999 | 4 | auto(l5) | f | 18 | 29 | p | compact |
| 2 | audi | a4 | 1.8 | 1999 | 4 | manual(m5) | f | 21 | 29 | p | compact |
| 3 | audi | a4 | 2.0 | 2008 | 4 | manual(m6) | f | 20 | 31 | p | compact |
| 4 | audi | a4 | 2.0 | 2008 | 4 | auto(av) | f | 21 | 30 | p | compact |
| 5 | audi | a4 | 2.8 | 1999 | 6 | auto(l5) | f | 16 | 26 | p | compact |
| 6 | audi | a4 | 2.8 | 1999 | 6 | manual(m5) | f | 18 | 26 | p | compact |
| 7 | audi | a4 | 3.1 | 2008 | 6 | auto(av) | f | 18 | 27 | p | compact |
| 8 | audi | a4 quattro | 1.8 | 1999 | 4 | manual(m5) | 4 | 18 | 26 | p | compact |
| 9 | audi | a4 quattro | 1.8 | 1999 | 4 | auto(l5) | 4 | 16 | 25 | p | compact |
| 10 | audi | a4 quattro | 2.0 | 2008 | 4 | manual(m6) | 4 | 20 | 28 | p | compact |
| 11 | audi | a4 quattro | 2.0 | 2008 | 4 | auto(s6) | 4 | 19 | 27 | p | compact |
| 12 | audi | a4 quattro | 2.8 | 1999 | 6 | auto(l5) | 4 | 15 | 25 | p | compact |

**Abbildung 6.22** (tibble-)Datensatz mpg

Sie sehen z. B., dass Ihnen hier die ersten 13 Zeilen dieses Datensatzes angezeigt werden. Die erste Zeile enthält die Namen der Variablen. Wenn Sie wissen wollen, was die alle einzeln bedeuten, schauen Sie bitte unter HELP in die Dokumentation. Sie sehen ebenfalls, dass der Datensatz insgesamt 234 ENTRIES, also OBSERVATIONEN oder einfach Zeilen weiter nach unten hat. COLUMNS (Spalten), also Vektoren bzw. Variablen, gibt es elf. Wenn Sie weiter herunterscrollen, werden Sie bemerken, dass alle Variablen die gleiche Länge haben. Alle Variablen haben also einen Namen und 234 Observationen.

An dieser Form orientiere ich mich selbst, wenn ich eigene Datensätze erstelle. An dieser Form orientieren sich aktuell auch häufig (wenn auch manchmal unbewusst) die öffentlichen Stellen, von denen Sie Daten herunterladen können. Wenn Sie eigene Daten zusammenstellen, achten Sie also schon bei der Datensammlung darauf, dass Sie sich an dieser Form orientieren. Wenn Sie das machen, können Sie einfach Ihren Datensatz in R einlesen und ihn mit `as_tibble(Name ihres Datensatzes)` in einen tibble-Datensatz verwandeln.

Wenn Sie öffentlich zugängliche Daten herunterladen, dann sehen Sie sich diese gut an und studieren Sie sie gründlich, bevor Sie für die Vorbereitung der Daten überlegen,

1. welche Frage Sie noch mal beantworten wollten,
2. welche Daten Sie aus diesem Datensatz dazu benötigen und
3. wie Ihr Datensatz, von dem aus Sie dann die Analysen beginnen, aussehen soll.

Nehmen Sie an, dass Sie eine Grafik über die aktuelle Anzahl der Einwohner der deutschen Bundesländer erstellen möchten. Das sei hier Ihre Frage, die Sie sich stellen. Sehen Sie sich als Beispiel hierzu noch einmal den Zensusdatensatz der Excel-Version an (die *.csv*-Version hat andere Überschriften): Dazu gehen Sie wieder auf die bereits bekannte Seite *http://r-wrk.de/ZensusDatei*, laden die Excel Datei Download-Tabelle Bevölkerung im Excel-Format (*.xlsx*, 10 MB, nicht barrierefrei) herunter, speichern sie ab und öffnen sie.

P24 | *fx* 221

| | A | B | C | D | E | F | G | H | I | J | K | L | M |
|---|---|---|---|---|---|---|---|---|---|---|---|---|---|
| 1–3 | | | | | | | | | | Bevölkerung nach Geschlecht | | | |
| | | | | | | | | | | | Geschlecht | | |
| 4–8 | 12-stelliger Amtlicher Gemeindeschlüssel (AGS) | Bundesland | Regierungsbezirk/ Ebene NUTS-2 | Kreisfreie Stadt/ Stadtkreis/ Landkreis | Gemeindeverband | Gemeinde | Gebiet | Regionalebene | Einwohnerzahl zum 09. Mai 2011 | insgesamt | männlich | weiblich | insgesamt |
| 9 | 1 | 2 | 3 | 4 | 5 | 6 | 7 | 8 | 9 | 10 | 11 | 12 | 13 |
| 10 | 00 | 00 | | | | | Deutschland | Bund | 80219695 | 80219695 | 39145941 | 41073754 | 80219695 |
| 11 | 01 | 01 | | | | | Schleswig-Holstein | Land | 2800119 | 2800119 | 1360484 | 1439635 | 2800119 |
| 12 | 01001 | 01 | 0 | 01 | | | Flensburg, Stadt | Stadtkreis/kreisfreie Stadt/L | 82258 | 82258 | 40534 | 41724 | 82258 |
| 13 | 010010000000 | 01 | 0 | 01 | 0000 | 000 | Flensburg, Stadt | Gemeinde | 82258 | 82258 | 40534 | 41724 | 82258 |
| 14 | 01002 | 01 | 0 | 02 | | | Kiel, Landeshauptstadt | Stadtkreis/kreisfreie Stadt/L | 235782 | 235782 | 113505 | 122277 | 235782 |
| 15 | 010020000000 | 01 | 0 | 02 | 0000 | 000 | Kiel, Landeshauptstadt | Gemeinde | 235782 | 235782 | 113505 | 122277 | 235782 |
| 16 | 01003 | 01 | 0 | 03 | | | Lübeck, Hansestadt | Stadtkreis/kreisfreie Stadt/L | 210305 | 210305 | 99832 | 110473 | 210305 |
| 17 | 010030000000 | 01 | 0 | 03 | 0000 | 000 | Lübeck, Hansestadt | Gemeinde | 210305 | 210305 | 99832 | 110473 | 210305 |
| 18 | 01004 | 01 | 0 | 04 | | | Neumünster, Stadt | Stadtkreis/kreisfreie Stadt/L | 77249 | 77249 | 37710 | 39539 | 77249 |
| 19 | 010040000000 | 01 | 0 | 04 | 0000 | 000 | Neumünster, Stadt | Gemeinde | 77249 | 77249 | 37710 | 39539 | 77249 |
| 20 | 01051 | 01 | 0 | 51 | | | Dithmarschen | Stadtkreis/kreisfreie Stadt/L | 133900 | 133900 | 65528 | 68372 | 133900 |

**Abbildung 6.23** Zensusdaten in der heruntergeladenen Excel

Der Datensatz weist schon auf den ersten Blick einige Lücken auf. Es gibt leere Zellen–, sprich *NA-Werte* (NOT AVAILABLE), also keine Werte an Stellen, wo Sie eigentlich Werte haben wollen Es gibt ebenfalls Informationen, die Sie für die Beantwortung Ihrer Frage überhaupt nicht benötigen. Ich zeige Ihnen nun wie gewohnt zwei Wege, wie die `Datenbereinigung` zur Beantwortung Ihrer Frage nach der Einwohnerzahl in den Bundesländern funktionieren kann, und zwar erst mit Excel und dann mit R.

### 6.4.1 Excel

Die erste Möglichkeit wäre, die Daten zunächst in Excel so zu präparieren, wie Sie sie benötigen – sowohl was die Information als auch was die Form angeht –, und sie dann einfach erneut in R einzulesen. Für die Bearbeitung in Excel benötigen Sie häufig nur drei Funktionen:

1. die Funktion `Filter`
2. das Löschen von Zeilen oder Spalten
3. eventuell das Löschen von NAs

Ihre finale Excel-Datei sollte dann die Form eines tibble-Datensatzes haben und so aussehen:

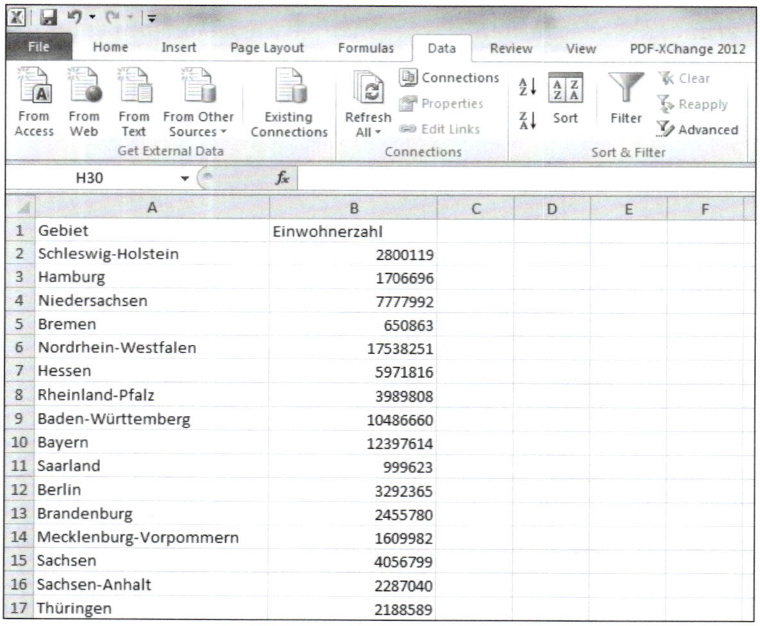

| | A | B | C | D | E | F |
|---|---|---|---|---|---|---|
| 1 | Gebiet | Einwohnerzahl | | | | |
| 2 | Schleswig-Holstein | 2800119 | | | | |
| 3 | Hamburg | 1706696 | | | | |
| 4 | Niedersachsen | 7777992 | | | | |
| 5 | Bremen | 650863 | | | | |
| 6 | Nordrhein-Westfalen | 17538251 | | | | |
| 7 | Hessen | 5971816 | | | | |
| 8 | Rheinland-Pfalz | 3989808 | | | | |
| 9 | Baden-Württemberg | 10486660 | | | | |
| 10 | Bayern | 12397614 | | | | |
| 11 | Saarland | 999623 | | | | |
| 12 | Berlin | 3292365 | | | | |
| 13 | Brandenburg | 2455780 | | | | |
| 14 | Mecklenburg-Vorpommern | 1609982 | | | | |
| 15 | Sachsen | 4056799 | | | | |
| 16 | Sachsen-Anhalt | 2287040 | | | | |
| 17 | Thüringen | 2188589 | | | | |

**Abbildung 6.24** Excel-Datensatz Bundesländer und Einwohner

> **Tipp**
> Sollte das bis hierhin nicht funktioniert haben, können Sie die Zahlen aus der Zensusdatei heraussuchen und einfach selbst in eine eigene Excel-Datei schreiben. Das ist nicht so elegant, aber das Ziel dieses Buches ist ja vor allem, dass Sie am Ende die richtigen Ergebnisse herausbekommen und diese selbst – auf welchem Weg auch immer – erstellen und nachprüfen können.

Lesen Sie Ihre neu erstellte Datei nun nach dem bekannten Schema in R ein:

```
Zensus_2 <- read_excel("C:/Users/user/Desktop/R_Projekte/Zensus_Laender.xlsx")
```

Wie Sie sehen, habe ich meine bearbeitete Excel-Zensusdatei nun spezieller ZENSUS_LAENDER genannt und unter diesem Namen auf dem Computer abgespeichert. Das ist eindeutig, und ich weiß so immer, was sich in dem Objekt verbirgt. Ich lese die Datei nun ein in ein Objekt, das ich ZENSUS_2 nenne (ich hätte es auch einfach *Zensus_Laender* oder noch anders nennen können, *Zensus_2* ist kürzer).

**Erinnerung: das erste Tabellenblatt wird eingelesen**

Denken Sie bitte daran, dass R immer nur das erste Tabellenblatt einer Excel-Datei einliest. Schieben Sie gegebenenfalls das betreffende Tabellenblatt in Ihrer Excel-Datei an die erste Stelle, speichern Sie ab, und lesen Sie erneut ein.

Mit `view(Zensus_2)` oder per Klick auf das im Speicher neu kreierte Objekt Zensus_2 kann ich mir die Daten nun ansehen.

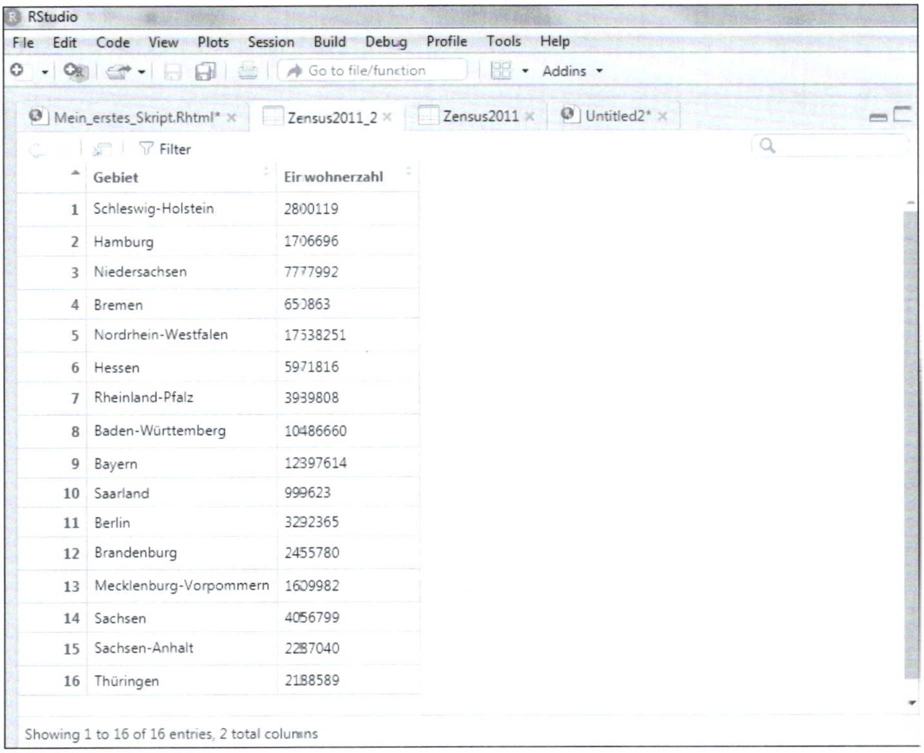


| | Gebiet | Einwohnerzahl |
|---|---|---|
| 1 | Schleswig-Holstein | 2800119 |
| 2 | Hamburg | 1706696 |
| 3 | Niedersachsen | 7777992 |
| 4 | Bremen | 650863 |
| 5 | Nordrhein-Westfalen | 17538251 |
| 6 | Hessen | 5971816 |
| 7 | Rheinland-Pfalz | 3989808 |
| 8 | Baden-Württemberg | 10486660 |
| 9 | Bayern | 12397614 |
| 10 | Saarland | 999623 |
| 11 | Berlin | 3292365 |
| 12 | Brandenburg | 2455780 |
| 13 | Mecklenburg-Vorpommern | 1609982 |
| 14 | Sachsen | 4056799 |
| 15 | Sachsen-Anhalt | 2287040 |
| 16 | Thüringen | 2188589 |

**Abbildung 6.25** Zensus-Länderdaten

Als letzten Schritt will ich diesen normalen Datensatz auch noch formal in einen tibble-Datensatz transformieren, sodass R ihn auch als solchen erkennt. Oder ist das jetzt etwa schon automatisch ein tibble-Datensatz? Ich frage R!

```
is_tibble(Zensus_2)
```

**Die Ausgabe:**

```
[1] TRUE
Warning message:
`is.tibble()` is deprecated, use `is_tibble()`.
This warning is displayed once per session.
```

R teilt mir hier zwei Dinge mit: erstens, ja, Zensus_2 ist schon ein tibble-Datensatz, zweitens, is.tibble() scheint ein Befehl zu sein, der bereits ein Update erfahren hat (»is.tibble() ist veraltet, verwenden Sie is_tibble()«).

Diese Warnung wird einmal pro Sitzung angezeigt (laut Google Translator). is_tibble() statt is.tibble() wäre also besser gewesen – nächstes Mal ;)

Hätte R mir mitgeteilt, dass es sich nicht um ein tibble handelt, hätte ich, wenn denn das Datenformat an sich korrekt erstellt ist, ihm mit dem Befehl as_tibble(Zensus_2) mitgeteilt, dass es meinen tibble-fähigen Datensatz in einen tatsächlichen tibble-Datensatz verwandeln soll.

### 6.4.2 In R

Anstatt in Excel können Sie Ihre Daten natürlich auch direkt in R bearbeiten. Wenn Sie die Datei nicht mehr im Speicher haben, dann laden Sie sie noch einmal in R. Hierzu können Sie die Originaldatei verwenden, denn R bearbeitet die Daten per Skript in seinem Arbeitsumfeld, nicht in der Datei, die Sie einlesen. Also noch mal:

```
library(readxl)
Zensus2011 <- read_excel("C:/Users/user/Desktop/R_Projekte/Zensus2011.xlsx")
```

**Listing 6.5** Einlesen des Datensatzes Zensus2011

Mit dem Befehl View(Zensus2011) erhalten Sie die in Abbildung 6.26 gezeigte Darstellung.

```
View(Zensus2011)
```

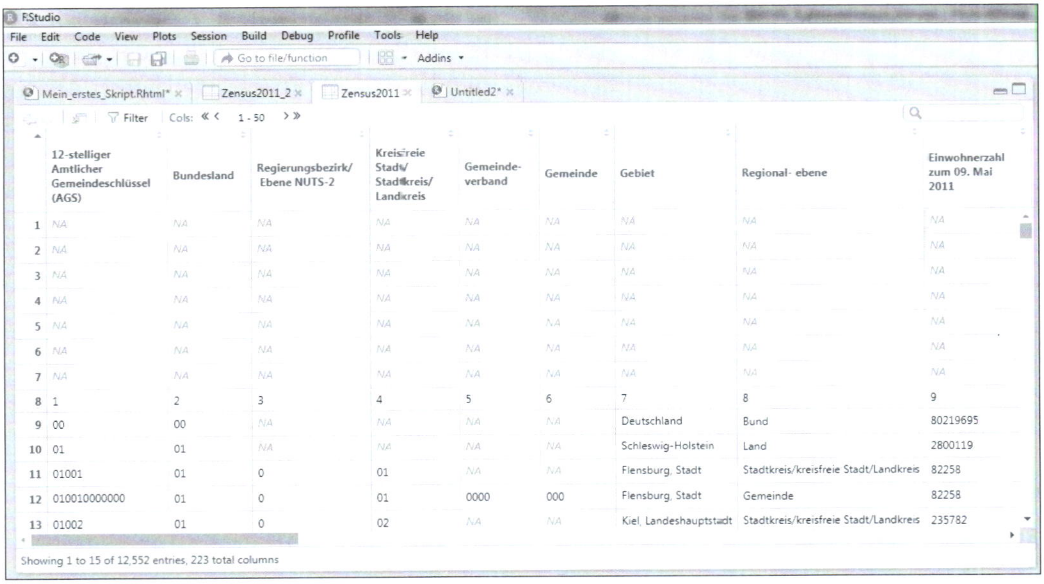


**Abbildung 6.26** Zensus2011 in R

Sie sehen zunächst an den Überschriften, dass R nicht alle Überschriften sauber eingelesen hat. Das passiert, wenn die Überschriften in der Ausgangsdatei sich über mehrere Spalten oder Zeilen erstrecken. Sie können aber hier nachsteuern und die Spalten umbenennen. Schauen Sie sich dazu genau an, wie R die Spaltennamen eingelesen hat. Das geht z. B. mit der Funktion `colnames()`.

```
colnames(Zensus2011)
```

**Die Ausgabe:**

```
 [1] "12-stelliger Amtlicher \r\nGemeindeschlüssel (AGS)"
 [2] "Bundesland"
 [3] "Regierungsbezirk/ \r\nEbene NUTS-2"
 [4] "Kreisfreie Stadt/\r\nStadtkreis/\r\nLandkreis"
 [5] "Gemeinde-\r\nverband"
 [6] "Gemeinde"
 [7] "Gebiet"
 [8] "Regional-\r\nebene"
 [9] "Einwohnerzahl zum 09. Mai 2011"
[10] "Bevölkerung nach Geschlecht"
[11] "...11"
```

**Listing 6.6** Abfrage der Spaltennamen des Datensatzes Zensus2011

R hat also anstatt »Regionalebene« »Regional-\r\nebene« gelesen. Sie ändern den Namen einer Spalte mit der `rename()`-Funktion, die Sie im `dplyr`-Paket, das mit dem `tidyverse`-Paket angeliefert wurde, bereits heruntergeladen und geladen haben. Als Anfänger kennen Sie natürlich noch relativ wenige Funktionen mit Namen und Funktionsweise. Welche Funktionen für Ihre Vorhaben geeignet sind, finden Sie heraus, wie oben bereits geschildert, indem Sie bspw. einfach per Google suchen – wenn nötig mit der Übersetzungshilfe von Google Translate.

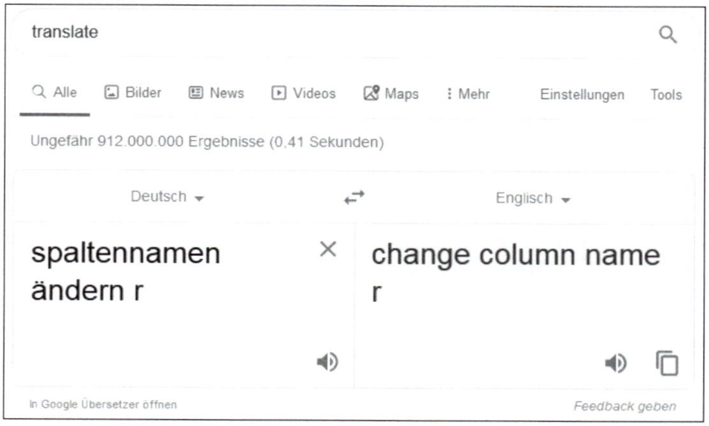


**Abbildung 6.27** Google-Übersetzung einer Problemanfrage für R

Die Übersetzung kopieren Sie dann in die normale Google-Suche. Das ist meistens ausreichend, um relevante Ergebnisse geliefert zu bekommen.

Beim Lesen und Herunterscrollen auf der Seite stellen Sie fest, dass dort zwar ein anderer Datensatz benutzt wird als der, den Sie benutzen wollen. Sie sehen aber auch, dass es sich erstens um ein tibble-Datenformat handelt und dass zweitens die Funktion `rename()` hier für die Umbenennung von Spalten benutzt wird[1]. So habe ich die Funktion gefunden.

```
my_data %>%
  rename(
    sepal_length = Sepal.Length,
    sepal_width = Sepal.Width
    )
```

1 Unter »Help« können Sie sich wie gewohnt zusätzlich die Dokumentation der Funktion ansehen.

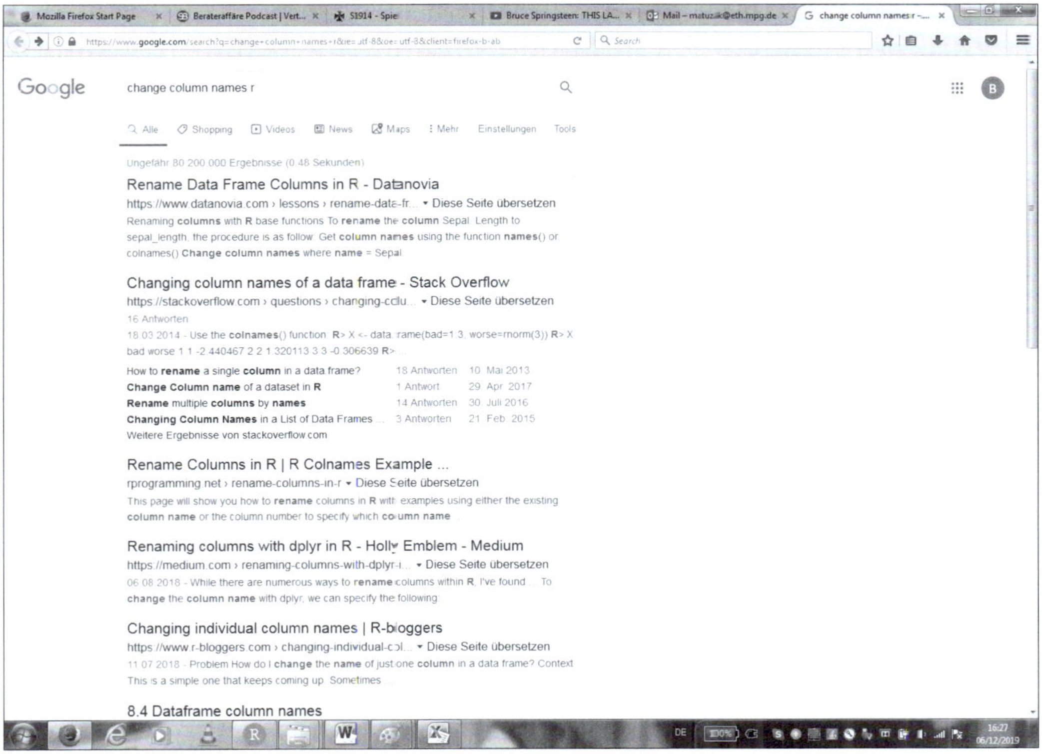


**Abbildung 6.28** Google-Suche nach Funktionen für die Namensänderung von Spalten

Sie nennen also R zuerst Ihren Datensatz (`my_data`) (hier muss der Name Ihrer Datensatzes hinein), in dem es arbeiten soll. Dann soll R in diesem Datensatz (`%>%`) die Funktion `rename()` anwenden. Innerhalb der Funktion soll R einen neuen Namen für einen alten Namen vergeben: `sepal_length` (neu) = `Sepal.Length` (alt).

Für die Zensusdaten bedeutet das also: Sie nennen R Ihren Datensatz (`Zensus2011`), in dem es arbeiten soll. Dann soll R in diesem Datensatz (`%>%`) die Funktion `rename()` anwenden. Und innerhalb der Funktion soll R einen neuen Namen für einen alten Namen vergeben: `Regionalebene` (neu) = `` `Regional-\r\nebene` `` (alt). Der gesamte Befehl lautet dann:

```
library(dplyr)
```

(Nur noch mal zur Sicherheit: Vergessen Sie nicht, dass das Paket `dplyr` geladen sein muss.)

```
Zensus2011 %>% rename(Regionalebene = 'Regional-\r\nebene')
```

Beachten Sie hierbei, die Klammer der geöffneten Funktion wieder zu schließen! Sie müssen das Geänderte nun noch speichern. Um dabei die alte Datei nicht einfach zu überschreiben – vielleicht hat sich ja ein Fehler eingeschlichen, und Sie wollen es gleich noch einmal probieren –, speichern Sie die bearbeitete Datei in einem neuen Objekt. Sagen wir der Einfachheit halber als »Zensus_neu_benannt«:

```
Zensus_neu_benannt <- Zensus2011 %>% rename(Regionalebene = ↩
'Regional-\r\nebene')
```

Das war's. Ihre Spalte »Regional-\r\nebene« sollte nun »Regionalebene« heißen. Schauen Sie nach. Hat es nicht geklappt, haben Sie eventuell die falschen Anführungsstriche beim alten Spaltennamen verwendet. Sollte es nicht daran liegen, suchen Sie entweder eine andere Möglichkeit per Google, oder probieren Sie es mit der Zwischenlösung und einer Spaltenänderung in Excel. Vergessen Sie nicht, dass Sie den Datensatz dann wieder neu abspeichern und einlesen müssen. Es kann auch sein, dass Sie R neu gestartet haben und das `dplyr`-Paket noch einmal laden müssen.

Ich mache schnell noch das Gleiche für die Spalte »Einwohnerzahl zum 09. Mai 2011«, weil mir der Name so nicht gefällt.

```
Zensus_neu_benannt <- Zensus_neu_benannt %>% rename(Einwohnerzahl = ↩
'Einwohnerzahl zum 09. Mai 2011')
```

**Listing 6.7** Umbenennen der Spalten im Datensatz Zensus2011

Die Schritte sind sonst denen der Datenbearbeitung in Excel ähnlich:

- Zunächst suchen Sie wieder die Bundesländer heraus. Mit den Paketen, die im `tidyverse`-Paket mit heruntergeladen wurden, haben Sie auch viele Funktionen, die das Filtern und Löschen von Zeilen und Spalten erlauben.
- Wie die Funktion `filter()` funktioniert, können Sie unter HELP nachlesen. Beachten Sie hier nur, dass es sich nicht um den Filter von R Base, sondern um den Filter aus dem Package dplyr handelt. Das müssen Sie dann so auf der HELP-Seite auswählen.

Unter DPLYR::FILTER finden Sie dann die Beschreibung (Description) und die Syntax der Funktion (Usage), also die Beschreibung, wie sie anzuwenden ist.

Und wenn Sie nun weiter herunterscrollen, finden Sie unter EXAMPLES in der Regel Beispiele angegeben. Sie können also immer in Google und hier im HELP-Fenster nachsehen, wie eine Funktion korrekt eingegeben wird und wie Sie sie anwenden können. Das erste Beispiel der *Filterfunktion* ist

```
filter(starwars, species == "Human")
```

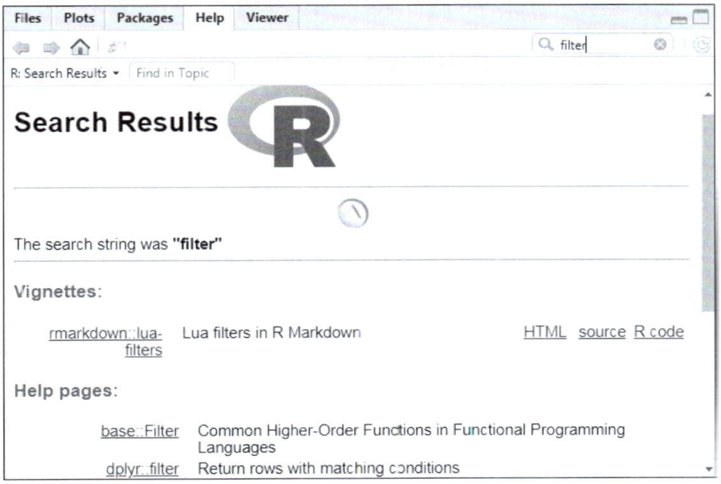


Abbildung 6.29 Filterfunktion – Suche in »Help«

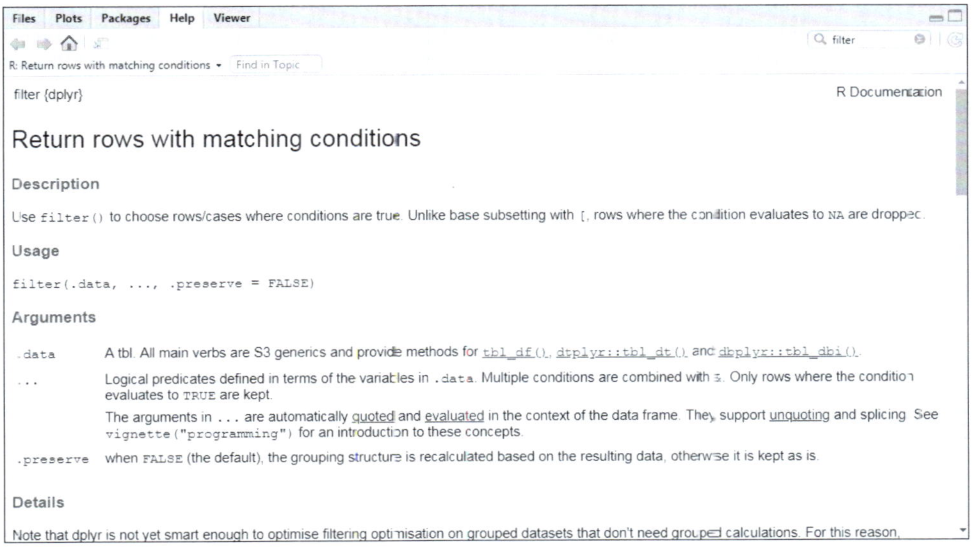


Abbildung 6.30 Beschreibung und Syntax der Funktion »Filter«

Wenn Sie also einen Objektnamen »starwars« hätten, in dem sich ein Datensatz mit einer Variablen »species« befindet, dann könnten Sie hier die Observationen (Zeilen) herausfiltern, in denen »Human« steht. Angewandt auf den Zensusdatensatz und in einem neuen Objekt abgespeichert, könnte ein Befehl wie folgt lauten:

```
Zensus <- Zensus_neu_benannt %>% filter(Regionalebene == "Land")
```

**Listing 6.8** Filtern der relevanten Zeilen im Datensatz Zensus2011

Der Einfachheit halber speichere ich das wieder in einem neuen Objekt, das ich einfach `Zensus` nenne. Ich sage also R, dass es den alten Datensatz `Zensus_neu_benannt` nehmen und in ihm filtern soll, und zwar in der Spalte Regionalebene nach den Zeilen, die dort ein »Land« eingetragen haben (doppeltes `==` (!) vor »Land«). Und in der Tat, wenn ich nun die neue Datei *Zensus* aufrufe, gibt es in ihr nur noch 17 Zeilen mit Überschrift, also 16 Observationen – das ist genau die Anzahl der Bundesländer.

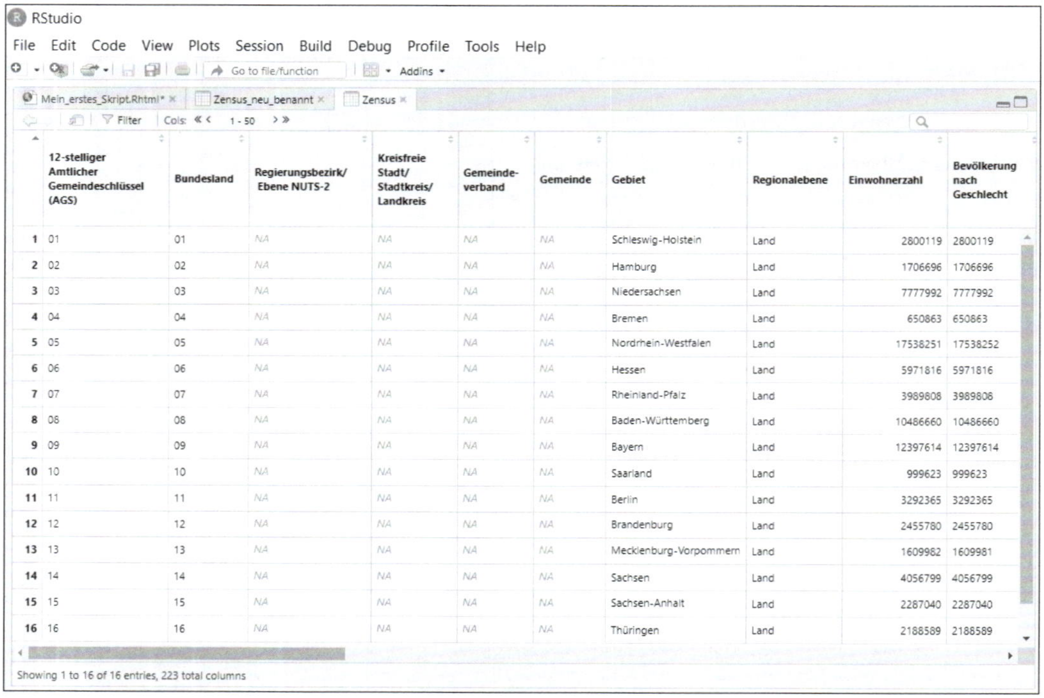


| | 12-stelliger Amtlicher Gemeindeschlüssel (AGS) | Bundesland | Regierungsbezirk/ Ebene NUTS-2 | Kreisfreie Stadt/ Stadtkreis/ Landkreis | Gemeinde-verband | Gemeinde | Gebiet | Regionalebene | Einwohnerzahl | Bevölkerung nach Geschlecht |
|---|---|---|---|---|---|---|---|---|---|---|
| 1 | 01 | 01 | NA | NA | NA | NA | Schleswig-Holstein | Land | 2800119 | 2800119 |
| 2 | 02 | 02 | NA | NA | NA | NA | Hamburg | Land | 1706696 | 1706696 |
| 3 | 03 | 03 | NA | NA | NA | NA | Niedersachsen | Land | 7777992 | 7777992 |
| 4 | 04 | 04 | NA | NA | NA | NA | Bremen | Land | 650863 | 650863 |
| 5 | 05 | 05 | NA | NA | NA | NA | Nordrhein-Westfalen | Land | 17538251 | 17538252 |
| 6 | 06 | 06 | NA | NA | NA | NA | Hessen | Land | 5971816 | 5971816 |
| 7 | 07 | 07 | NA | NA | NA | NA | Rheinland-Pfalz | Land | 3989808 | 3989808 |
| 8 | 08 | 08 | NA | NA | NA | NA | Baden-Württemberg | Land | 10486660 | 10486660 |
| 9 | 09 | 09 | NA | NA | NA | NA | Bayern | Land | 12397614 | 12397614 |
| 10 | 10 | 10 | NA | NA | NA | NA | Saarland | Land | 999623 | 999623 |
| 11 | 11 | 11 | NA | NA | NA | NA | Berlin | Land | 3292365 | 3292365 |
| 12 | 12 | 12 | NA | NA | NA | NA | Brandenburg | Land | 2455780 | 2455780 |
| 13 | 13 | 13 | NA | NA | NA | NA | Mecklenburg-Vorpommern | Land | 1609982 | 1609981 |
| 14 | 14 | 14 | NA | NA | NA | NA | Sachsen | Land | 4056799 | 4056799 |
| 15 | 15 | 15 | NA | NA | NA | NA | Sachsen-Anhalt | Land | 2287040 | 2287040 |
| 16 | 16 | 16 | NA | NA | NA | NA | Thüringen | Land | 2188589 | 2188589 |

Showing 1 to 16 of 16 entries, 223 total columns

**Abbildung 6.31** Zensusdatei nach Regionalebene »Land« gefiltert

Das kann schon reichen. Mit diesem Datensatz können Sie bereits arbeiten. Ich selbst aber lösche grundsätzlich die Variablen, die ich nicht benötige. R rechnet dann schneller, sollte es sich um größere Datensätze handeln, und ich muss nicht jedes Mal lange suchen, wenn ich mir die Daten ansehe. Ich lösche also jetzt alle Spalten bis auf Gebiet und Einwohnerzahl. Bedenken Sie hierbei, dass der Name des Bundeslandes unter »Gebiet« steht, nicht unter Regionalebene! Die Spalte »Regionalebene« hat ihre Funktion als Filterkriterium erfüllt. Weitere Informationen birgt sie nicht.

Meine Google-Suche per »delete columns R«-Suchanfrage ergab hierbei, dass es einfacher ist, die beiden gewünschten Variablen herauszuholen, anstatt alle anderen Variablen zu löschen. Die Funktion `select()` aus dem Paket `dplyr` übernimmt das in R.

```
Zensus <- select(Zensus, Gebiet, Einwohnerzahl)
```

**Listing 6.9** Selektion der relevanten Spalten im Datensatz Zensus2011



Zensus ist hierbei wieder das Objekt, in dem mit <- mein neuer Datensatz gespeichert werden soll. Sie können es auch Zensus_2, Zensus_x etc nennen, wenn Sie ein ganz neues Objekt kreieren wollen. select() ist die Funktion, die mir im Datensatz Zensus die Spalten »Gebiet« und »Einwohnerzahl« auswählen soll.

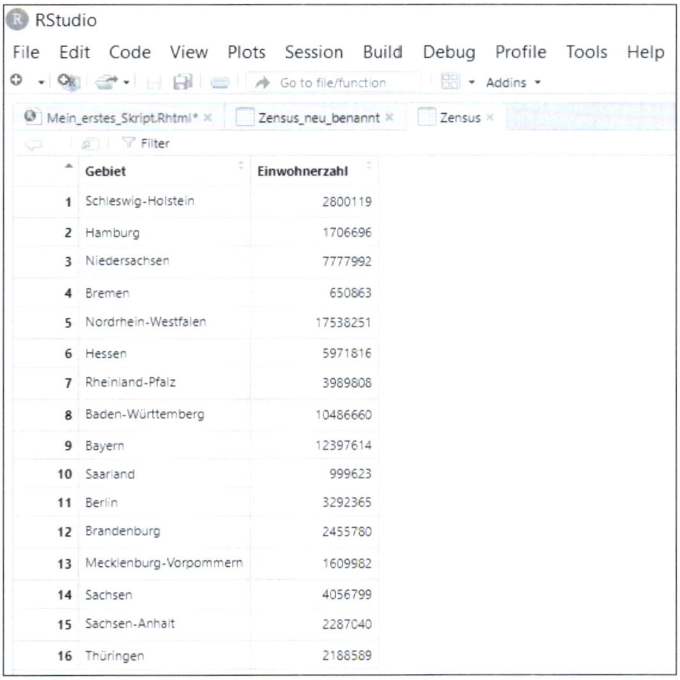


| | Gebiet | Einwohnerzahl |
|---|---|---|
| 1 | Schleswig-Holstein | 2800119 |
| 2 | Hamburg | 1706696 |
| 3 | Niedersachsen | 7777992 |
| 4 | Bremen | 650863 |
| 5 | Nordrhein-Westfalen | 17538251 |
| 6 | Hessen | 5971816 |
| 7 | Rheinland-Pfalz | 3989808 |
| 8 | Baden-Württemberg | 10486660 |
| 9 | Bayern | 12397614 |
| 10 | Saarland | 999623 |
| 11 | Berlin | 3292365 |
| 12 | Brandenburg | 2455780 |
| 13 | Mecklenburg-Vorpommern | 1609982 |
| 14 | Sachsen | 4056799 |
| 15 | Sachsen-Anhalt | 2287040 |
| 16 | Thüringen | 2188589 |

**Abbildung 6.32** Fertig präparierter Datensatz Einwohnerzahl der Bundesländer

Das sind die Daten, die ich zur Beantwortung meiner Frage benötige. Mein für die Analyse präparierter Datensatz ist nun einsatzbereit. Nun könnte ich zur Darstellung und Kommunikation etwa ein Balkendiagramm erstellen, das mir die Einwohnerzahl pro Bundesland auch grafisch anzeigt. Zu solchen Darstellungen kommen wir in Kapitel 7, »Daten analysieren mit einfacher Statistik«. Zuvor müssen wir uns aber mit den oben schon angesprochenen NA-Werten beschäftigen.

## 6.5 Not available! – Der Umgang mit fehlenden Werten

Zur richtigen Vorbereitung der Daten (*Data Cleaning*) gehört auch der Umgang mit NA-Werten (not available, nicht vorhandene Daten). Bei schlechteren bzw. einfach lückenhafteren Daten ist es wichtig, dass Sie wissen, wie Sie mit NA-Werten umgehen. Wenn Sie nicht gerade Aussagen über die Verteilung von NA-Werten treffen wollen, können *NA-Werte* in der Regel nicht mit in Ihre Berechnungen einfließen.

### 6.5.1 NAs entdecken mit is.na()

Als Beispiel eines Datensatzes, der relativ viele NA-Werte (NAs) hat, kann der Datensatz »*airquality*« (»*Luftqualität*«) dienen (Abschnitt A.3, »Luftqualität«). Er wird ebenfalls mit dem `tidyverse`-Paket angeliefert. In der Dokumentation des Datensatzes steht, dass es sich in diesem Datensatz um tägliche Luftqualitätsmessungen in New York von Mai bis September 1973 handelt. Sehen Sie sich die Daten wie immer gut an.

```
Luftqualität <- airquality

head(Luftqualität)
```

**Die Ausgabe:**

```
  Ozone Solar.R Wind Temp Month Day
1    41     190  7.4   67     5   1
2    36     118  8.0   72     5   2
3    12     149 12.6   74     5   3
4    18     313 11.5   62     5   4
5    NA      NA 14.3   56     5   5
6    28      NA 14.9   66     5   6
```

Wie immer bringen Sie Ihren Datensatz zunächst in die tibble-Form:

```
is_tibble(Luftqualität)
```

**Die Ausgabe:**

```
[1] FALSE
```

```
Luftqualität <- as_tibble(Luftqualität)
is_tibble(Luftqualität)
```

**Die Ausgabe:**

```
[1] TRUE
```

Wir sehen uns den Datensatz nun genauer an:

```
Luftqualität
```

**Die Ausgabe:**

```
# A tibble: 153 x 6
   Ozone Solar.R  Wind  Temp Month   Day
   <int>   <int> <dbl> <int> <int> <int>
 1    41     190   7.4    67     5     1
 2    36     118   8      72     5     2
 3    12     149  12.6    74     5     3
 4    18     313  11.5    62     5     4
 5    NA      NA  14.3    56     5     5
 6    28      NA  14.9    66     5     6
 7    23     299   8.6    65     5     7
 8    19      99  13.8    59     5     8
 9     8      19  20.1    61     5     9
10    NA     194   8.6    69     5    10
# ... with 143 more rows
```

```
str(Luftqualität)
```

**Die Ausgabe:**

```
Classes 'tbl_df', 'tbl' and 'data.frame':153 obs. of  6 variables:
 $ Ozone  : int  41 36 12 18 NA 28 23 19 8 NA ...
 $ Solar.R: int  190 118 149 313 NA NA 299 99 19 194 ...
 $ Wind   : num  7.4 8 12.6 11.5 14.3 14.9 8.6 13.8 20.1 8.6 ...
 $ Temp   : int  67 72 74 62 56 66 65 59 61 69 ...
 $ Month  : int  5 5 5 5 5 5 5 5 5 5 ...
 $ Day    : int  1 2 3 4 5 6 7 8 9 10 ...
```

**Listing 6.10** Einlesen und Überblick über den Datensatz Luftqualität

Es handelt sich also hierbei um einen Datensatz, der aus 153 Beobachtungen zu sechs Variablen besteht. Die Variablen sind alles Zahlen (dbl. – double – und int. – integer – sind beides Zahlenformate), Sie können demnach problemlos mit ihnen rechnen.

### Gibt es NAs in Ihrem Datensatz?

Nun zu den NA-Werten: Schon in den ersten beiden Übersichten stellen Sie fest, dass es einige NAs in diesem Datensatz gibt. Ein besserer Befehl, um NAs einfacher zu entdecken, ist die Funktion `is.na()`. Sie gibt Ihnen die logische Antwort, ob es sich bei einem Wert um einen NA-Wert handelt (`TRUE`) oder nicht (`FALSE`).

```
is.na(Luftqualität)
```

**Die Ausgabe:**

```
      Ozone Solar.R  Wind  Temp Month   Day
 [1,] FALSE   FALSE FALSE FALSE FALSE FALSE
 [2,] FALSE   FALSE FALSE FALSE FALSE FALSE
 [3,] FALSE   FALSE FALSE FALSE FALSE FALSE
 [4,] FALSE   FALSE FALSE FALSE FALSE FALSE
 [5,]  TRUE    TRUE FALSE FALSE FALSE FALSE
 [6,] FALSE    TRUE FALSE FALSE FALSE FALSE
 [7,] FALSE   FALSE FALSE FALSE FALSE FALSE
 [8,] FALSE   FALSE FALSE FALSE FALSE FALSE
 [9,] FALSE   FALSE FALSE FALSE FALSE FALSE
[10,]  TRUE   FALSE FALSE FALSE FALSE FALSE
```

Auch hier sehen Sie, vielleicht noch etwas einfacher, dass es bereits in den ersten zehn Zeilen Ihres Datensatzes NA-Werte gibt.

Nicht immer aber tauchen eventuell vorhandene NA-Werte schon innerhalb der obersten zehn Zeilen auf. Schauen Sie deshalb immer über den gesamten Datensatz nach NA-Werten. Das geht mit der Funktion `any()`, die Sie dem `is.na()` einfach vorschalten.

```
any(is.na(Luftqualität))
```

**Die Ausgabe:**

```
[1] TRUE
```

Es gibt also NA-Werte in meinem Datensatz Luftqualität.

Mit diesem Befehl können Sie natürlich auch die Variablen einzeln nach NAs absuchen.

```
is.na(Luftqualität$Solar.R)
```

**Die Ausgabe:**

```
  [1] FALSE FALSE FALSE FALSE  TRUE  TRUE FALSE FALSE FALSE FALSE  TRUE FALSE
FALSE FALSE FALSE FALSE
 [17] FALSE FALSE FALSE FALSE FALSE FALSE FALSE FALSE FALSE FALSE  TRUE FALSE
FALSE FALSE FALSE FALSE
 [33] FALSE FALSE FALSE FALSE FALSE FALSE FALSE FALSE FALSE FALSE FALSE FALSE
FALSE FALSE FALSE FALSE
 [49] FALSE FALSE FALSE FALSE FALSE FALSE FALSE FALSE FALSE FALSE FALSE FALSE
FALSE FALSE FALSE FALSE
 [65] FALSE FALSE FALSE FALSE FALSE FALSE FALSE FALSE FALSE FALSE FALSE FALSE
FALSE FALSE FALSE FALSE
```

```
 [81] FALSE FALSE FALSE FALSE FALSE FALSE FALSE FALSE FALSE FALSE FALSE FALSE
FALSE FALSE FALSE  TRUE
 [97]  TRUE  TRUE FALSE FALSE FALSE FALSE FALSE FALSE FALSE FALSE FALSE FALSE
FALSE FALSE FALSE FALSE
[113] FALSE FALSE FALSE FALSE FALSE FALSE FALSE FALSE FALSE FALSE FALSE FALSE
FALSE FALSE FALSE FALSE
[129] FALSE FALSE FALSE FALSE FALSE FALSE FALSE FALSE FALSE FALSE FALSE FALSE
FALSE FALSE FALSE FALSE
[145] FALSE FALSE FALSE FALSE FALSE FALSE FALSE FALSE FALSE
```

**Listing 6.11** Erkennen von NA-Werten im Datensatz Luftqualität

Es gibt also doch relativ viele NA-Werte. Es ist nun wichtig, sich das Ausmaß der NA-Verteilung anzusehen. Gibt es so viele NA-Werte, dass der Datensatz unbrauchbar wird?

### Ausmaßbestimmung der NA-Verteilung

Um die Gesamtzahl aller NA-Werte in meinem 153x6-Datensatz zu bestimmen, lasse ich R alle vorhandenen NAs im Datensatz aufsummieren. Ähnlich der `any()`-Funktion schalte ich dazu die `sum()`-Funktion der `is.na()`-Funktion vor.

```
sum(is.na(Luftqualität))
```

**Die Ausgabe:**

```
[1] 44
```

Es gibt insgesamt 44 NA-Werte im Datensatz. In welcher Spalte sieht es nun wie genau aus? Ich kann das spaltenweise herausfinden:

```
sum(is.na(Luftqualität$Solar.R))
```

**Die Ausgabe:**

```
[1] 7
```

Oder mir die Summen gleich über alle Spalten ausgeben lassen. Hierfür eignet sich die Funktion `colSums()`.

```
colSums(is.na(Luftqualität))
```

**Die Ausgabe:**

```
  Ozone Solar.R    Wind    Temp   Month     Day
     37       7       0       0       0       0
```

**Listing 6.12** Genaue Bestimmung der Anzahl der NA-Werte

Mit Spalte 1 (Ozone) können Sie wenig anfangen. 37 von 153 Einträgen sind NA, das sind

```
37/153*100
```

**Die Ausgabe:**

```
[1] 24.18301
```

Also 24,18 Prozent (gerundet) oder fast ein Viertel aller Messungen. Spalte 2 enthält ebenfalls NA-Werte (7), die anderen Spalten nicht.

### 6.5.2 Löschen von NAs

Meistens ist es dann sinnvoll, die NAs zu löschen. Das geht auf verschiedenen Wegen, die ich Ihnen im Folgenden vorstelle.

#### NAs enthaltende Spalten löschen

Sie könnten sich entscheiden, die Analyse ohne die erste Spalte, die so viele nicht verwertbare NAs beinhaltet, fortzuführen. Die Funktion `select()`, die das für Sie übernimmt, haben Sie schon kennengelernt:

```
library(dplyr)
Luftqualität2 <- select(Luftqualität, -Ozone)

Luftqualität2 <- select(Luftqualität, -Ozone)
Luftqualität2
```

**Die Ausgabe:**

```
# A tibble: 153 x 5
   Solar.R  Wind  Temp Month   Day
     <int> <dbl> <int> <int> <int>
 1     190   7.4    67     5     1
 2     118   8      72     5     2
 3     149  12.6    74     5     3
 4     313  11.5    62     5     4
 5      NA  14.3    56     5     5
 6      NA  14.9    66     5     6
 7     299   8.6    65     5     7
 8      99  13.8    59     5     8
 9      19  20.1    61     5     9
10     194   8.6    69     5    10
# ... with 143 more rows
```

**Listing 6.13** Löschen von NA-Werten durch Selektion einer Spalte im Datensatz Luftqualität

Für das Löschen von Spalte 1 und 2 teilen Sie R auch die zweite Spalte, die Sie löschen wollen, mit.

```
Luftqualität2 <- select(Luftqualität, -Ozone, -Solar.R)
Luftqualität2
```

**Die Ausgabe:**

```
# A tibble: 153 x 4
    Wind  Temp Month   Day
   <dbl> <int> <int> <int>
 1   7.4    67     5     1
 2   8      72     5     2
 3  12.6    74     5     3
 4  11.5    62     5     4
 5  14.3    56     5     5
 6  14.9    66     5     6
 7   8.6    65     5     7
 8  13.8    59     5     8
 9  20.1    61     5     9
10   8.6    69     5    10
# ... with 143 more rows
```

**Listing 6.14** Löschen von NA-Werten durch Selektion von Spalten im Datensatz Luftqualität

Wenn Sie beide Spalten gelöscht haben, dürfte es keine NA-Werte mehr im verbleibenden Datensatz geben.

```
any(is.na(Luftqualität2))
```

**Die Ausgabe:**

```
[1] FALSE
```

Stimmt.

### NAs enthaltende Reihen löschen

Wenn Sie aber entscheiden, dass Sie auch mit den ersten beiden Variablen (Ozone und Solar.R) rechnen wollen, bleibt Ihnen die Option des Löschens nur der Observationen, die NA-Werte sind.

Wenn Sie von Anfang an sicher sind, dass Sie alle Zeilen(!) löschen wollen, in denen NAs vorkommen, dann können Sie das mit der Funktion `drop_na()` tun.

Sie erhalten das gleiche Ergebnis auch mit `na.omit()`.

```
Luftqualität3 <- na.omit(Luftqualität)
Luftqualität3
```

**Die Ausgabe:**

```
# A tibble: 111 x 6
   Ozone Solar.R  Wind  Temp Month   Day
   <int>   <int> <dbl> <int> <int> <int>
 1    41     190   7.4    67     5     1
 2    36     118   8      72     5     2
 3    12     149  12.6    74     5     3
 4    18     313  11.5    62     5     4
 5    23     299   8.6    65     5     7
 6    19      99  13.8    59     5     8
 7     8      19  20.1    61     5     9
 8    16     256   9.7    69     5    12
 9    11     290   9.2    66     5    13
10    14     274  10.9    68     5    14
# ... with 101 more rows
```

```
any(is.na(Luftqualität3))
```

**Die Ausgabe:**

```
[1] FALSE
```

**Listing 6.15** Alternatives Löschen von NA-Werten durch direktes Löschen aller NA-Werte im Datensatz Luftqualität

### Rechnen mit NA-Werten

Sie haben auch die Option, Ihren Datensatz bezüglich der NAs unverändert zu lassen. Häufig haben Sie die Möglichkeit, in den Funktionen, die Sie anwenden, das Argument `na.rm=TRUE` zu verwenden. Dann bezieht R die NA-Werte als Fall in die Berechnung z. B. eines Durchschnitts mit ein. Das kann aber Auswirkungen auf die Ergebnisse Ihrer Rechnungen haben. Was das konkret bedeutet, sehen Sie bereits im nächsten Kapitel, wenn es um die Berechnung von Durchschnittswerten geht.

# Kapitel 7
# Daten analysieren mit einfacher Statistik

*Was in Kapitel 6 bereits begonnen wurde, sollen Sie in diesem Kapitel mit R ausführen lernen, nämlich Daten mit beschreibender Statistik zu analysieren und sie grafisch darzustellen.*



Wir wollen die drei bereits bekannten statistischen Methoden Durchschnitt, Wachstum und Trend auf zwei ausgesuchte Datensätze anwenden.

Der erste Datensatz wird der ebenfalls schon bekannte einfache Zigarettendatensatz sein, der ja nur aus dem Tag und der Anzahl der am jeweiligen Tag gerauchten Zigaretten besteht. Mit ihm wird es leicht gelingen, die Analyse durchzuführen. Der zweite Datensatz enthält Daten, die über die wirtschaftliche Entwicklung und die Kindersterblichkeit in Indien im 20. Jahrhundert Auskunft geben. Dieser Datensatz ist einer, bei dem ein anderer die Daten für uns gesammelt und bereitgestellt hat. Er ist etwas komplexer und daher gut zur Veranschaulichung eines Beispiels aus der Praxis geeignet.

## 7.1 Beispiel 1: Zigarettenkonsum

Lesen Sie also für das erste Beispiel den Zigarettendatensatz erneut ein, sollte er nicht mehr gespeichert sein. Denken Sie daran, dass Sie dann auch die Pakete erneut laden müssen.

```
library(readxl)
library(tidyverse)

-- Attaching packages --------------------------------------- tidyverse 1.3.0 --
v tibble  2.1.3     v dplyr   0.8.3
v tidyr   1.0.0     v stringr 1.4.0
v readr   1.3.1     v forcats 0.4.0
v purrr   0.3.3
```

```
-- Conflicts ---------------------------------------- tidyverse_conflicts() --
x dplyr::filter() masks stats::filter()
x dplyr::lag()    masks stats::lag()
Ziggis <- read_excel("C:/Users/user/Desktop/R_Projekte/Ziggis.xlsx")
```

**Listing 7.1** Einlesen des Datensatzes Zigarettenkonsum

Denken Sie daran, dass ja das Paket `ggplot2` mit dem `tidyverse`-Paket zusammen geladen wird. Nur wenn Sie tidyverse nicht verwenden und Graphen erstellen wollen, empfiehlt sich die Extrazeile

```
library(ggplot2)
```

Verwandeln Sie den Datensatz nötigenfalls in die tibble-Form, und sehen Sie sich die Daten dann noch einmal an.

```
is_tibble(Ziggis)
```

**Die Ausgabe:**

```
[1] TRUE
```

Wenn hier ein `[1] FALSE` erscheint, dann können Sie wieder mit der Funktion `as_tibble()` präzisieren.

```
Ziggis <- as_tibble(Ziggis)
```

**Listing 7.2** Datensatz in die tibble-Form bringen

Verschaffen Sie sich auch bei kleineren Datensätzen zuerst einen Überblick.

```
head(Ziggis)
```

**Die Ausgabe:**

```
# A tibble: 6 x 2
  Datum      Zigaretten
  <chr>           <dbl>
1 01.11.2019         10
2 02.11.2019         12
3 03.11.2019         13
4 04.11.2019          9
5 05.11.2019          9
6 06.11.2019          8
```

```
summary(Ziggis)
```

**Die Ausgabe:**

```
   Datum              Zigaretten
 Length:30          Min.   : 6.000
 Class :character   1st Qu.: 8.000
 Mode  :character   Median : 9.500
                    Mean   : 9.867
                    3rd Qu.:11.750
                    Max.   :14.000
```

**Listing 7.3** Überblick über den Datensatz Zigarettenkonsum verschaffen

Die Daten sind in tibble-Form, die Informationen vollständig. Es gibt keine NA-Werte. Die Daten sind aber noch nicht für die Analyse bereit. Das Problem ist das Datum, mit dem R nur rechnen bzw. es numerisch verwenden kann, wenn es in einem Datumsformat oder in einem Zahlenformat gespeichert ist.

Das Datum wird beim erneuten Einlesen der Zigaretten-Rohdatei wieder in Textform eingelesen (als `character`), falls Sie es nicht schon in der Excel-Datei als Datum gespeichert haben. Sie können es wieder mit der Funktion `lubridate()` umformen:

```
library(lubridate)
Ziggis$Datum_neu <- dmy(Ziggis$Datum)
```

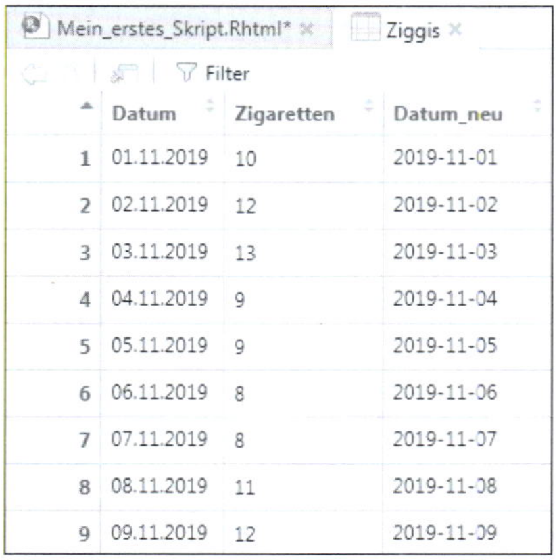


| | Datum | Zigaretten | Datum_neu |
|---|---|---|---|
| 1 | 01.11.2019 | 10 | 2019-11-01 |
| 2 | 02.11.2019 | 12 | 2019-11-02 |
| 3 | 03.11.2019 | 13 | 2019-11-03 |
| 4 | 04.11.2019 | 9 | 2019-11-04 |
| 5 | 05.11.2019 | 9 | 2019-11-05 |
| 6 | 06.11.2019 | 8 | 2019-11-06 |
| 7 | 07.11.2019 | 8 | 2019-11-07 |
| 8 | 08.11.2019 | 11 | 2019-11-08 |
| 9 | 09.11.2019 | 12 | 2019-11-09 |

**Abbildung 7.1** Zigarettendatei mit neuem Datum

```
is.Date(Ziggis$Datum_neu)
```

**Die Ausgabe:**

```
[1] TRUE
```

Korrekt, das Datum ist in einem Datumsformat.

Wie sehen die Daten nun optisch aus? Ich visualisiere zunächst nur für meinen eigenen Überblick:

```
plot(Ziggis$Datum_neu, Ziggis$Zigaretten)
```

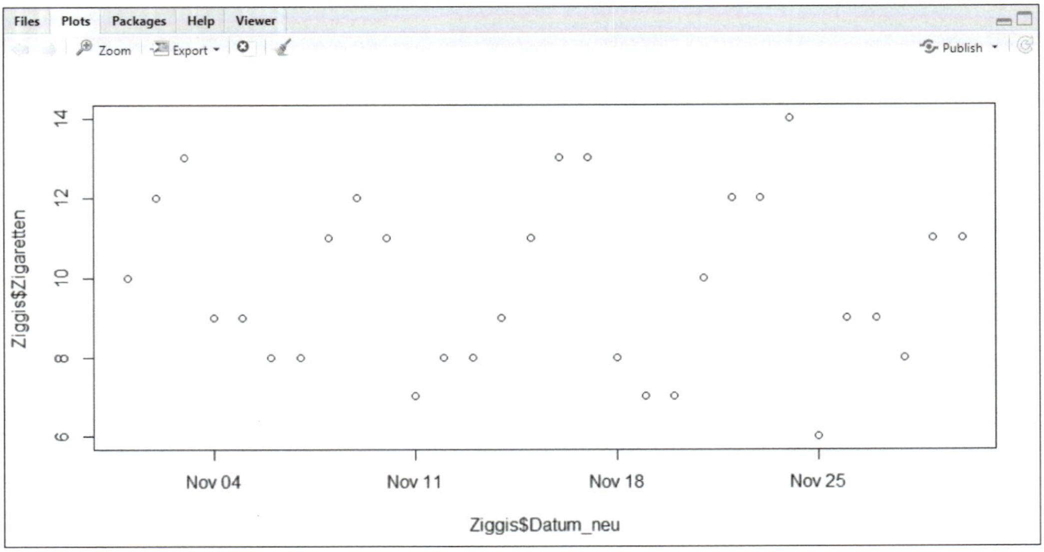


**Abbildung 7.2** Übersichtsplot Zigarettenverbrauch im Monat November

Im PLOT sehen Sie, dass der Zigarettenverbrauch variiert. Statistische Ausreißer (Outlier) gibt es keine. Kein Wert ist so weit von den anderen Werten entfernt, dass er nicht gut in die hier dargestellten Achsengrenzen passt. Mehr aber können Sie bis hierhin kaum aus diesem Plot herauslesen.

Sie können nun aber mit der Berechnung des Mittelwertes beginnen. Und die gute Nachricht ist: Sie haben das Ergebnis bereits durch die Funktion `summary()` gegeben (*Mean : 9.867*). Ich zeige Ihnen trotzdem noch einen zweiten Weg für die Berechnung des Mittelwertes, damit Sie das Konzept verinnerlichen und es in verschiedenen Situationen anwenden können. So können Sie auch überprüfen, ob der berechnete Wert korrekt ist.

### 7.1.1 Mittelwert

Ein zweiter Weg, den Mittelwert zu berechnen, ist der mit der Funktion `mean()`. Die Syntax der Funktion `mean()` ist `Datensatz$Spalte`.

```
mean(Ziggis$Zigaretten)
```

**Die Ausgabe:**
*[1] 9.866667*

Und wenn Sie das noch in einem Objekt speichern wollen, das Sie dann wieder abrufen können, machen Sie das so:

```
Mittelwert_Zigarettenverbrauch <- mean(Ziggis$Zigaretten)
```

Rufen Sie das Objekt nun zur Kontrolle wieder ab, die Konsole zeigt Ihnen dann das Ergebnis an:

```
Mittelwert_Zigarettenverbrauch
```

**Die Ausgabe:**
*[1] 9.866667*

**Listing 7.4** Mittelwertberechnung des Datensatzes Zigarettenkonsum

Durchschnittlich rauchen Sie also 9,87 (gerundet) Zigaretten am Tag. Viel zu viel! Da Sie kaum 9,87 Zigaretten rauchen können, runden Sie in diesem Fall bei der Ergebnisbewertung natürlich auf eine ganze Zahl auf. Dann sind es durchschnittlich zehn Zigaretten pro Tag.

### 7.1.2 Wachstum

Wie Sie eine Wachstumsrate berechnen, haben Sie bereits in Abschnitt 5.4, »Wachstumsberechnung (Veränderungsberechnung)«, gesehen. Die Formel gibt Ihnen die Schritte vor: Wachstumsrate = (Endwert - Anfangswert) / Anfangswert. In Excel sah das so aus:

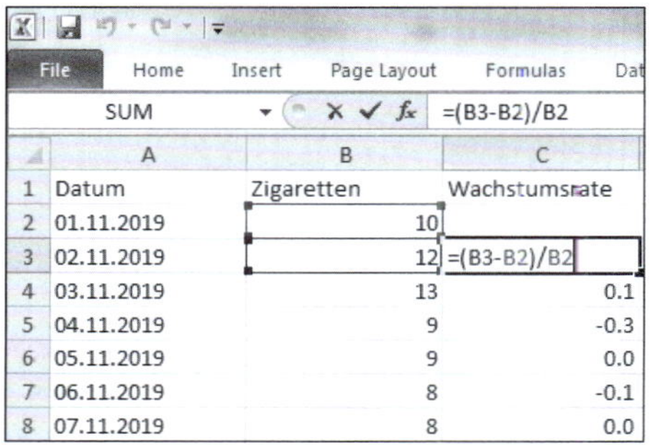


**Abbildung 7.3** Berechnung der Wachstumsrate in Excel

So wie hier in der Excel-Datei soll es auch nun auch in R aussehen.

Sie benötigen also eine neue Spalte »Wachstumsrate« oder »Wachstum« o. Ä. Das geht ähnlich wie im Beispiel der Mittelwertberechnung: Wie immer speichern Sie Ihren Datensatz unter dem Namen, den Sie ausgesucht haben. Bei mir ist das ZIGGIS:

```
Ziggis <-
```

Eine neue Spalte legen Sie an, indem Sie das Dollarzeichen verwenden und den Namen Ihrer neuen Spalte benennen. Mit

```
Ziggis$Wachstumsrate <-
```

legt Ihnen R diese neue Spalte in Ihrem Datensatz »Ziggis« an. Da Sie nicht weiter spezifiziert haben, was dieser enthalten soll, kann R den Befehl nicht ausführen.

Das »+« in der Konsole zeigt, dass der Befehl nicht vollständig ist.

```
Ziggis$Wachstumsrate <-
```

**Die Ausgabe:**

```
+
```

Die Spalte WACHSTUMSRATE soll nun per Algorithmus befüllt werden – und zwar konkret mit den Wachstumsraten Ihres Zigarettenverbrauchs.

Bildlich gesprochen wird die Wachstumsrate also laut Formel berechnet, indem der Wert aus Zeile 2 von dem Wert aus Zeile 1 subtrahiert und das Ergebnis durch den Wert aus Zeile 1 geteilt wird. Das müssen Sie R nun Schritt für Schritt mitteilen.

Die Verschiebung der Zeilen um eine Zeile nach unten können Sie mit der Funktion `lag()` aus dem Paket `dplyr` anordnen. Technischer ausgedrückt schreibt die R-Hilfe das so: `lag(x, n = 1L)`. Sie rufen also die Funktion auf und teilen R mit, um wie viele Zeilen es nach unten verschieben soll – in diesem Fall um eine. Jetzt wissen Sie alles, was nötig ist, um die Wachstumsveränderung zu berechnen.

Wenn Sie das in Abbildung 7.4 dargestellte Bild mit `view(Ziggis)` sehen, haben Sie vermutlich Folgendes eingegeben:

```
Ziggis$Wachstumsrate <- Ziggis$Zigaretten -lag(Ziggis$Zigaretten, 1)/↩
lag(Ziggis$Zigaretten, 1)
```

Dann haben Sie zwar richtig programmiert, aber falsch gerechnet. Und natürlich gelten auch in R die Grundregeln der Mathematik. Damit zuerst die zweite Zeile von der ersten subtrahiert wird, müssen Sie die richtigen Klammern setzen.

```
Ziggis$Wachstumsrate <- (Ziggis$Zigaretten -lag(Ziggis$Zigaretten, 1))/
lag(Ziggis$Zigaretten, 1)
```

**Listing 7.5** Wachstumsberechnung im Datensatz Zigarettenkonsum

| | Datum | Zigaretten | Datum_neu | Wachstumsrate |
|---|---|---|---|---|
| 1 | 01.11.2019 | 10 | 2019-11-01 | NA |
| 2 | 02.11.2019 | 12 | 2019-11-02 | 11 |
| 3 | 03.11.2019 | 13 | 2019-11-03 | 12 |
| 4 | 04.11.2019 | 9 | 2019-11-04 | 8 |
| 5 | 05.11.2019 | 9 | 2019-11-05 | 8 |
| 6 | 06.11.2019 | 8 | 2019-11-06 | 7 |
| 7 | 07.11.2019 | 8 | 2019-11-07 | 7 |
| 8 | 08.11.2019 | 11 | 2019-11-08 | 10 |
| 9 | 09.11.2019 | 12 | 2019-11-09 | 11 |
| 10 | 10.11.2019 | 11 | 2019-11-10 | 10 |
| 11 | 11.11.2019 | 7 | 2019-11-11 | 6 |
| 12 | 12.11.2019 | 8 | 2019-11-12 | 7 |



**Abbildung 7.4** Richtig programmiert, falsch gerechnet

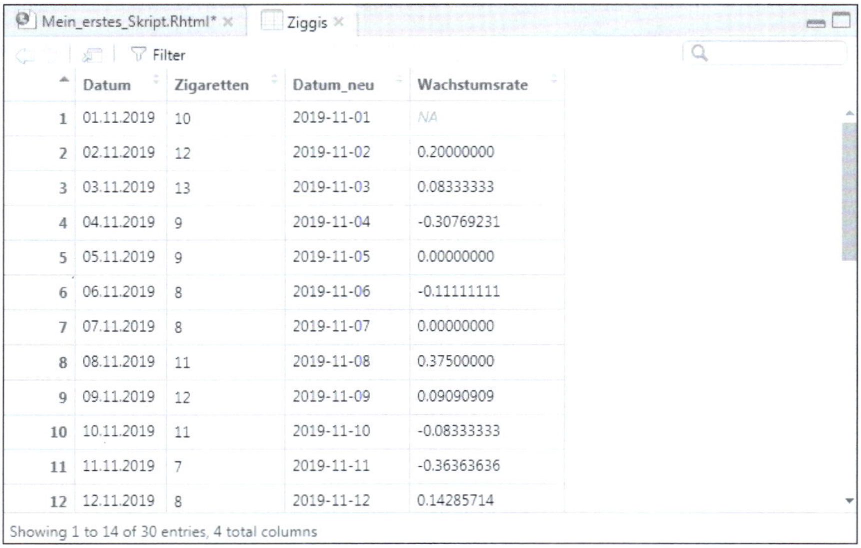

| | Datum | Zigaretten | Datum_neu | Wachstumsrate |
|---|---|---|---|---|
| 1 | 01.11.2019 | 10 | 2019-11-01 | NA |
| 2 | 02.11.2019 | 12 | 2019-11-02 | 0.20000000 |
| 3 | 03.11.2019 | 13 | 2019-11-03 | 0.08333333 |
| 4 | 04.11.2019 | 9 | 2019-11-04 | -0.30769231 |
| 5 | 05.11.2019 | 9 | 2019-11-05 | 0.00000000 |
| 6 | 06.11.2019 | 8 | 2019-11-06 | -0.11111111 |
| 7 | 07.11.2019 | 8 | 2019-11-07 | 0.00000000 |
| 8 | 08.11.2019 | 11 | 2019-11-08 | 0.37500000 |
| 9 | 09.11.2019 | 12 | 2019-11-09 | 0.09090909 |
| 10 | 10.11.2019 | 11 | 2019-11-10 | -0.08333333 |
| 11 | 11.11.2019 | 7 | 2019-11-11 | -0.36363636 |
| 12 | 12.11.2019 | 8 | 2019-11-12 | 0.14285714 |



**Abbildung 7.5** Richtiges Ergebnis

Wenn Sie die in Abbildung 7.5 dargestellte Ansicht sehen, haben Sie korrekt programmiert und mathematisch korrekt gerechnet. Falls Sie nun noch die Prozentangaben im Datensatz haben wollen, multiplizieren Sie die ganze Spalte WACHSTUMSRATE mit 100.

```
Ziggis$Wachstum_in_Prozent <- Ziggis$Wachstumsrate * 100
```

Und auf eine lesbarere Art gerundet mit der Funktion `round()`

```
Ziggis$Wachstum_in_Prozent <- round(Ziggis$Wachstum_in_Prozent, digits = 2)
```

lassen sich diese Werte später in den Plots wesentlich besser darstellen.

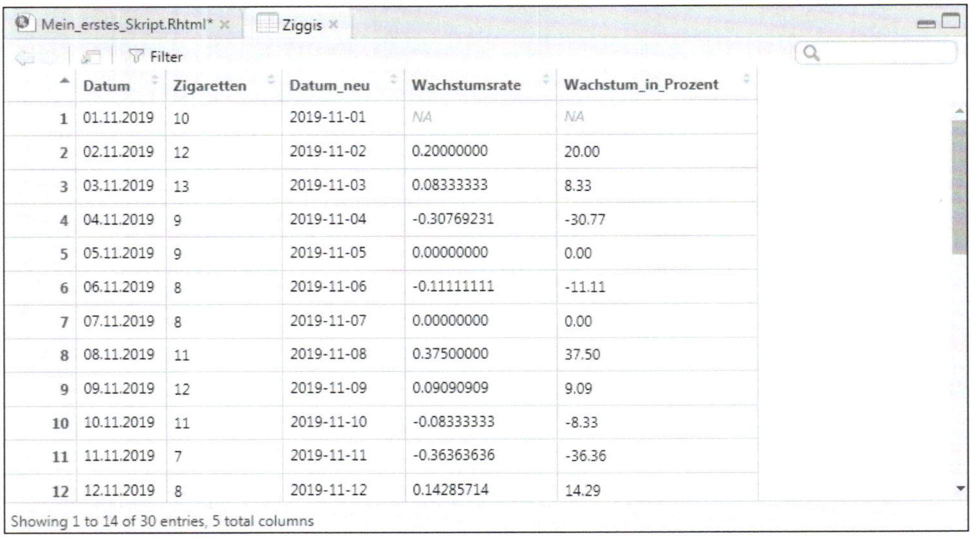

Mein_erstes_Skript.Rhtml* | Ziggis | Filter

| | Datum | Zigaretten | Datum_neu | Wachstumsrate | Wachstum_in_Prozent |
|---|---|---|---|---|---|
| 1 | 01.11.2019 | 10 | 2019-11-01 | NA | NA |
| 2 | 02.11.2019 | 12 | 2019-11-02 | 0.20000000 | 20.00 |
| 3 | 03.11.2019 | 13 | 2019-11-03 | 0.08333333 | 8.33 |
| 4 | 04.11.2019 | 9 | 2019-11-04 | -0.30769231 | -30.77 |
| 5 | 05.11.2019 | 9 | 2019-11-05 | 0.00000000 | 0.00 |
| 6 | 06.11.2019 | 8 | 2019-11-06 | -0.11111111 | -11.11 |
| 7 | 07.11.2019 | 8 | 2019-11-07 | 0.00000000 | 0.00 |
| 8 | 08.11.2019 | 11 | 2019-11-08 | 0.37500000 | 37.50 |
| 9 | 09.11.2019 | 12 | 2019-11-09 | 0.09090909 | 9.09 |
| 10 | 10.11.2019 | 11 | 2019-11-10 | -0.08333333 | -8.33 |
| 11 | 11.11.2019 | 7 | 2019-11-11 | -0.36363636 | -36.36 |
| 12 | 12.11.2019 | 8 | 2019-11-12 | 0.14285714 | 14.29 |

Showing 1 to 14 of 30 entries, 5 total columns

**Abbildung 7.6** Gerundete Werte und Prozentwachstum

### 7.1.3 Trend/lineare Regression

Um eine *Trendlinie* in einen Plot einzufügen, benötigen Sie zunächst einen solchen Plot. Den haben Sie gerade schon erstellt. Rufen Sie ihn erneut auf.

```
plot(Ziggis$Datum_neu, Ziggis$Zigaretten)
```

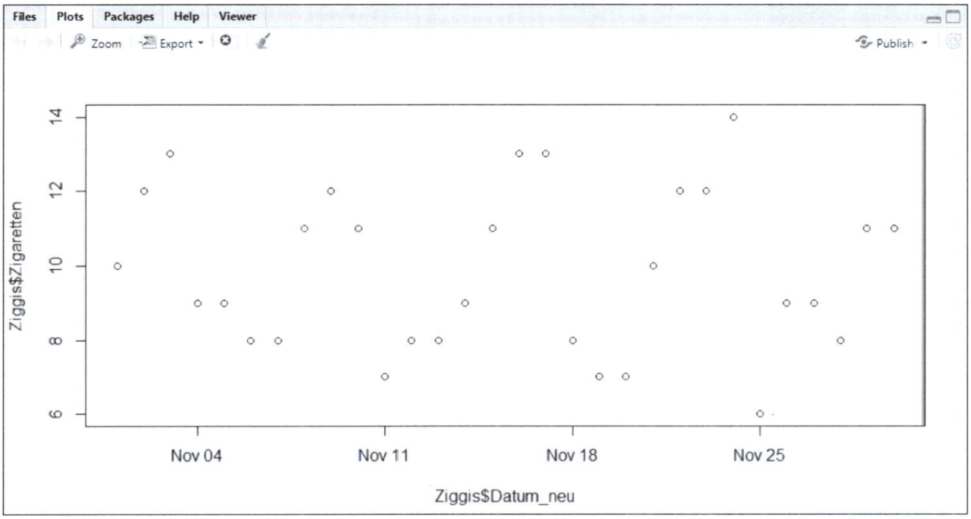


**Abbildung 7.7** Plot Zigarettenverbrauch im Monat November

## Werte

Als Nächstes brauchen Sie die Werte, auf deren Basis die Trendlinie erstellt werden soll. Eine erste lineare Regression für die beiden Variablen Zigaretten und Datum erstellen Sie mit der Funktion `lm()`.

```
fit <- lm(Zigaretten ~ Datum_neu, data = Ziggis)
fit
```

**Die Ausgabe:**

```
Call:
lm(formula = Zigaretten ~ Datum_neu, data = Ziggis)

Coefficients:
(Intercept)      Datum_neu
  204.38146      -0.01068
```

**Listing 7.6** Berechnung der Trendwerte im Datensatz Zigarettenkonsum

Am Tag null würden Sie 204,38146 Zigaretten rauchen. Das ist der Ausgangspunkt, von dem aus Ihre Trendlinie startet, P0 (204,38146 / 0). Den weiteren Verlauf der Trendlinie gibt Ihnen die Steigung an: Pro zusätzlicher Einheit auf der *x*-Achse, also schlicht pro nächstem Tag, rauchen Sie dann 0,01068 Zigaretten weniger.

Ich denke, Sie haben schon gemerkt, dass die Interpretation des Intercepts an dieser Stelle wenig Sinn ergibt. Es ergibt praktisch keinen Sinn, die Tage auf null zu setzen, wie oben in der Theorie bereits beschrieben. Die Gründe dafür sind:

- Die 204 Zigaretten sind deutlich außerhalb der hier gezeigten Mengen.
- Die Frage, wann denn der »nullte« Tag sein soll, kann nicht beantwortet werden. Er ist irgendwann und kann deshalb in der Praxis nicht sinnvoll bestimmt werden.

Rechnerisch aber ergibt es trotzdem Sinn, den nullten Tag zu bestimmen, um den ersten Punkt der Geraden zu bekommen. Demnach hätten Sie vor 1.939,54 Tagen (vom »Durchschnittstag« im November ausgehend – das wäre der 15,5te) 204,38 Zigaretten geraucht (9,866667(0,01068*1939,54)).

### Darstellung

Den Trend im Plot erhalten Sie mit den Werten, die Sie eben errechnet haben. Die Funktion, die das Einzeichnen für Sie übernimmt, lautet `abline()`.

```
abline(fit)
```

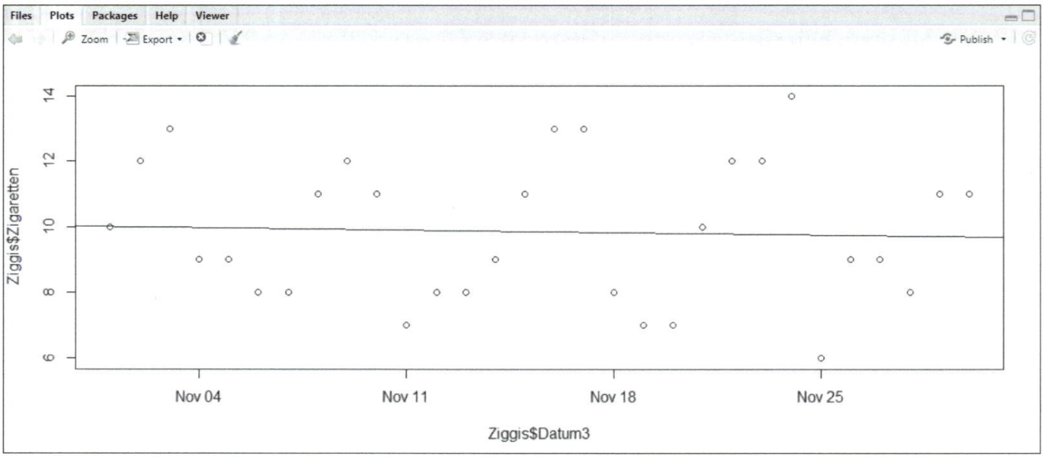


**Abbildung 7.8** Zigarettenverbrauch im Monat November mit Trend

Eine detaillierte Darstellung der Ergebnisse bekommen Sie, wenn Sie sich die im Objekt fit gespeicherte Regression mit der Funktion `summary()` anzeigen lassen.

```
summary(fit)
```

**Die Ausgabe:**

```
Call:
lm(formula = Zigaretten ~ Datum_neu, data = Ziggis)

Residuals:
    Min      1Q  Median      3Q     Max
-3.7652 -1.8800 -0.3827  1.8139  4.2241

Coefficients:
             Estimate Std. Error t value Pr(>|t|)
(Intercept) 204.38146  844.33987   0.242    0.810
Datum_neu    -0.01068    0.04635  -0.230    0.819

Residual standard error: 2.197 on 28 degrees of freedom
Multiple R-squared:  0.001892,Adjusted R-squared:  -0.03375
F-statistic: 0.05307 on 1 and 28 DF,  p-value: 0.8195
```

**Listing 7.7** Analyse der Trendwerte im Datensatz Zigarettenkonsum

Sie bekommen hier alle wichtigen Informationen zu den Berechnungen: Neben den oben bereits geschätzten Werten ist hier vor allem der zusätzlich angegebene *p-Wert* (*p-value*, hier als `Pr(>|t|)`) von Bedeutung.

**Beispiel: p-Wert**

Klassischerweise wird für jedes Experiment eine sogenannte *Nullhypothese*, formuliert. Diese Hypothese geht davon aus, dass es keinen Zusammenhang zwischen den Variablen gibt. In unserem Fall würde sie daher lauten:

HO: »Das Datum/ der Tag als Variable hat keinen Einfluss auf die Menge gerauchter Zigaretten«

Je größer der p-wert, desto größer ist die Wahrscheinlichkeit, dass kein Zusammenhang zwischen den untersuchten Variablen besteht. Eine statistische Signifikanz, also ein Modell, dessen Ergebnisse statistisch akzeptiert werden können und werden, bekommen Sie in der Regel, je nach Fach, erst mit einem Wert von unter 0,05.

Mit einem Wert von 0,8195 ist dieses Modell für Zusammenhangsaussagen nicht zu gebrauchen. Die Streuung der Punkte ist einfach zu groß, sie liegen oft zu weit vom Trend entfernt, die Anzahl der gerauchten Zigaretten ist unabhängig vom Datum an sich.

An diesem Beispiel sehen Sie, wie wichtig es ist, dass Sie bei Ihren Analysen logische Zusammenhänge bereits vor den statistischen Tests prüfen. Kann ein Zusammenhang zwischen dem Datum an sich und dem Zigarettenverbrauch in einem Monat liegen?

Das ist wohl eher unwahrscheinlich. Warum sollte ich, wenn alle anderen Faktoren gleich sind, dienstags mehr oder weniger rauchen als donnerstags?

Wie sieht es stattdessen mit einem Zusammenhang von Zigaretten- und Kaffeekonsum aus? Gefühlt trinken die Kollegen mehr Kaffee, die auch mehr rauchen. Kann das sein? Zumindest ist das eine Hypothese, die es sich zu testen lohnt: Raucht also derjenige mehr, der auch mehr Kaffee trinkt? Ich habe deshalb einen Kollegen gebeten, seinen Zigaretten- und Kaffeekonsum pro Tag in eine Tabelle aufzunehmen – darüber also Daten zu sammeln. Das Ergebnis ist die Datei *Ziggis2*, die ich nun nach dem bekannten Schema in R einlese und mir ansehe (Abschnitt A.4, »Zigaretten 2«):

```
library(readxl)
Ziggis2 <- read_excel("C:/Users/user/Desktop/R_Projekte/Ziggis2.xlsx")
View(Ziggis2)
```

**Listing 7.8** Einlesen des Datensatzes Zigarettenkonsum erweitert

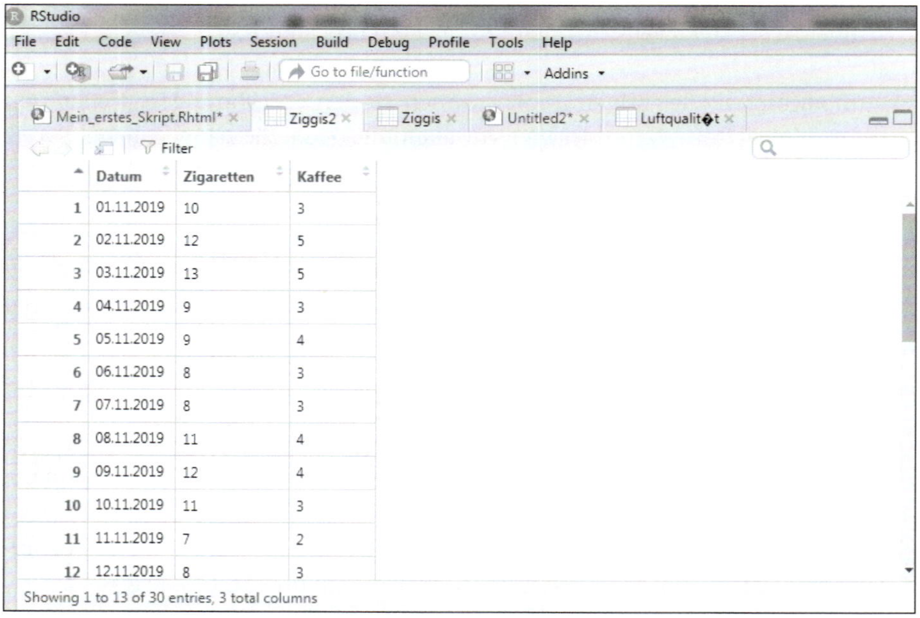


**Abbildung 7.9** Zigarettendatensatz um Kaffeekonsum erweitert

Zum *Überblick* können Sie alle oben genannten Überblicksfunktionen auch hier verwenden. Das schaffen Sie allein. Für einen weniger umfangreichen Überblick soll an dieser Stelle ein *Übersichtsplot* genügen.

```
plot(Ziggis2$Kaffee, Ziggis2$Zigaretten)
```

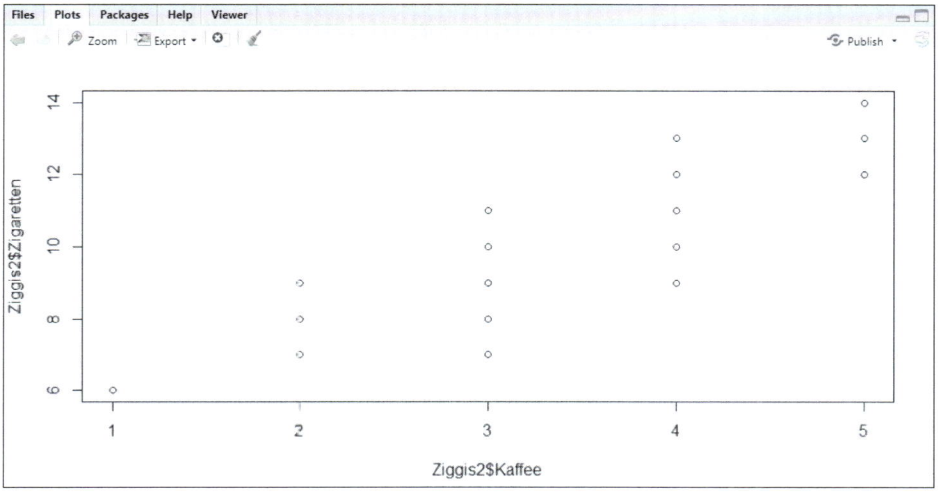


**Abbildung 7.10** Täglicher Zigaretten- und Kaffeekonsum

In ein *Koordinatensystem* überführt sehen Sie, dass hier in der Tat ein Zusammenhang zwischen erhöhtem Zigaretten- und Kaffeekonsum bestehen könnte: Je mehr Tassen Kaffee mein Kollege konsumiert, je mehr Zigaretten raucht er auch. Auf den ersten Blick ist die Vermutung von oben bestätigt. Aber ist das statistisch signifikant?

### Werte

Wieder berechne ich die Werte mit der Funktion `lm()`.

```
fit2 <- lm(Zigaretten ~ Kaffee, data = Ziggis2)
fit2
```

**Die Ausgabe:**

```
Call:
lm(formula = Zigaretten ~ Kaffee, data = Ziggis2)

Coefficients:
(Intercept)       Kaffee
      3.858        1.767
```

Bei null Tassen Kaffee, würde mein Kollege also immer noch 3,858 Zigaretten rauchen (Intercept). Hier ergibt die Interpretation des Intercepts Sinn, denn es ist nicht unwahrscheinlich, dass mein Kollege an einem Tag keinen Kaffee trinkt. Mit jeder Tasse Kaffee aber raucht mein Kollege im Durchschnitt 1,767 Zigaretten mehr.

Die detaillierte Darstellung der Ergebnisse bekommen Sie wieder so:

```
summary()
summary(fit2)
```

**Die Ausgabe:**

```
Call:
lm(formula = Zigaretten ~ Kaffee, data = Ziggis2)

Residuals:
     Min       1Q   Median       3Q      Max
-2.15982 -1.10160  0.07306  1.01484  2.07306

Coefficients:
            Estimate Std. Error t value Pr(>|t|)
(Intercept)   3.8584     0.8239   4.683 6.60e-05 ***
Kaffee        1.7671     0.2327   7.593 2.85e-08 ***
---
Signif. codes:  0 '***' 0.001 '**' 0.01 '*' 0.05 '.' 0.1 ' ' 1

Residual standard error: 1.258 on 28 degrees of freedom
Multiple R-squared:  0.6731,Adjusted R-squared:  0.6614
F-statistic: 57.65 on 1 and 28 DF,  p-value: 2.853e-08
```

**Listing 7.9** Berechnung und Analyse der Trendwerte des Datensatzes Zigarettenkonsum erweitert

Die Darstellung verrät, dass das Modell als Ganzes nun tatsächlich statistisch signifikant ist. Ein p-Wert von 2,853e-08 oder anders geschrieben 0,000000002853 ist kleiner als 0,05., ebenso wie die Werte des Intercepts (3.8584, `Pr(>|t|)  6.60e-05***`) und der des Parameters Kaffee (1,76761, `Pr(>|t|) 2.85e-08 ***`) selbst. Sie haben deshalb drei Sterne (***) als Vermerk. Mit einem solchen statistisch signifikanten Modell achten Sie abschließend noch auf den Wert »`Multiple R-squared`«, den *R*-Quadrat-Wert, der häufig in veröffentlichten Darstellungen mit angegeben wird.

**R-Quadrat-Wert und angepasster R-Wert**

In der einfachen linearen Regression dient der *R*-Quadrat-Wert zur Bestimmung der Güte eines Models. Dieser Wert gibt an, wie viel Streuung der Datenpunkte in den Daten durch das vorliegende einfache lineare Regressionsmodell »erklärt« werden kann. Bei einem Wert von `Multiple R-squared: 1` würden alle Datenpunkte genau auf der linearen Regressionslinie liegen.

Der `Adjusted R-squared`, der angepasste *R*-Wert, bezieht zusätzlich die Anzahl der unabhängigen Variablen in die Berechnung der Güte des Models mit. Bei einer einfachen linaren Regression mit nur einer solchen Variablen (*x*) ist dieser Wert aber weniger wichtig.

Mit einem *R*-Quadrat-Wert von 0.6731 sind 67,31 % der Streuung erklärt. Das Model ist damit ein sehr gutes Model. Mit dem Konsum von Kaffen lässt sich in diesem Beispiel in der Tat die Anzahl an gerauchten Zigaretten relativ gut vorhersagen. Nur 32,6 9% der Varianz bleiben unerklärt, sind also zufällig oder gründen sich auf andere Zusammenhänge.



Eine mögliche Interpretation dieser hier erhaltenen Ergebnisse wäre, dass Stress am Arbeitsplatz ausschlaggebend für den erhöhten Konsum beider Variablen sein könnte. Wer Stress hat, raucht in der Regel mehr, und gefühlt greifen meine Kollegen unter Stress auch etwas häufiger zur Kaffeetasse. Beides bestätigen auch verschiedene Studien.[1]

### Darstellung

Als Nächstes können Sie wieder den *Trend* in das *Diagramm* einfügen.

```
abline(fit2)
```

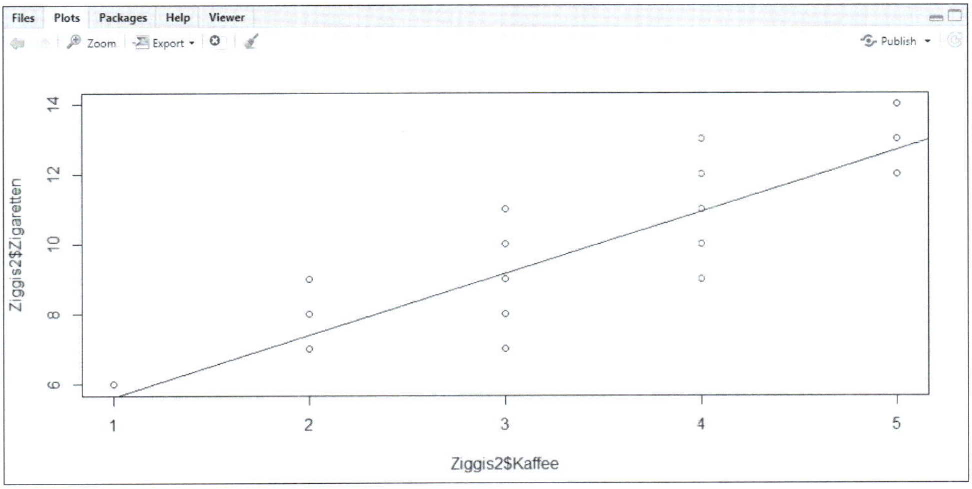


**Abbildung 7.11** Täglicher Zigaretten- und Kaffeekonsum mit Trend

1 Zickler, P.: Nicotine's multiple effects on the brain's reward system drive addiction. NIDA Notes, 17(6) (2003); Kaster, M. P. et al.: Caffeine acts through neuronal adenosine A2A receptors to prevent mood and memory dysfunction triggered by chronic stress. Proceedings of the national Academy of Science of the United States of America (PNAS) (2015). doi: 10.1073/pnas.1423088112).

Der Trend ist eindeutig auch optisch erkennbar: Je mehr Kaffee getrunken wird, umso mehr Zigaretten werden auch geraucht.

Bevor ich den letzten Schritt zeige, die finale und veröffentlichungsreife *Visualisierung* Ihrer Ergebnisse, möchte ich Ihnen die *lineare Regression* im folgenden Abschnitt in einem weiteren Datensatz noch ein Stück vertrauter machen.

## 7.2 Beispiel 2: 100 Jahre Wohlstandsentwicklungen in Indien

Zur Verdeutlichung der linearen Regression wähle ich einen etwas komplexeren Datensatz aus (siehe Abschnitt A.5, »Indien 1990–2000«).

Die Quelle ist die öffentlich zugängliche Seite *https://www.gapminder.org*. Gapminder ist ein Projekt um Hans Rosling, einen Medizinprofessor aus Schweden, das zum Ziel hat, den Leuten »grundlegende globale Fakten« (*basic global facts*) vorzustellen und darüber aufzuklären.

Die Frage, die ich mit diesem Projekt beantwortet haben möchte, sei nun folgende: Wie stark hängen Kindersterblichkeit und Einkommen in Land x, nehmen wir bspw. *Indien*, im gesamten 20. Jahrhundert miteinander zusammen?

### 7.2.1 Zusammenstellung der benötigten Daten

Wie kann ich nun meine benötigten Daten zusammenstellen?

Die Daten können entweder händisch mit Excel oder mit R heruntergeladen und für die Analyse vorbereitet werden. Nachfolgend stelle ich Ihnen beide Möglichkeiten vor.

#### Daten händisch mit Excel herunterladen und für die Analyse vorbereiten

Die Daten lade ich von *http://r-wrk.de/gapminder* in einer Excel-Datei herunter:

Auf der Seite gibt es ein leeres Feld, in dem Sie nach verschiedenen Indikatoren suchen können. Darunter sind bereits Beispielindikatoren angegeben, die Sie auswählen können. Für die Beantwortung der Frage nach dem Zusammenhang zwischen Kindersterblichkeit und Einkommen in Indien benötigen wir also zwei Variablen, die solche Informationen beinhalten. »Child mortality« und »Income«, die hier bereits vorgeschlagen werden, bieten sich an. Der Klick auf CHILD MORTALITY öffnet mir die Datenbank mit den Infos über die Kindersterblichkeit in der Welt.

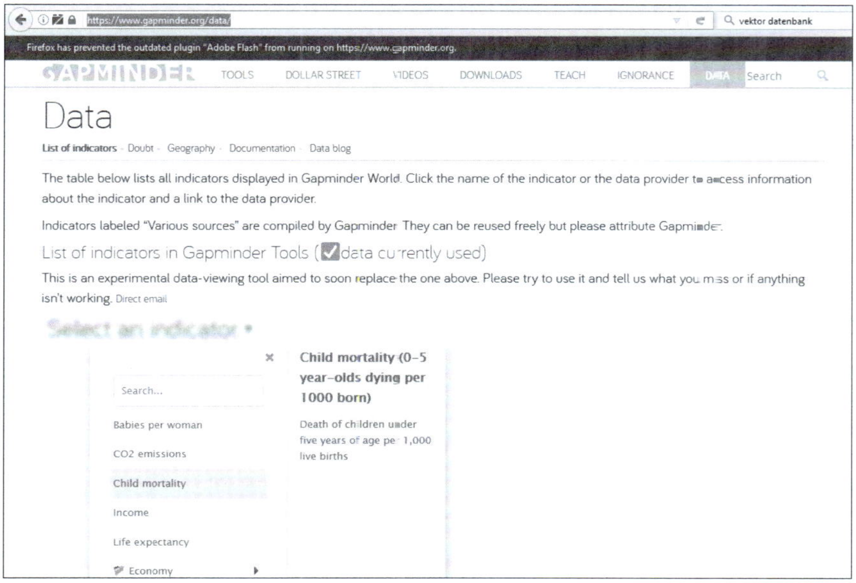
https://www.gapminder.org/data/
vektor datenbank
Firefox has prevented the outdated plugin "Adobe Flash" from running on https://www.gapminder.org.
GAPMINDER TOOLS DOLLAR STREET VIDEOS DOWNLOADS TEACH IGNORANCE DATA Search

Data

List of indicators · Doubt · Geography · Documentation · Data blog

The table below lists all indicators displayed in Gapminder World. Click the name of the indicator or the data provider to access information about the indicator and a link to the data provider.

Indicators labeled "Various sources" are compiled by Gapminder. They can be reused freely but please attribute Gapminder.

List of indicators in Gapminder Tools (☑ data currently used)

This is an experimental data-viewing tool aimed to soon replace the one above. Please try to use it and tell us what you miss or if anything isn't working. Direct email

Select an indicator ▾

Search...
Babies per woman
CO2 emissions
Child mortality
Income
Life expectancy
Economy

Child mortality (0–5 year–olds dying per 1000 born)
Death of children under five years of age per 1,000 live births

Abbildung 7.12 Gapminder Data

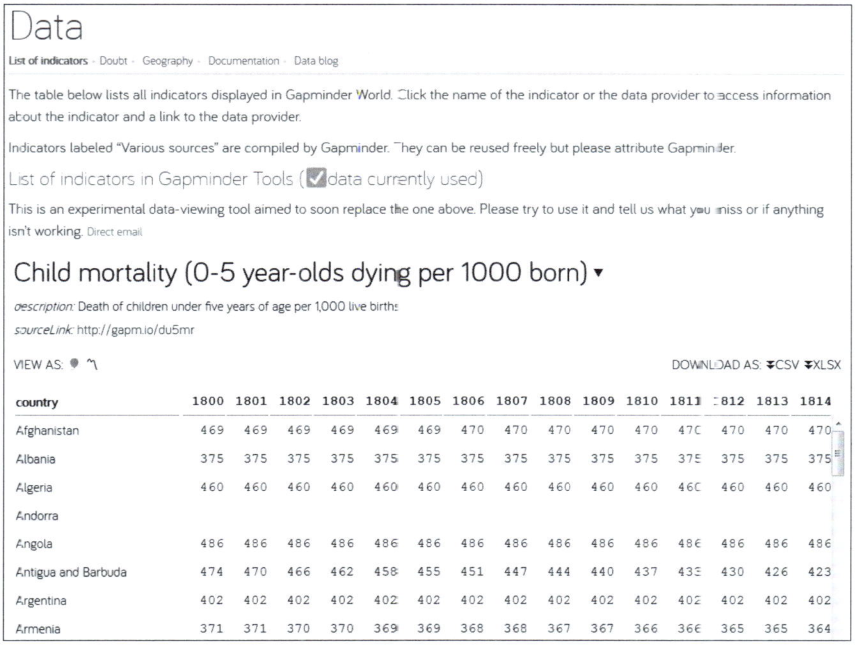
Data

List of indicators · Doubt · Geography · Documentation · Data blog

The table below lists all indicators displayed in Gapminder World. Click the name of the indicator or the data provider to access information about the indicator and a link to the data provider.

Indicators labeled "Various sources" are compiled by Gapminder. They can be reused freely but please attribute Gapminder.

List of indicators in Gapminder Tools (☑ data currently used)

This is an experimental data-viewing tool aimed to soon replace the one above. Please try to use it and tell us what you miss or if anything isn't working. Direct email

Child mortality (0-5 year-olds dying per 1000 born) ▾

*description:* Death of children under five years of age per 1,000 live births

*sourceLink:* http://gapm.io/du5mr

VIEW AS:                DOWNLOAD AS: CSV XLSX

| country | 1800 | 1801 | 1802 | 1803 | 1804 | 1805 | 1806 | 1807 | 1808 | 1809 | 1810 | 1811 | 1812 | 1813 | 1814 |
|---|---|---|---|---|---|---|---|---|---|---|---|---|---|---|---|
| Afghanistan | 469 | 469 | 469 | 469 | 469 | 469 | 470 | 470 | 470 | 470 | 470 | 470 | 470 | 470 | 470 |
| Albania | 375 | 375 | 375 | 375 | 375 | 375 | 375 | 375 | 375 | 375 | 375 | 375 | 375 | 375 | 375 |
| Algeria | 460 | 460 | 460 | 460 | 460 | 460 | 460 | 460 | 460 | 460 | 460 | 460 | 460 | 460 | 460 |
| Andorra | | | | | | | | | | | | | | | |
| Angola | 486 | 486 | 486 | 486 | 486 | 486 | 486 | 486 | 486 | 486 | 486 | 486 | 486 | 486 | 486 |
| Antigua and Barbuda | 474 | 470 | 466 | 462 | 458 | 455 | 451 | 447 | 444 | 440 | 437 | 433 | 430 | 426 | 423 |
| Argentina | 402 | 402 | 402 | 402 | 402 | 402 | 402 | 402 | 402 | 402 | 402 | 402 | 402 | 402 | 402 |
| Armenia | 371 | 371 | 370 | 370 | 369 | 369 | 368 | 368 | 367 | 367 | 366 | 366 | 365 | 365 | 364 |

Abbildung 7.13 Weltweite Kindersterblichkeit

Laden Sie diese Daten nun im Excel- oder *.csv*-Format herunter, indem Sie auf DOWNLOAD AS: XLSX oder DOWNLOAD AS: CSV und dann auf OK klicken, und filtern Sie die Werte für Indien heraus.

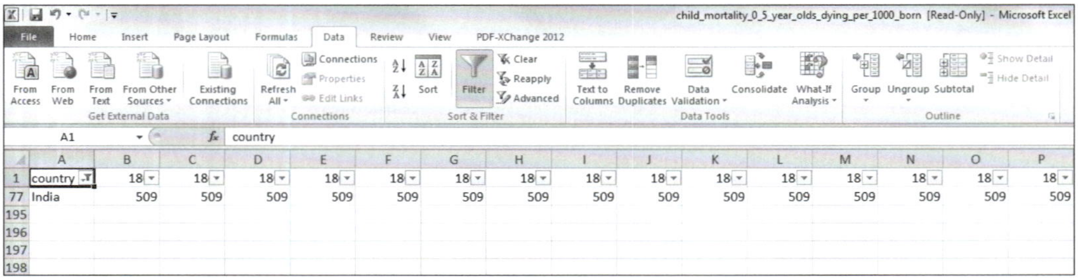


**Abbildung 7.14** Daten Kindersterblichkeit Indien

Nun müssen Sie noch alle Spalten vor 1900 und nach 1999 löschen, wie in Abbildung 7.15 gezeigt.

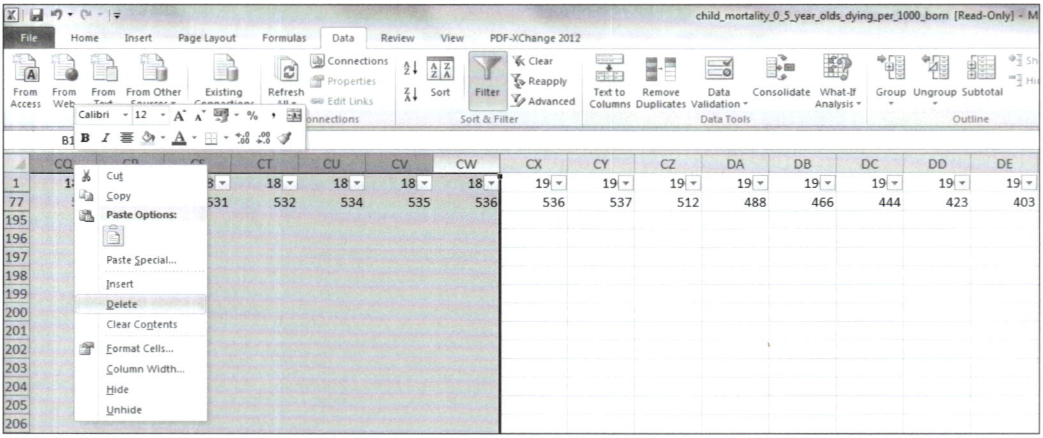


**Abbildung 7.15** Daten löschen in Excel

Zwar kann ich auch mit diesen Daten problemlos rechnen, aber es war ja ausgemacht, dass in diesem Buch mit der tibble-Form operiert wird. Zur Erinnerung: tibble heißt, dass jede Reihe eine Observation darstellt. Bei den hiesigen Daten hingegen sind die Observationen in den Spalten als Variablen selbst angegeben.

Um das zu ändern, kann ich in Excel die Funktion TRANSPOSE verwenden. Markieren Sie dazu alle Zellen, in denen Ihre Werte stehen. Führen Sie dann einen Rechtsklick in eine leere Zeile aus, und klicken Sie auf TRANSPOSE.

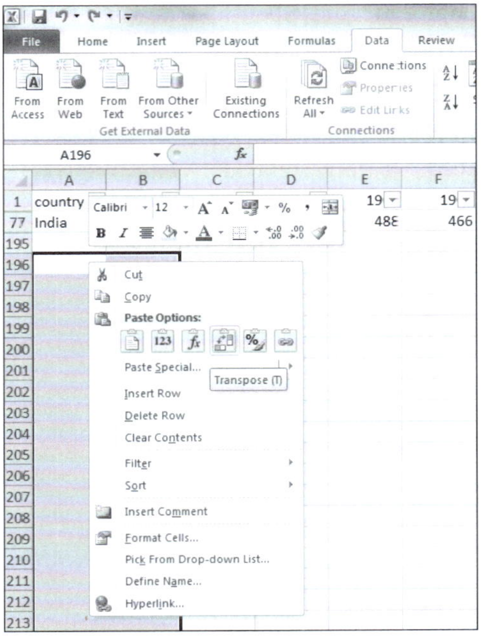


Abbildung 7.16 Transpose Data

Löschen Sie danach alle Zellen, in denen Ihre benötigten Daten nicht stehen. Passen Sie dann die Überschriften der Spalten an. »Land« und »Kindersterblichkeit« sind eine Möglichkeit. Das Ergebnis sollte wie in Abbildung 7.17 gezeigt aussehen

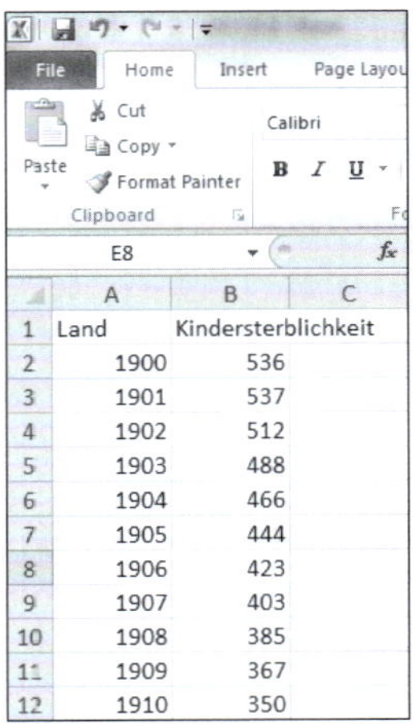


Abbildung 7.17 Daten Kindersterblichkeit pro 1.000 lebend geborene Kinder in Indien 1900–1999

Wenn Sie nun für die Variable »Income« bei Gapminder dieselben Schritte durchführen und die Werte in die vorhandene Tabelle kopieren, haben Sie Ihren Datensatz zur Beantwortung der Frage zusammen.

Zur besseren Übersichtlichkeit der Graphen behalte ich hierbei nur Fünfjahreswerte. Der finale Datensatz sieht dann wie in Abbildung 7.18 dargestellt aus:

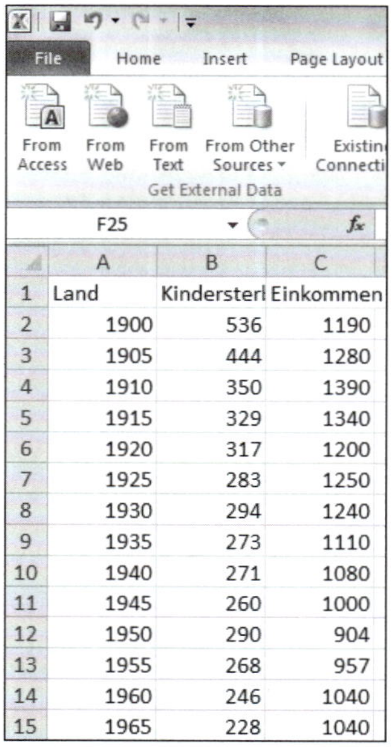


| | A | B | C |
|---|---|---|---|
| 1 | Land | Kindersterl | Einkommen |
| 2 | 1900 | 536 | 1190 |
| 3 | 1905 | 444 | 1280 |
| 4 | 1910 | 350 | 1390 |
| 5 | 1915 | 329 | 1340 |
| 6 | 1920 | 317 | 1200 |
| 7 | 1925 | 283 | 1250 |
| 8 | 1930 | 294 | 1240 |
| 9 | 1935 | 273 | 1110 |
| 10 | 1940 | 271 | 1080 |
| 11 | 1945 | 260 | 1000 |
| 12 | 1950 | 290 | 904 |
| 13 | 1955 | 268 | 957 |
| 14 | 1960 | 246 | 1040 |
| 15 | 1965 | 228 | 1040 |

**Abbildung 7.18** Daten Indien

Ich lese die Daten ein, die ich in einer Excel-Datei unter *Indien_1900_2000* gespeichert habe.

```
library(readxl)
Indien_1900_2000 <- read_excel("C:/Users/user/Desktop/R_Projekte/↩
Indien_1900_2000.xlsx")
```

**Listing 7.10** Einlesen des Datensatzes Indien

Bevor nun die Berechnungen angestellt werden, zeige ich Ihnen noch einmal den eben vorgeschlagenen Weg, dieses Mal mit R.

### Daten mit R herunterladen und für die Analyse vorbereiten

Händisch oder nicht, die Schritte sind ähnlich. Die Variablen müssen heruntergeladen und in eine Datei zusammengeführt werden. Ich beginne dazu wieder mit der Kindersterblichkeit:

#### *Kindersterblichkeit*

Als Erstes lade ich das Paket `readxl`, damit die Excel-Datei, die ich herunterladen will, auch von R gelesen werden kann.

```
library(readxl)
```

Danach teile ich R mit, wo das File dann unter *Child_Mort.xlsx* gespeichert werden soll. Die Funktion `path.expand()` erspart mir das lästige Suchen und Ausformulieren des Dateipfads.

```
destination <- path.expand("~/Child_Mort.xlsx")
```

Als Nächstes muss ich die exakte url-Adresse suchen, unter der die Datei, die ich herunterladen und speichern möchte, zu finden ist. Die speichere ich dann als String unter url ab.

```
url <- "http://r-wrk.de/u5mr"
```

Dann führt die Funktion `download.file()` den Download aus. Ich gebe hierzu als Argument 1 die von mir gespeicherte `url` ein. Argument 2 ist die Angabe meines `destfile =`, also meines Objektes mit dem Dateipfad, in dem die Datei gespeichert werden soll. Das war ja `destination`. Das letzte Argument ist `mode = "wb"`, das für »binary file«, also eine Nicht-Textdatei steht.

```
download.file(url, destfile = destination, mode = "wb")
```

**Listing 7.11** Automatisierter Download des Datensatzes Indien (Kindersterblichkeit)

R lädt nun die Datei von der Webadresse (url) herunter und speichert sie in einem binary file unter dem Pfad, der unter destination angegeben ist. Um daraus nun schließlich ein Datenobjekt zu kreieren, lese ich destination in mein neu kreiertes Objekt Child_Mort per `read_excel()` ein. Ich teile R hierbei noch mit, dass ich die zweite Seite der Excel-Datei eingelesen haben möchte. R liest immer nur ein Tabellenblatt einer Datei in ein Objekt ein. Die Daten für Kindersterblichkeit stehen auf Tabellenblatt 2.

```
Child_Mort <- read_excel(destination, sheet = 2)
```

So sieht die eingelesene Datei aus (siehe Abbildung 7.19):

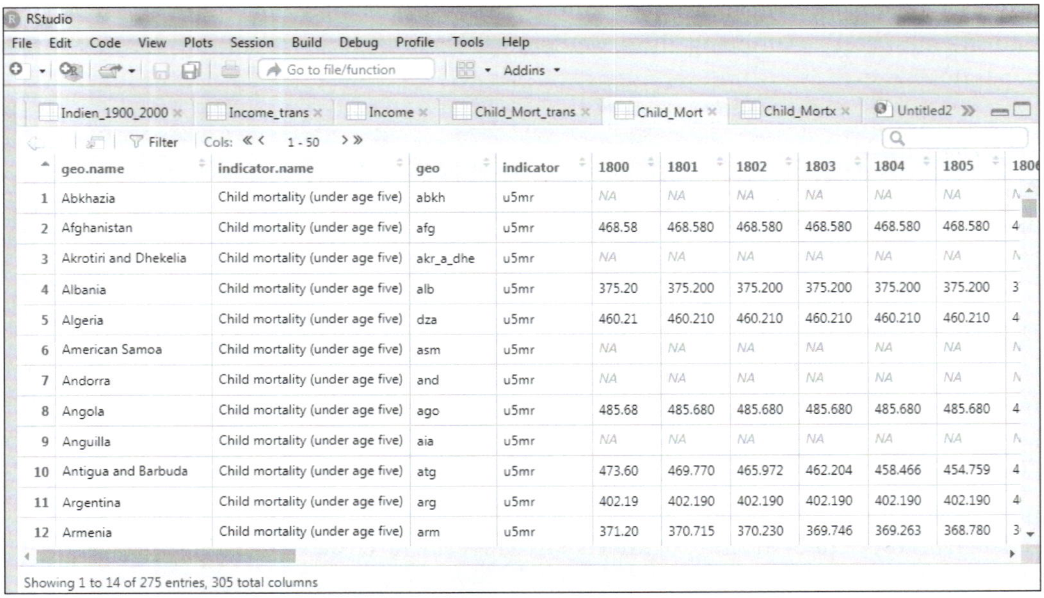


| | geo.name | indicator.name | geo | indicator | 1800 | 1801 | 1802 | 1803 | 1804 | 1805 | 180 |
|---|---|---|---|---|---|---|---|---|---|---|---|
| 1 | Abkhazia | Child mortality (under age five) | abkh | u5mr | NA | NA | NA | NA | NA | NA | N |
| 2 | Afghanistan | Child mortality (under age five) | afg | u5mr | 468.58 | 468.580 | 468.580 | 468.580 | 468.580 | 468.580 | 4 |
| 3 | Akrotiri and Dhekelia | Child mortality (under age five) | akr_a_dhe | u5mr | NA | NA | NA | NA | NA | NA | N |
| 4 | Albania | Child mortality (under age five) | alb | u5mr | 375.20 | 375.200 | 375.200 | 375.200 | 375.200 | 375.200 | 3 |
| 5 | Algeria | Child mortality (under age five) | dza | u5mr | 460.21 | 460.210 | 460.210 | 460.210 | 460.210 | 460.210 | 4 |
| 6 | American Samoa | Child mortality (under age five) | asm | u5mr | NA | NA | NA | NA | NA | NA | N |
| 7 | Andorra | Child mortality (under age five) | and | u5mr | NA | NA | NA | NA | NA | NA | N |
| 8 | Angola | Child mortality (under age five) | ago | u5mr | 485.68 | 485.680 | 485.680 | 485.680 | 485.680 | 485.680 | 4 |
| 9 | Anguilla | Child mortality (under age five) | aia | u5mr | NA | NA | NA | NA | NA | NA | N |
| 10 | Antigua and Barbuda | Child mortality (under age five) | atg | u5mr | 473.60 | 469.770 | 465.972 | 462.204 | 458.466 | 454.759 | 4 |
| 11 | Argentina | Child mortality (under age five) | arg | u5mr | 402.19 | 402.190 | 402.190 | 402.190 | 402.190 | 402.190 | 4 |
| 12 | Armenia | Child mortality (under age five) | arm | u5mr | 371.20 | 370.715 | 370.230 | 369.746 | 369.263 | 368.780 | 3 |

Showing 1 to 14 of 275 entries, 305 total columns

**Abbildung 7.19** Child_Mortality File

Nun gehe ich weiter schrittweise vor, wie ich es auch händisch tun würde. Der Algorithmus kann der gleiche sein: Ich wähle also zunächst Indien aus und lösche dann überflüssige Informationen bzw. alle Informationen, die ich nicht benötige.

Zunächst filtere ich also Indien heraus. Beachten Sie, dass R die Ländernamen hier unter dem Variablennamen GEO.NAME eingelesen hat (Abbildung 7.19). Wenn Sie nun filtern wollen, können Sie das wieder mit der Ihnen bereits bekannten Funktion `filter()` machen.

```
library(dplyr)
Child_Mort <- filter(Child_Mort, geo.name == "India")
```

Jetzt wähle ich die Spalten aus, in denen die Informationen sind, die ich behalten möchte. Das sind alle Spalten, die die Jahreszahlen 1900 bis 1999 enthalten. Die einfachste Lösung für mich ist hierbei die des einfachen Abzählens. Die Jahreszahl 1900 beginnt in Spalte 105. Das sind die ersten vier Spalten ohne wichtige Informationen für mich + 100, das sind wiederum die Jahre 1800 bis 1899, die ich für meine Analyse nicht benötige. Die Spalten 105, hier steht das Jahr 1900, bis 204, das ist das Jahr 1999, möchte ich behalten. Die Spalten danach, Spalte 205 bis Ende des Datensatzes, er hat 305 Spalten, lösche ich.

```
Child_Mort = subset(Child_Mort, select = -c(1:104, 205:305) )
```

**Listing 7.12** Filtern von Zeilen und Spalten im Datensatz Indien

Sollte Ihnen diese Lösung zu umständlich sein, finden Sie gern Ihre eigene Lösung. Wie auch immer, der Datensatz sollte nun so wie in Abbildung 7.20 dargestellt aussehen:

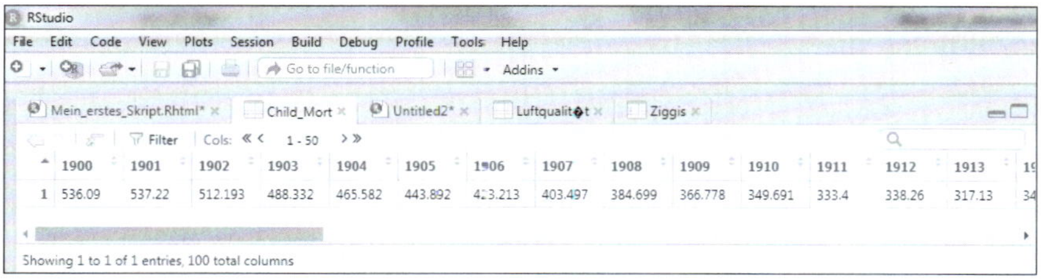


**Abbildung 7.20** Kindersterblichkeit – relevante Daten Indien

Ich möchte nun, damit ich später nicht ständig umdenken muss, meine Datei in die mir angenehmere Struktur der Zigarettendatei überführen, ins tibble-Format. Das geht in R recht einfach mit der R-Base-Funktion `t()`.

```
Child_Mort_trans <- t(Child_Mort)
```

**Listing 7.13** Transponieren der Daten des Datensatzes Indien

In mein neues Objekt `Child_Mort_trans` überführt, sieht die Datei nun wie in Abbildung 7.21 gezeigt aus:

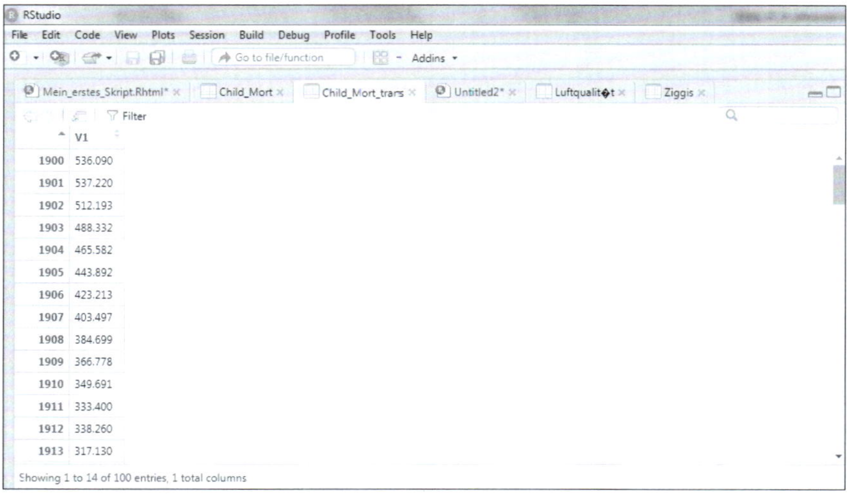


**Abbildung 7.21** Kindersterblichkeit Indien nach dem Transpose

Wie Sie sehen, hat R die Spaltenüberschriften, die die Jahreszahlen sind, in eine Spalte 0 übertragen, also in eine Spalte, die nicht als Variable erkannt wird und vor dem eigentlichen Datensatz steht. Das heißt, dass die Jahreszahlen, die ich mindestens für die Zusammenführung der beiden Dateien als *Key* (also als Identifizierungsschlüssel) benötige, nicht als Variable verfügbar sind. Ich muss sie also wieder einfügen.

Dazu verwandle ich meinen vorhandenen Datensatz in ein `data.frame`-Format und füge die Jahre per Zeitreihe ein:

```
Child_Mort_trans <- as.data.frame(Child_Mort_trans)
Child_Mort_trans$Jahr <- 1900:1999
```

**Listing 7.14** Hinzufügen der Jahre im Datensatz Indien

Alternativ können Sie allgemeingültiger auch grundsätzlich die »nullte« Spalte nehmen und als Dataframe benutzen und einfügen: `Child_Mort_trans$Jahr <- rownames(Child_Mort_trans)`. Nehmen Sie den für Sie besten Weg.

Die Spalte 0 wird nun nicht mehr benötigt. Mit der Funktion `rownames()` und der Nullsetzung der Spalte durch die Funktion `c()` kann ich sie einfach löschen:

```
rownames(Child_Mort_trans) <- c()
```

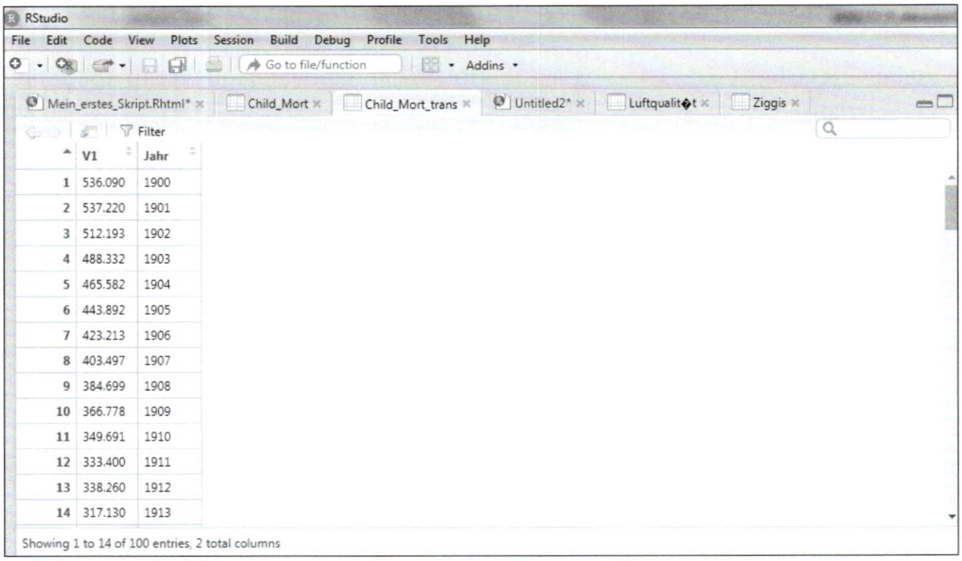


**Abbildung 7.22** Kindersterblichkeit Indien nach dem Transpose – Jahr als Variable

Im letzten Schritt der Kreation der Variable Kindersterblichkeit benenne ich meine Variable V1 entsprechend

```
Child_Mort_trans <- Child_Mort_trans %>% rename(Kindersterblichkeit = V1)
```

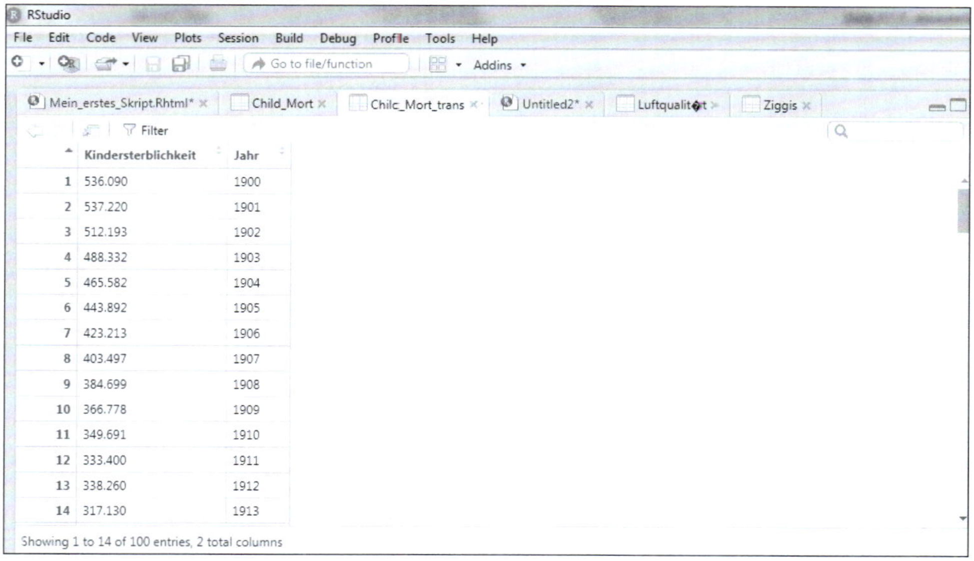


| | Kindersterblichkeit | Jahr |
|---|---|---|
| 1 | 536.090 | 1900 |
| 2 | 537.220 | 1901 |
| 3 | 512.193 | 1902 |
| 4 | 488.332 | 1903 |
| 5 | 465.582 | 1904 |
| 6 | 443.892 | 1905 |
| 7 | 423.213 | 1906 |
| 8 | 403.497 | 1907 |
| 9 | 384.699 | 1908 |
| 10 | 366.778 | 1909 |
| 11 | 349.691 | 1910 |
| 12 | 333.400 | 1911 |
| 13 | 338.260 | 1912 |
| 14 | 317.130 | 1913 |

**Abbildung 7.23** Kindersterblichkeit Indien nach dem Transpose – Jahr als Variable, in tibble-Form und Variable Kindersterblichkeit richtig benannt

Nun sind die Daten der Kindersterblichkeit in Indien fertig für die Analyse. Es fehlen die Einkommensdaten.

### *Einkommen*

Die Schritte sind die gleichen wie zuvor.

```
destination2 <- path.expand("~/Income.xlsx")
url <- "http://r-wrk.de/gdppc_cppp"
download.file(url, destfile = destination2, mode = "wb")

Income <- read_excel(destination2, sheet = 2)

library(dplyr)
Income <- filter(Income, geo.name == "India")
Income = subset(Income, select = -c(1:104, 205:245) ) #Achten Sie auf die ➥
unterschiedliche Spaltenanzahl der Dateien oder finden Sie eine eigene Lösung.
```

```
Income_trans <- t(Income)

Income_trans <- as.data.frame(Income_trans)
Income_trans$Jahr <- 1900:1999
rownames(Income_trans) <- c()

Income_trans <- Income_trans %>% rename(Einkommen = V1)
```

**Listing 7.15** Automatisierter Download des Datensatzes Indien (Einkommen) und Filtern von Zeilen und Spalten

```
View(Income_trans)
```

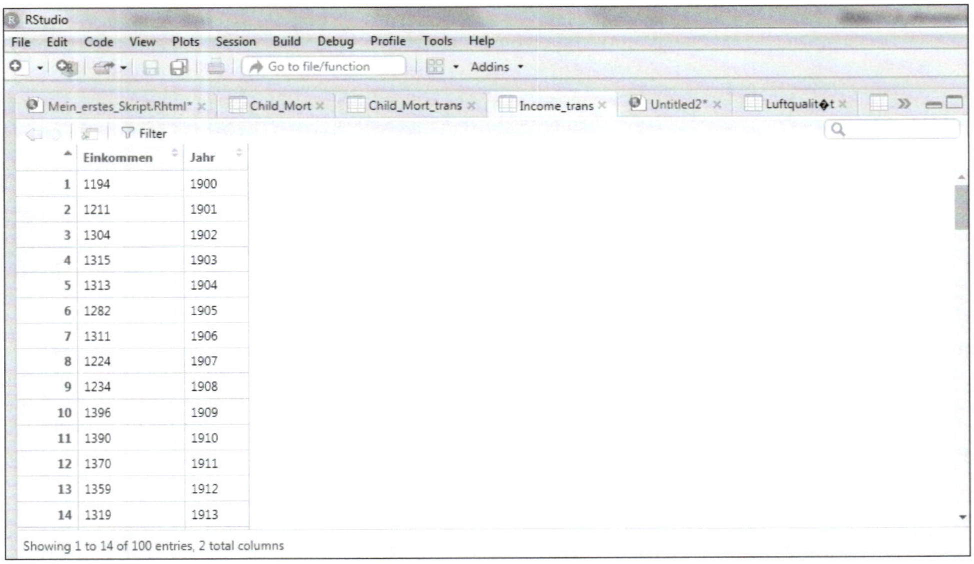


| | Einkommen | Jahr |
|---|---|---|
| 1 | 1194 | 1900 |
| 2 | 1211 | 1901 |
| 3 | 1304 | 1902 |
| 4 | 1315 | 1903 |
| 5 | 1313 | 1904 |
| 6 | 1282 | 1905 |
| 7 | 1311 | 1906 |
| 8 | 1224 | 1907 |
| 9 | 1234 | 1908 |
| 10 | 1396 | 1909 |
| 11 | 1390 | 1910 |
| 12 | 1370 | 1911 |
| 13 | 1359 | 1912 |
| 14 | 1319 | 1913 |

Showing 1 to 14 of 100 entries, 2 total columns

**Abbildung 7.24** Einkommen in Indien nach dem Transpose – Jahr als Variable, in tibble-Form und Variable Einkommen richtig benannt

Jetzt gibt es zwei Dateien, die nun in eine zusammengeführt werden sollten. Es geht auch in separaten Dateien, das ist aber etwas komplizierter. Ich zeige Ihnen nachfolgend die praktischere Variante.

### *Join*

Die beiden Variablen sind nun in zwei Objekten gespeichert, die ich in ein Objekt zusammenführen möchte. Das ist z. B. mit der Funktion `inner_join()` möglich.

In dieser Funktion geben Sie die beiden Objekte an, die Sie zusammenfügen wollen, und teilen R mit, unter welchem *Primärschlüssel* (*Primary Key*) das geschehen soll – das ist in diesem Fall die Jahreszahl[2].

**Primärschlüssel**

Ein *Primärschlüssel* ist ein Wert, der jedes Individuum/jeden Fall in einer Datentabelle mit einer einzigartigen Identifizierung ausstattet. Der Primärschlüssel muss in einer Datentabelle einmalig pro Individuum/Fall sein, da er jedes Individuum/jeden Fall eindeutig kennzeichnet. Ein Individuum/ Fall kann mehrere Observationen haben, der Primärschlüssel für dieses Individuum/diesen Fall bleibt aber immer der gleiche.

```
Indien_1900_2000 <- inner_join(Child_Mort_trans, Income_trans, by = "Jahr")
```

**Listing 7.16** Zusammenführen der Indien-Daten zum Gesamtdatensatz Indien

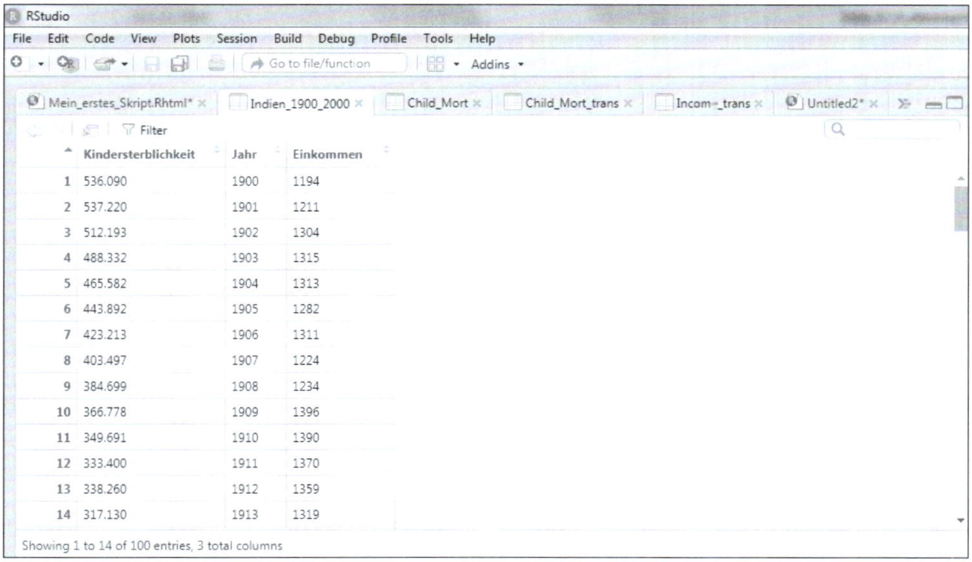


**Abbildung 7.25** Kindersterblichkeit und Einkommen zusammengeführt per ID Jahr

Wenn Sie wollen, können Sie nun noch zur Übersichtlichkeit die Spalten miteinander tauschen. Normalerweise steht der Primärschlüssel dabei immer an erster Stelle. Das ist

2 In diesem Buch werden wir uns nicht weiter mit den Normalformen und dem damit möglichen Zusammenführen von verschiedenen Datenblättern beschäftigen. Das ist zwar sehr wichtig und grundlegend für die Arbeit mit Daten, ich empfehle Ihnen aber, das separat zu lernen. Für unsere Zwecke genügt das, was Sie hier sehen.

aber Geschmackssache. Für die dann folgende Analyse ist die Reihenfolge der Spaltenanordnung nicht weiter wichtig.

```
Indien_1900_2000 <- Indien_1900_2000[,c("Jahr", "Kindersterblichkeit", ↩
"Einkommen")]
```

So wie in Abbildung 7.26 sollte nun der für die Analyse fertig präparierte Datensatz aussehen. Das ist genau der Datensatz, den Sie auch oben händisch mit Excel erstellt haben.

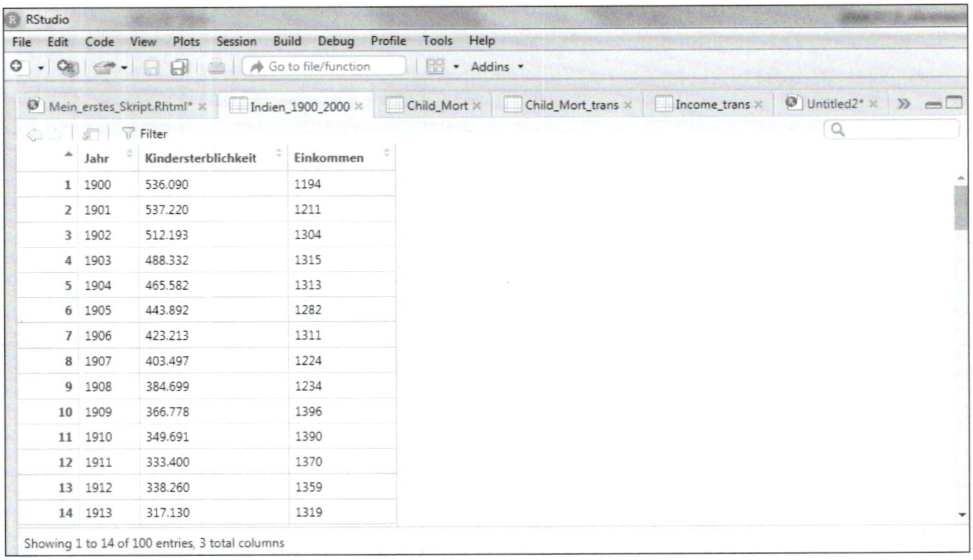


| | Jahr | Kindersterblichkeit | Einkommen |
|---|---|---|---|
| 1 | 1900 | 536.090 | 1194 |
| 2 | 1901 | 537.220 | 1211 |
| 3 | 1902 | 512.193 | 1304 |
| 4 | 1903 | 488.332 | 1315 |
| 5 | 1904 | 465.582 | 1313 |
| 6 | 1905 | 443.892 | 1282 |
| 7 | 1906 | 423.213 | 1311 |
| 8 | 1907 | 403.497 | 1224 |
| 9 | 1908 | 384.699 | 1234 |
| 10 | 1909 | 366.778 | 1396 |
| 11 | 1910 | 349.691 | 1390 |
| 12 | 1911 | 333.400 | 1370 |
| 13 | 1912 | 338.260 | 1359 |
| 14 | 1913 | 317.130 | 1319 |

Showing 1 to 14 of 100 entries, 3 total columns

**Abbildung 7.26** Kindersterblichkeit und Einkommen zusammengeführt per ID Jahr – shuffled

Ist es Ihrer Einschätzung nach nun einfacher mit Excel und dem Einladen der Dateien per Hand? Dann machen Sie es so! Wenn Sie lieber einmal den etwas schwierigeren Weg mit R gehen, genügt in Zukunft die Ausführung des gespeicherten Skriptes. Egal wie Sie es machen. Die Daten müssen korrekt in R eingelesen sein. Dann kann die Analyse beginnen.

Als letzte wollen wir nun auch noch formal die tibble-Form kreieren:

```
Indien_1900_2000 <- as_tibble(Indien_1900_2000)
```

Wie Sie den Erfolg oder Misserfolg Ihres Befehls überprüfen, wissen Sie.

### 7.2.2 Analyse

Beginnen Sie die Analyse wieder damit, dass Sie sich mit den Daten und ihrer Beschaffenheit vertraut machen.

```
str(Indien_1900_2000)
```

**Die Ausgabe:**

```
tibble [100 x 3] (S3: tbl_df/tbl/data.frame)
 $ Kindersterblichkeit: num [1:100] 536 537 512 488 466 ...
 $ Jahr               : int [1:100]
 1900 1901 1902 1903 1904 1905 1906 1907 1908 1909 ...
 $ Einkommen          : num [1:100] 1194 1211 1304 1315 1313 ...
```

Es handelt sich also um einen tibble-Datensatz mit 100 Observationen für drei Variablen in tbl_df-, tbl- und data.frame-Form. Eventuell besonders ist hier, dass die Variable `Jahr` in als `character`, also in Textform, und nicht etwa als `numeric`, also in Zahlenform, angegeben ist. Dementsprechend kann die Funktion `summary()` auch nur mit den beiden anderen in numerischer Form angegebenen Variablen rechnen.

```
summary(Indien_1900_2000)
Jahr             Kindersterblichkeit   Einkommen
 Length:100          Min.   : 95.1       Min.   : 904
 Class :character    1st Qu.:197.0       1st Qu.:1069
 Mode  :character    Median :270.9       Median :1208
                     Mean   :260.8       Mean   :1267
                     3rd Qu.:297.5       3rd Qu.:1324
                     Max.   :537.2       Max.   :2446
```

**Listing 7.17** Übersicht verschaffen über den Datensatz Indien

Wenn Sie das ändern möchten, wissen Sie schon, wie das geht, nämlich mit der Funktion `as.numeric()`. Rufen Sie die Funktion `summary()` danach erneut auf.

Eine einfache grafische Übersicht der Daten erhalten Sie wieder mit dem einfachen Bild, das Sie durch `plot()` generieren können.

```
plot(Indien_1900_2000$Jahr, Indien_1900_2000$Kindersterblichkeit)
```

Die Kindersterblichkeit ist im 19. Jahrhundert in Indien also dramatisch gesunken, nämlich von weit über 500 pro 1.000 Geburten auf 95,1 pro 1.000 Geburten (siehe Funktion `summary ()` und hier die Minimal- und Maximalwerte). Wie ist die Entwicklung des Einkommens verlaufen?

```
plot(Indien_1900_2000$Jahr, Indien_1900_2000$Einkommen)
```

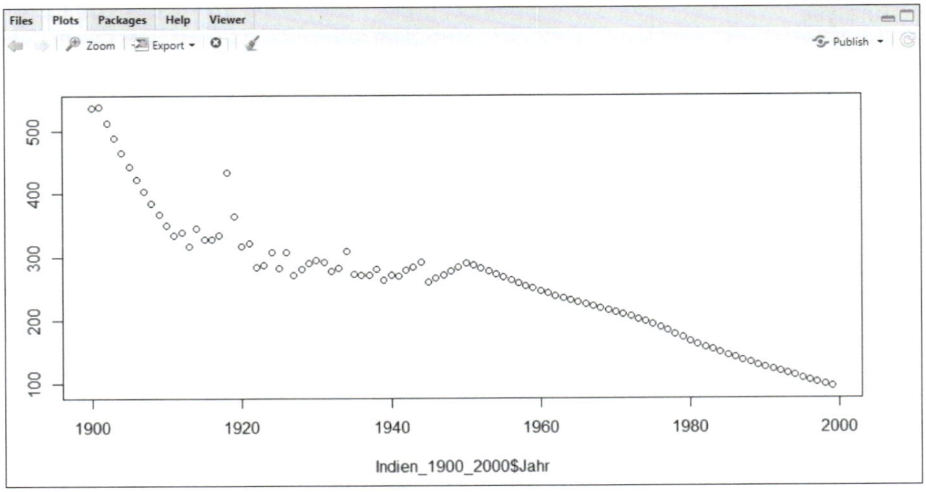


**Abbildung 7.27** Kindersterblichkeit der letzten 100 Jahre in Indien

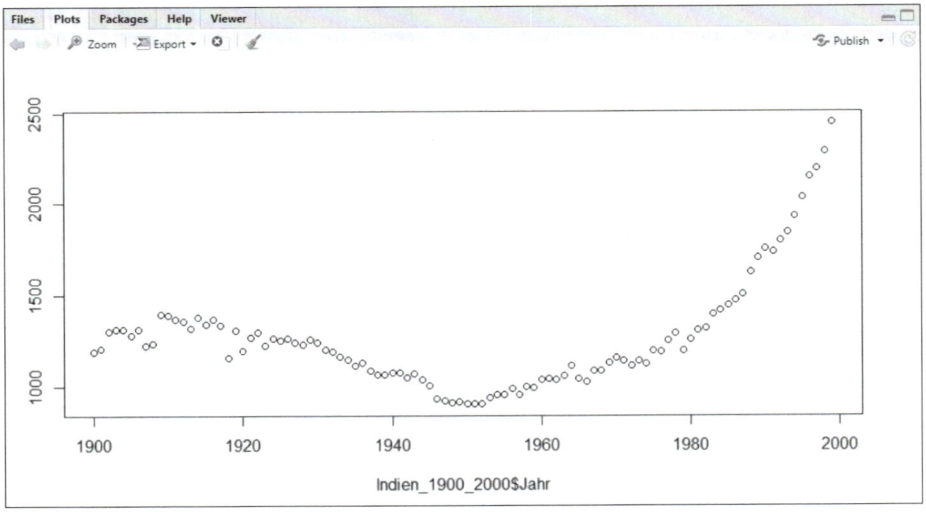


**Abbildung 7.28** Einkommen der letzten 100 Jahre in Indien

Während die Kindersterblichkeit in Indien also in den letzten 100 Jahren zurückgegangen ist, vor allem noch einmal ab 1950 herum, ist das Einkommen ab etwa demselben Zeitpunkt angestiegen. Gibt es hier also eventuell einen Zusammenhang? Wie sehen die beiden Variablen zusammen dargestellt aus?

```
plot(Indien_1900_2000$Einkommen, Indien_1900_2000$Kindersterblichkeit)
```

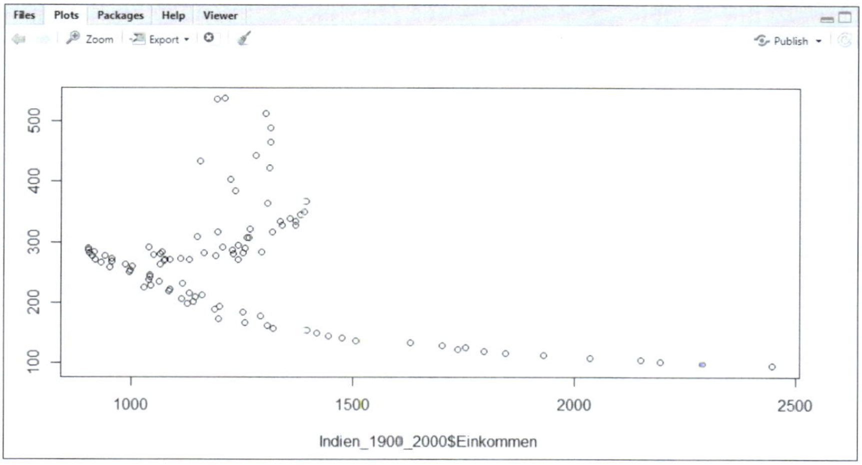


**Abbildung 7.29** Kindersterblichkeit und Einkommen – Quickplot-Überblick

Der Zusammenhang der Daten wird in dieser Grafik durchaus deutlich: Ein höheres Einkommen in Indien bedeutet eine geringere Kindersterblichkeit in Indien. Zwar stagniert der Rückgang der Kindersterblichkeit hin und wieder trotz eines höheren Einkommens, spätestens aber ab einem Einkommen von mindestens etwa 1.450 $ gibt es keine Ausreißer mehr nach oben. Wann wird dieser Wert erreicht?

```
Indien_1900_2000$Einkommen > 1450
```

**Die Ausgabe:**

```
 [1] FALSE FALSE FALSE FALSE FALSE FALSE FALSE FALSE FALSE FALSE FALSE FALSE
FALSE FALSE FALSE
 [16] FALSE FALSE FALSE FALSE FALSE FALSE FALSE FALSE FALSE FALSE FALSE FALSE
FALSE FALSE FALSE
 [31] FALSE FALSE FALSE FALSE FALSE FALSE FALSE FALSE FALSE FALSE FALSE FALSE
FALSE FALSE FALSE
 [46] FALSE FALSE FALSE FALSE FALSE FALSE FALSE FALSE FALSE FALSE FALSE FALSE
FALSE FALSE FALSE
 [61] FALSE FALSE FALSE FALSE FALSE FALSE FALSE FALSE FALSE FALSE FALSE FALSE
FALSE FALSE FALSE
 [76] FALSE FALSE FALSE FALSE FALSE FALSE FALSE FALSE FALSE FALSE FALSE  TRUE
TRUE  TRUE  TRUE
 [91]  TRUE  TRUE  TRUE  TRUE  TRUE  TRUE  TRUE  TRUE  TRUE  TRUE
```

Der Wert wird demnach ab Zeile 87 erreicht. Da in Zeile 1 das Jahr 1900 steht, wäre das hier das Jahr 1987.

Ob der hier entstandene Eindruck stimmt, können nur die kommenden Rechnungen zeigen.

### Mittelwert

Zunächst bestimmen wir noch einmal den Mittelwert. Der ist ja schon durch die `summary()`-Funktion oben berechnet worden. Es geht nur darum, dass Sie möglichst viel üben und hier wieder sehen, wie viele verschiedene Wege es geben kann, um zum gewünschten Ziel zu kommen.

Das geht für die Durchschnittsberechnung eben auch mit `mean()`

```
mean(Indien_1900_2000$Kindersterblichkeit)
```

**Die Ausgabe:**

```
[1] 260.8309
```

```
mean(Indien_1900_2000$Einkommen)
```

**Die Ausgabe:**

```
[1] 1266.71
```

oder mit `sapply()`, das Ihnen einen Befehl über alle vorhandenen Spalten ausführt:

```
sapply(Indien_1900_2000, mean)
```

**Die Ausgabe:**

```
Jahr Kindersterblichkeit          Einkommen
  NA              260.8309        1266.7100
Warning message:
In mean.default(X[[i]], ...) :
  argument is not numeric or logical: returning NA
```

Allerdings bekommen Sie hier eine *Warnmitteilung* (Warning message). Es gibt ein nicht numerisches Argument – das ist die Spalte »Jahr«, für die somit auch kein Durchschnitt berechnet werden kann. Sie können sie wie gewohnt einfach in eine numerische Variable umwandeln und `sapply()` neu ausführen lassen.

```
Indien_1900_2000$Jahr <- as.numeric(Indien_1900_2000$Jahr)
sapply(Indien_1900_2000, mean)
```

**Die Ausgabe:**

```
Jahr Kindersterblichkeit          Einkommen
1949.5000              260.8309        1266.7100
```

**Listing 7.18** Mittelwerte berechnen im Datensatz Indien

Im 20. Jahrhundert starben also im Durchschnitt 261 Kinder pro 1.000 geborene Kinder. Das durchschnittliche Jahreseinkommen pro Kopf betrug 1.266,7 $. Beide Werte haben sich im Lauf der Zeit deutlich verändert: Die Kindersterblichkeit ist erheblich gesunken, das Durchschnittseinkommen stark gewachsen.

### Wachstum

Diese Veränderungen können Sie nun genauer berechnen.

```
#Veränderung_Kindersterblichkeit
Indien_1900_2000$Veraenderung_Kindersterblichkeit <- (Indien_1900_➥
2000$Kindersterblichkeit -lag(Indien_1900_2000$Kindersterblichkeit, ➥
1))/lag(Indien_1900_2000$Kindersterblichkeit, 1)

#Veränderung_BIP_pro_Kopf
Indien_1900_2000$Veraenderung_Einkommen <- (Indien_1900_2000$Einkommen ➥
-lag(Indien_1900_2000$Einkommen))/lag(Indien_1900_2000$Einkommen, 1)
```

**Listing 7.19** Wachstumsberechnung im Datensatz Indien

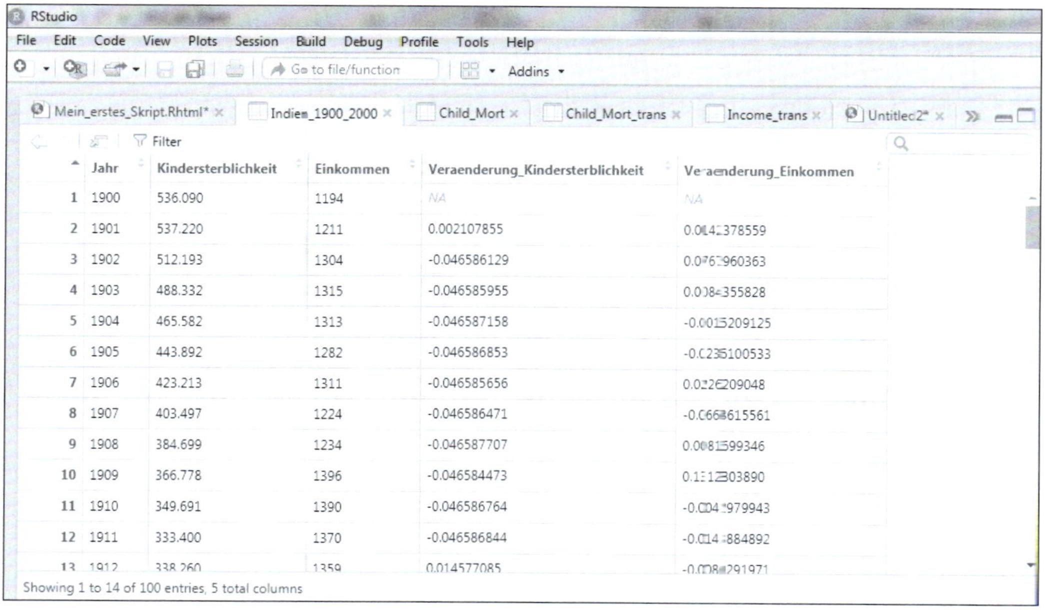


| | Jahr | Kindersterblichkeit | Einkommen | Veraenderung_Kindersterblichkeit | Veraenderung_Einkommen |
|---|---|---|---|---|---|
| 1 | 1900 | 536.090 | 1194 | NA | NA |
| 2 | 1901 | 537.220 | 1211 | 0.002107855 | 0.0142378559 |
| 3 | 1902 | 512.193 | 1304 | -0.046586129 | 0.0767960363 |
| 4 | 1903 | 488.332 | 1315 | -0.046585955 | 0.0084355828 |
| 5 | 1904 | 465.582 | 1313 | -0.046587158 | -0.0015209125 |
| 6 | 1905 | 443.892 | 1282 | -0.046586853 | -0.0236100533 |
| 7 | 1906 | 423.213 | 1311 | -0.046585656 | 0.0226209048 |
| 8 | 1907 | 403.497 | 1224 | -0.046586471 | -0.0663615561 |
| 9 | 1908 | 384.699 | 1234 | -0.046587707 | 0.0081699346 |
| 10 | 1909 | 366.778 | 1396 | -0.046584473 | 0.1312803890 |
| 11 | 1910 | 349.691 | 1390 | -0.046586764 | -0.0042979943 |
| 12 | 1911 | 333.400 | 1370 | -0.046586844 | -0.0143884892 |
| 13 | 1912 | 338.260 | 1359 | 0.014577085 | -0.0080291971 |

Showing 1 to 14 of 100 entries, 5 total columns

**Abbildung 7.30** Wachstum der beiden Variablen Kindersterblichkeit und Einkommen

Und Sie können noch weitere Schlüsse über diese Entwicklung ziehen, indem Sie z. B. nach bekannter Methode erneut den Durchschnitt der (neuen) Variablen errechnen lassen. Dadurch ermitteln Sie das jährliche Durchschnittswachstum der beiden Wachstumsvariablen.

Allerdings gibt es noch ein Problem:

```
sapply(Indien_1900_2000, mean)
```

**Die Ausgabe:**

```
                  Jahr               Kindersterblichkeit
             1949.5000                          260.8309
             Einkommen Veraenderung_Kindersterblichkeit
             1266.7100                                NA
 Veraenderung_Einkommen
                    NA
```

**Listing 7.20** Berechnung des durchschnittlichen Wachstums im Datensatz Indien

Das Problem ist hier, dass die Erstellung der Wachstumsvariablen NA-Werte produziert hat. Das ist korrekt so, denn die erste Zeile t0 (Zeitpunkt 0, Startzeitpunkt) einer Veränderungsberechnung kann keine Veränderung anzeigen. Erst zum Zeitpunkt t+1 (Startzeitpunkt + 1 Jahr) ist ja eine Veränderung überhaupt möglich.

Um dieses Problem zu lösen, können Sie in Abschnitt 6.5, »Not available! – Der Umgang mit fehlenden Werten«, nachlesen, wie Sie mit NAs umgehen können. Sowohl die Funktion `mean()` als auch die Funktion `sapply()` sowie viele andere Funktionen bieten aber auch das optionale Argument `na.rm = TRUE` an. In diesem Fall bleiben die NA-Werte zwar weiterhin im Datensatz, wie sie sind, sie werden aber in den Berechnungen nicht berücksichtigt.

```
sapply(Indien_1900_2000, mean, na.rm = TRUE)
```

**Die Ausgabe:**

```
                  Jahr               Kindersterblichkeit
          1.949500e+03                      2.608309e+02
             Einkommen Veraenderung_Kindersterblichkeit
          1.266710e+03                     -1.600758e-02
 Veraenderung_Einkommen
          8.096282e-03
```

Für Prozentangaben multiplizieren Sie nun entweder die einzelnen Werte mit 100 oder gleich den ganzen Befehl:

```
sapply(Indien_1900_2000, mean, na.rm = TRUE)*100
```

**Die Ausgabe:**

```
                         Jahr               Kindersterblichkeit
                 1.949500e+05                      2.608309e+04
                    Einkommen Veraenderung_Kindersterblichkeit
                 1.266710e+05                     -1.600738e+00
                              Veraenderung_Einkommen
                 8.096282e-01
```

Die Kindersterblichkeit in Indien sank also im 20. Jahrhundert jährlich um rund 1,6 %. Die jährlichen Einkommen stiegen jährlich um rund 0,81 %.

> **Info**
>
> Die minus 01 (-01) hinter dem e bedeutet, dass Sie das Komma um eine Stelle nach links verschieben müssen – dann steht da eine 0, dann das Komma, dann die 80,96282 oder 81, wie von mir gerundet.

### Regression

Wie hängen diese Variablen nun zusammen? Und gibt es einen aussagekräftigen Trend?

Zur Beantwortung dieser Fragen lohnt sich die Berechnung der Regressionskoeffizienten und deren statistischer Signifikanz. Wieder können Sie nach der Methode, die mit dem Zigarettendatensatz angewendet wurde, vorgehen. Den Koeffizienten der Kindersterblichkeit bekommen Sie mit der `lm()`-Funktion.

```
linearMod2 <- lm(Kindersterblichkeit ~ Einkommen, data=Indien_1900_2000)
```

Sie wollen mit dieser Funktion den Einfluss des Einkommens (x) auf die Kindersterblichkeit (y) schätzen aus dem Datensatz *Indien_1900_2000*. Und das speichern Sie im Objekt »linearMod2« ab. In diesem Objekt sind dann die Regressionsergebnisse gespeichert. Rufen Sie sie ab.

```
linearMod2
```

**Die Ausgabe:**

```
Call:
lm(formula = Kindersterblichkeit ~ Einkommen, data = Indien_1900_2000)
Coefficients:
(Intercept) Einkommen
  439.6773 -0.1412
```

Bei einem jährlichen Verdienst von 0 wäre nach dieser Schätzung, dem Trend folgend, die Kindersterblichkeit pro 1.000 geborene Kinder gleich 439,7. Von hier an sinkt die Kindersterblichkeit mit jedem Dollar mehr jährlichem Einkommen um -0,1412 pro 1.000 Geburten. Bei einem jährlichen Einkommen von 2.446 $, dem Maximum in den Indien-Daten, sterben noch 95,1 Kinder pro 1.000 Geborene. Das niedrigste Ergebnis hat laut Statista übrigens der Stadtstaat Monaco mit 1,8 im ersten Jahr nach der Geburt gestorbenen Kindern pro 1.000 geborene Kinder erreicht. In der Nähe dieser Zahl wird wohl auch ein mögliches generelles Minimum liegen.

Sind diese Ergebnisse nun statistisch signifikant? Taugen sie für eine Veröffentlichung? Die genaueren, aussagekräftigeren Ergebnisse dafür gibt `summary()`.

```
summary(linearMod2)
```

**Die Ausgabe:**

```
Call:
lm(formula = Kindersterblichkeit ~ Einkommen, data = Indien_1900_2000)

Residuals:
   Min     1Q Median     3Q    Max
-97.73 -63.92 -26.97  30.45 268.52

Coefficients:
             Estimate Std. Error t value Pr(>|t|)
(Intercept) 439.67733   37.47017  11.734  < 2e-16 ***
Einkommen    -0.14119    0.02876  -4.909 3.65e-06 ***
---
Signif. codes:  0 '***' 0.001 '**' 0.01 '*' 0.05 '.' 0.1 ' ' 1

Residual standard error: 87.62 on 98 degrees of freedom
Multiple R-squared:  0.1974,Adjusted R-squared:  0.1892
F-statistic:  24.1 on 1 and 98 DF,  p-value: 3.651e-06
```

**Listing 7.21** Trendberechnung im Datensatz Indien

Die p-Werte (`Pr(>|t|)` *und* `p-value`) sowohl der Koeffizienten (`< 2e-16` und `3.65e-06` – zusätzlich versehen mit den drei Sternen, die Ihnen sagen, dass es sich um eine statistische Signifikanz von 99,9 % handelt) als auch des Modells insgesamt (`3.651e-06`) bescheinigen Ihnen ein statistisch signifikantes Modell. Allerdings deutet der *R*-Quadrat-Wert auf eine eher geringe Erklärungskraft dieses simplen Modells hin. Denn mit einem *Multiple R-squared: 0.1974* sind nur knapp 20 % der Streuung der Datenpunkte erklärt.

Es ergibt nun Sinn, den Trend dem oben erstellten Übersichtsplot hinzuzufügen.

```
abline(lm(Indien_1900_2000$Einkommen ~ Indien_1900_2000$Kindersterblichkeit),
col = "blue")
```

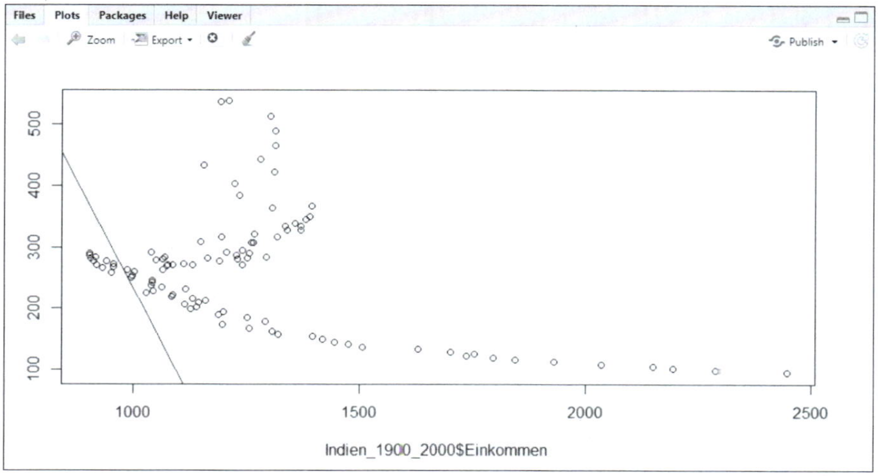


**Abbildung 7.31** Trend

Der Trend bestätigt, dass ein erhöhtes Einkommen auch eine niedrigere Kindersterblichkeit bedeutet. Sie wissen auch noch von den obigen Darstellungen, dass sich beides in diese Richtung über die ergehende Zeit entwickelt. Diesen Trend aber können Sie nicht veröffentlichen. Er ist korrekt berechnet, aber die Darstellung taugt wenig, den Lesern eine realistisch geschätzte Entwicklung mitzuteilen.

Aufgrund dessen empfehle ich Ihnen, hier den *Loess-Trend* für die Darstellung zu verwenden.

**Loess-Trend**

An jedem Punkt im Bereich des Datensatzes wird ein Polynom mit einem niedrigen Grad an eine Teilmenge der Daten angepasst. Dabei liegen die erklärenden Variablenwerte in der Nähe des Punktes, dessen Response geschätzt wird. Das Polynom wird unter Verwendung gewichteter kleinster Quadrate adaptiert, wobei Punkte in der Nähe des Punkts, dessen Response geschätzt wird, stärker gewichtet werden, weiter entfernte Punkte hingegen weniger. Der Wert der Regressionsfunktion für den Punkt wird errechnet, indem das lokale Polynom unter Verwendung der erklärenden Variablenwerte für diesen Datenpunkt ausgewertet wird. Das passiert für jeden der Datenpunkte und die respektiven Regressionsfunktionswerte.

Mit der Funktion scatter.smooth() können Sie im Graphen eine geglättete Loess-Kurve darstellen.

```
scatter.smooth(x=Indien_1900_2000$Einkommen, y = Indien_1900_2000$Kinder-↩
sterblichkeit)
```

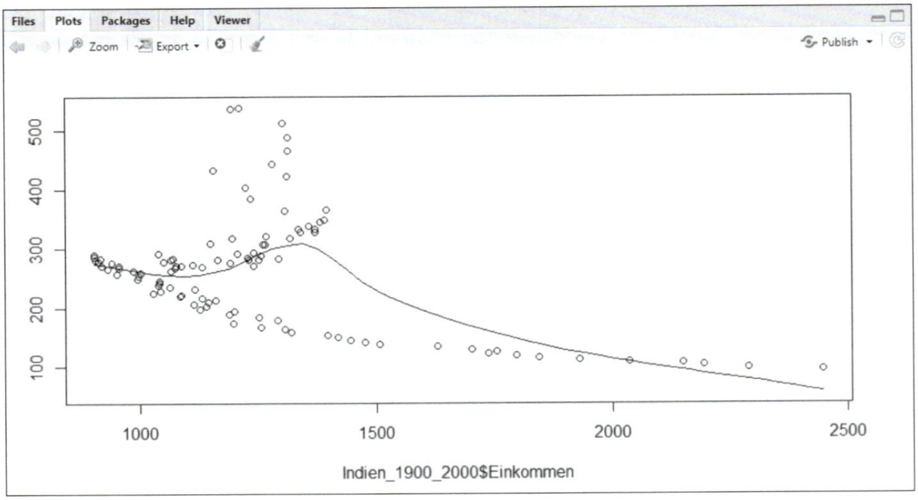


**Abbildung 7.32** Loess-Trend

Das sieht besser aus. Die Werte sind veröffentlichbar. Der Graph aber so noch nicht. Dieser Graph, so wie alle andere Graphen, die Sie mit plot() erstellen, dient wie gesagt eher Ihrer eigenen Übersicht über die Daten. Für die Leser, die Sie ansprechen wollen, benötigen Sie professionellere Darstellungen. Daran arbeiten wir im nächsten Schritt.

## 7.3 Visualisierung

Die einfachen Darstellungen, die ich Ihnen bisher vorgestellt habe, dienten vor allem der eigenen Übersicht über die Daten. In diesem Abschnitt zeige ich Ihnen, wie Sie Ihre *Darstellungen* (*Plots*) für eine Veröffentlichung erstellen.

### 7.3.1 Grundlagen und Funktionsweise von ggplot2

Das Paket ggplot2 funktioniert und arbeitet mit Datensätzen, nicht mit einzelnen Vektoren. Alle Daten, die für die Erstellung eines Diagramms erforderlich sind, befinden sich normalerweise in einem Datensatz, der dann per Befehl an ggplot() selbst übergeben wird.

Das zweite auffällige Merkmal ist, dass Sie die Darstellung erweitern und verbessern können, indem Sie einer vorhandenen Darstellung, die mit der Funktion `ggplot()` erstellt wurde, weitere Ebenen und/oder Themen hinzufügen.

Eine einfache Darstellung wird wie folgt konstruiert:

```
library (ggplot2)
ggplot(Datensatz, aes(x=Variable1, y= Variable2))
```

So erstellen Sie Ihre erste Darstellung aus einem Datensatz, in dem sich `Variable1` und `Variable2` befinden. Mit `aes()`benennen Sie hierbei die *x*- und die *y*-Achse.

### 7.3.2 Einfaches Streudiagramm mit dem Datensatz Luftqualität

Die Grundlagen und Funktionsweisen von ggplot2 kann ich Ihnen schön am Beispiel des Streudiagramms mit dem Datensatz Luftqualität zeigen. Ich lade ihn dazu noch einmal ein und lösche der Einfachheit halber alle NA-Observationen.

```
Luftqualität <- airquality
Luftqualität <- na.omit(Luftqualität)
```

Ich möchte jetzt die Variablen »ozone« und »wind« in einer ggplot2-Darstellung abbilden und verwende dafür die gezeigte Syntax.

```
ggplot(Luftqualität, aes(x = Wind, y = Ozone))
```

Das ist sozusagen meine Grunddarstellung, mein Grundplot.

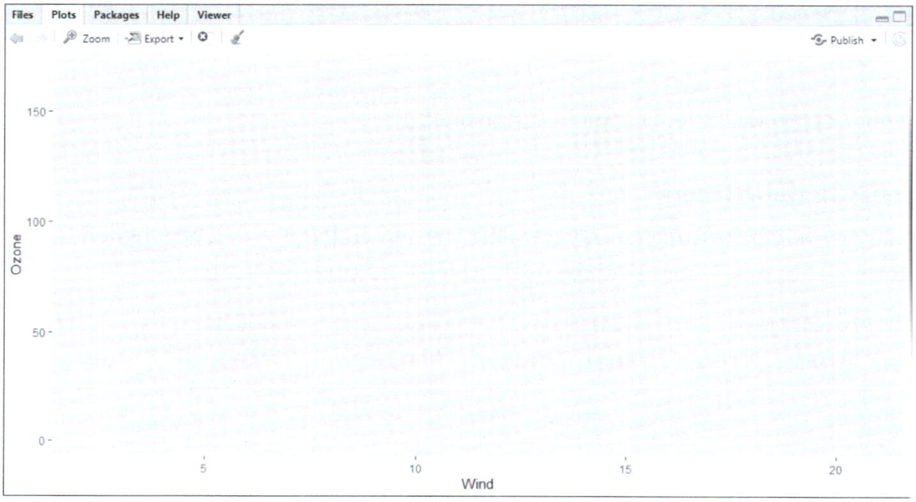


**Abbildung 7.33** Grundplot ggplot2 mit dem Datensatz Luftqualität

Sie sehen bereits die beiden Achsen mit den jeweiligen Skalen und der jeweiligen Beschriftung. Im Folgenden zeige ich Ihnen, wie Sie die Darstellung weiter anpassen.

### Bestimmung der Form des Diagramms (hier: Punkte)

R kennt nun die Rahmenbedingungen. R weiß damit aber noch nicht, was für eine Art Plot ich darstellen möchte – das muss ich mitteilen. Ich möchte hier als erstes ein einfaches Streudiagramm darstellen. Das teile ich R durch die Funktion `geom_point()` mit, die ich einfach an meine bisherigen Befehle mit einem Pluszeichen anfüge.

```
ggplot(Luftqualität, aes(x = Wind, y = Ozone)) + geom_point()
```

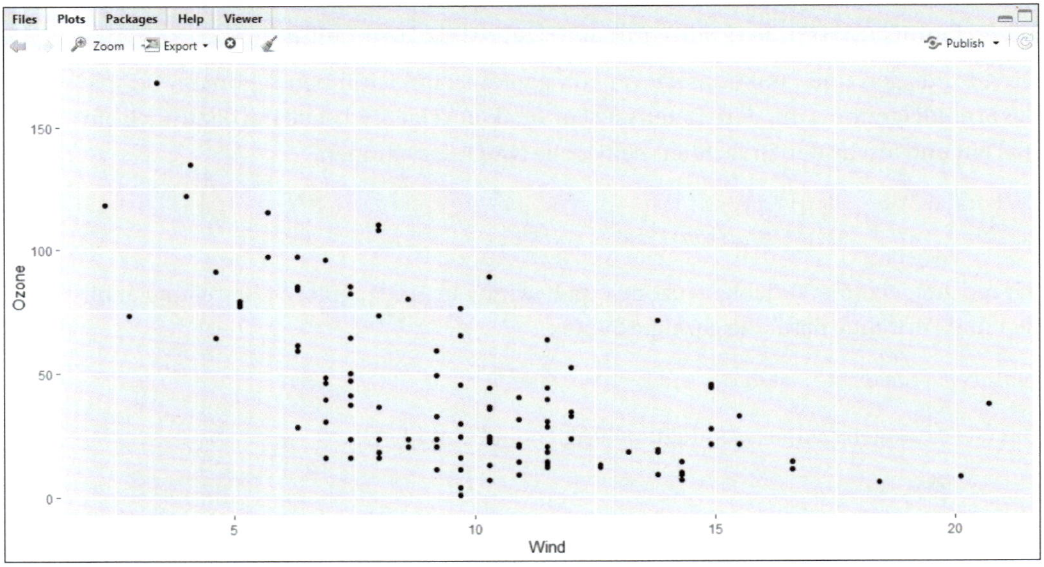


**Abbildung 7.34** ggplot2-Streudiagramm Luftqualität

### Achsenbeschriftung ändern

Auch die *Achsenbeschriftung* kann verändert werden, indem Sie den gegebenen Befehl erweitern. `xlab()` und `ylab()` sind die respektiven Funktionen hierfür.

```
ggplot(Luftqualität, aes(x = Wind, y = Ozone)) + geom_point() + ⮐
xlab("Windstärke") + ylab("Ozoneinstrahlung")
```

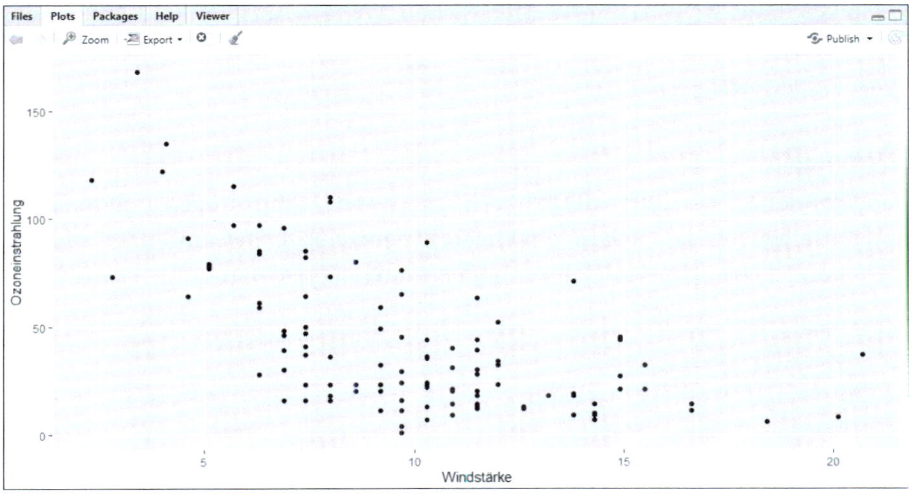


**Abbildung 7.35** ggplot2-Streudiagramm Luftqualität – Achsen angepasst

### Titel hinzufügen

Einen *Titel* fügen Sie nach dem gleichen Prinzip hinzu. Die Funktion hierfür ist `ggtitle()` – optional mit *Untertitel* (subtitle).

```
ggplot(Luftqualität, aes(x = Wind, y = Ozone)) + geom_point() + ➲
xlab("Windstärke") + ylab("Ozoneinstrahlung") + ➲
ggtitle("Windstärke vs Ozoneinstrahlung", subtitle="Daten: Luftqualität")
```

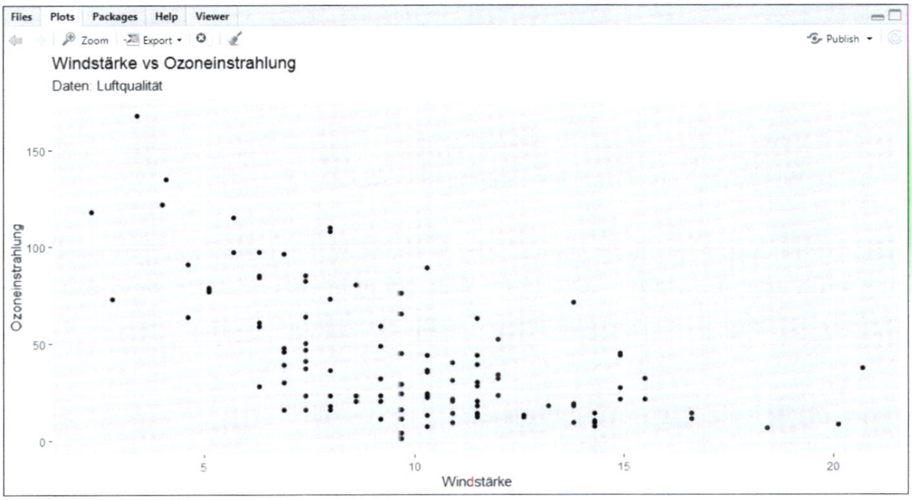


**Abbildung 7.36** ggplot2-Streudiagramm Luftqualität – Titel und Untertitel

Diesen Plot könnten Sie so schon veröffentlichen. Weitere, spezifischere Argumente wie z. B. Farben usw. finden Sie unter: *http://r-statistics.co/Complete-Ggplot2-Tutorial-Part1-With-R-Code.html.*

### Trend hinzufügen

Den Trend können Sie nun durch die Funktion `geom_smooth()` hinzufügen. Innerhalb der Funktion schreiben Sie, dass R dafür ein lineares *Regressionsmodell* anwenden soll (`method = "lm"`) und dass er eine Linie ohne *Konfidenzintervall* zeichnen soll (`se = FALSE`).

```
ggplot(Luftqualität, aes(x = Wind, y = Ozone)) + geom_point() + ⊃
xlab("Windstärke") + ylab("Ozoneinstrahlung") + ⊃
ggtitle("Windstärke vs Ozoneinstrahlung", subtitle="Daten: Luftqualität") + ⊃
geom_smooth(method = "lm", se = FALSE)
```

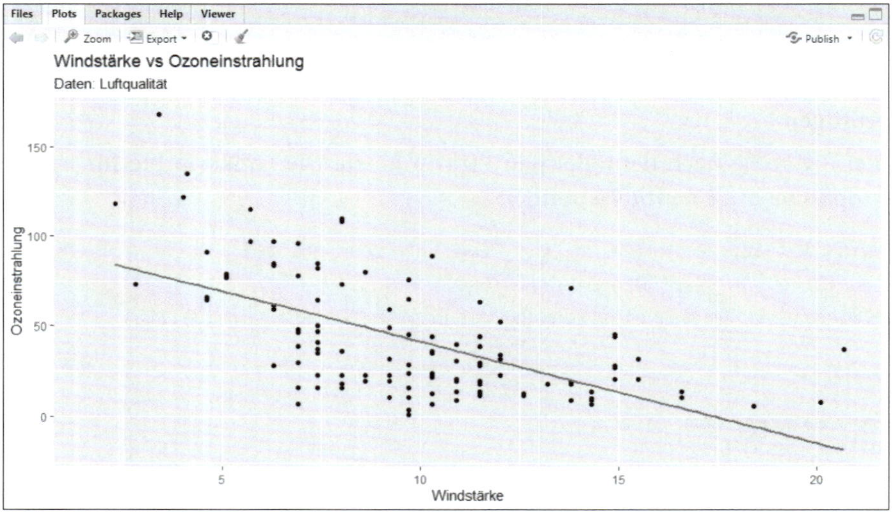


**Abbildung 7.37** Windstärke und Ozoneinstrahlung plus Trend

Der Trend ist eindeutig: Je mehr Windstärke vorhanden ist, umso weniger Ozoneinstrahlung kann erwartet werden. Ob dieser Trend nun auch statistisch signifikant ist, müssten Sie aber berechnen. Das können Sie so nicht erkennen.

## 7.3.3 Barplot: Beispiel Zigarettendatensatz

Was aber, wenn Sie nun den Zigarettendatensatz »Ziggis« (hier nicht »Ziggis2«!), den Sie sehr gut kennen, in einen anschaulichen Plot verwandeln wollen? Dazu gehen Sie wie folgt vor.

### Auswahl des richtigen Plots

Am naheliegendsten ist hier eine Grafik, die den Zigarettenverbrauch pro Tag zeigt. Sind Sie schon so weit, dass Sie hieraus mithilfe von *http://r-wrk.de/gallery*, Google und »Help« eine erste Grafik mit ggplot2 erstellen können? Bedenken Sie hierbei nur, dass verabredet ist, dass Sie alle Grafiken mit `ggplot2` erstellen, das als Paket mit dem `tidyverse`-Paket angeliefert worden ist.

Zunächst suchen Sie sich dazu eine Grafik aus, mit der Sie Ihre Daten gut darstellen können. Welche Art von Grafik könnte dafür in Frage kommen? Das ist die wichtigste Frage beim Darstellen, beim »Plotten«. Für den Zigarettendatensatz könnte das doch der Plot aus Abbildung 1.1 sein – das Balkendiagramm aus Kapitel 1, »Über dieses Buch«. Den finden Sie auf der bereits angegebenen Seite *http://r-wrk.de/gallery*, oberste Reihe, ganz rechts. Wenn Sie darauf klicken, färbt sich das Bild rot ein.

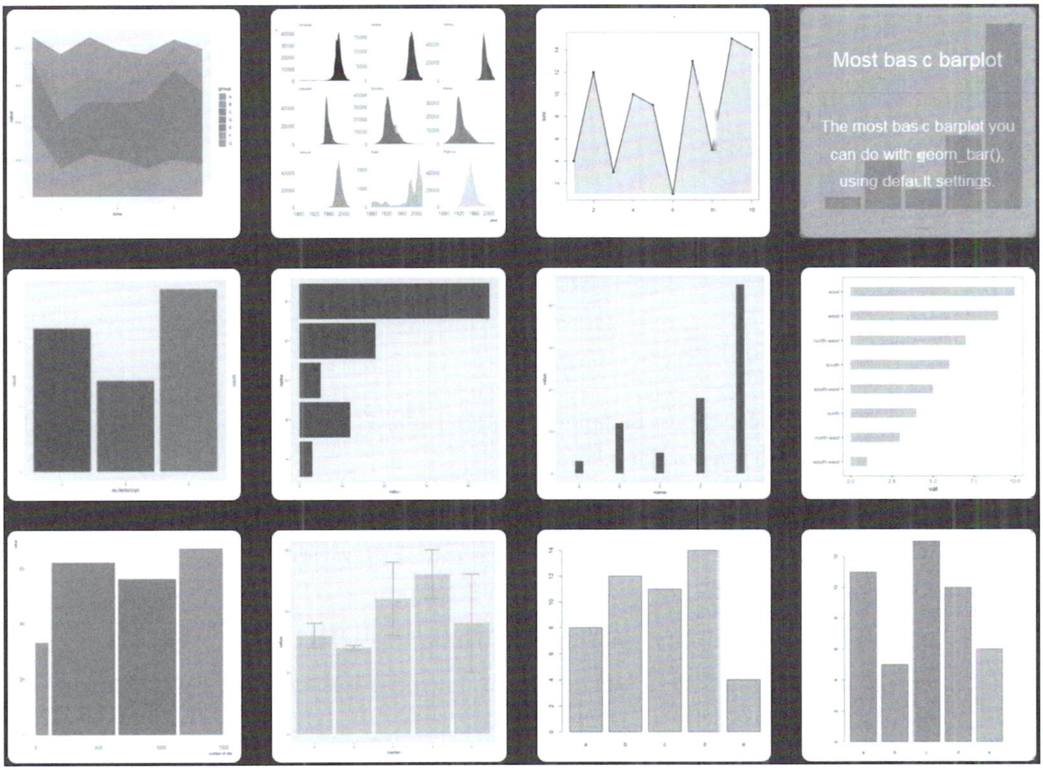


**Abbildung 7.38** Auswahl des passenden Plots – oben rechts

Auf der Seite, die sich nun öffnet, scrollen Sie ein wenig herunter, bis Sie Ihren gewünschten Plot sehen.

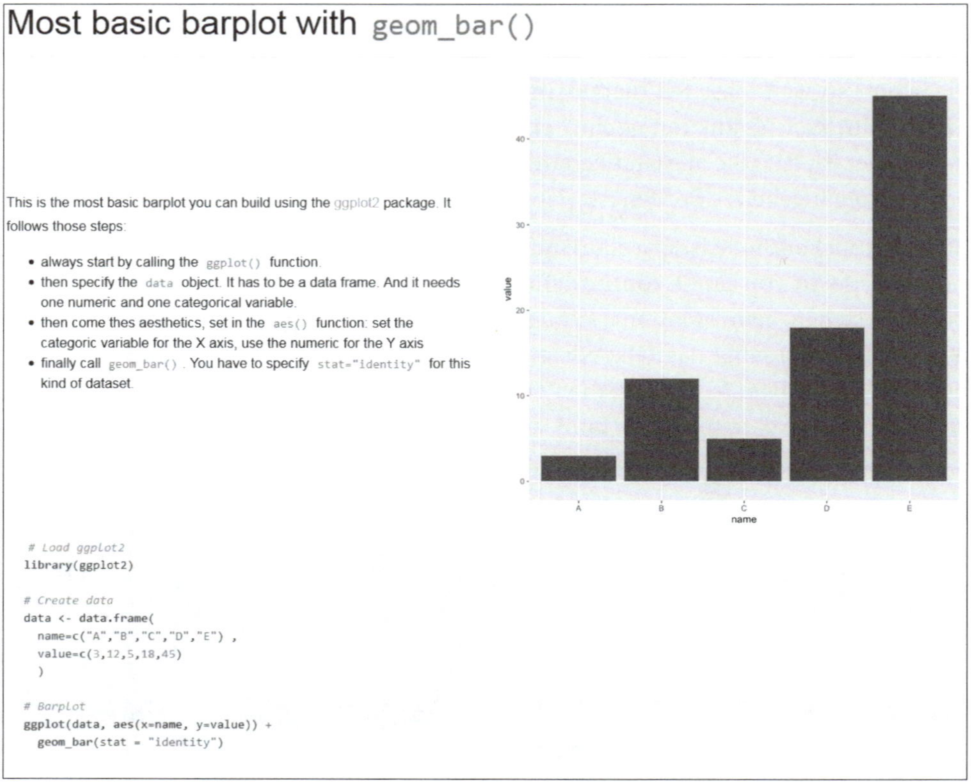
Most basic barplot with geom_bar()

This is the most basic barplot you can build using the ggplot2 package. It follows those steps:

- always start by calling the ggplot() function.
- then specify the data object. It has to be a data frame. And it needs one numeric and one categorical variable.
- then come thes aesthetics, set in the aes() function: set the categoric variable for the X axis, use the numeric for the Y axis
- finally call geom_bar(). You have to specify stat="identity" for this kind of dataset.

```
# Load ggplot2
library(ggplot2)

# Create data
data <- data.frame(
  name=c("A","B","C","D","E") ,
  value=c(3,12,5,18,45)
  )

# Barplot
ggplot(data, aes(x=name, y=value)) +
  geom_bar(stat = "identity")
```



**Abbildung 7.39** Beispielplot

Links neben dem gezeigten Beispielplot stehen die Erklärung des Plots und eine Beschreibung, wie Sie ihn erstellen können.

Übersetzt lautet sie:

Dies ist der grundlegendste Barplot, den Sie mit dem `ggplot2`-Paket erstellen können. Die Erstellung geschieht mit den folgenden Schritten:

- Beginnen Sie immer mit dem Aufruf der Funktion `ggplot ()`.
- Geben Sie dann das Datenobjekt an. Es muss ein Datensatz sein. Und es braucht eine numerische und eine kategoriale Variable.
- Dann folgt die Ästhetik, die in der Funktion `aes ()` festgelegt wurde: Legen Sie die kategoriale Variable für die *x*-Achse fest, und verwenden Sie die Zahl für die *y*-Achse
- Rufen Sie schließlich `geom_bar ()` auf. Sie müssen `stat = "identity"` für diese Art von Dataset angeben.

Darunter rechts, bereits in einem Chunk, stehen der Beispielcode und das, was gerade beschrieben wurde. Ich erkläre Ihnen das, was hier gemacht wird, noch einmal in meinen Worten:

```
# Load ggplot2
library(ggplot2)
```

Zuerst müssen Sie das Paket ggplot2 installiert haben und laden, wenn Sie das nicht schon gemacht oder R eventuell neu gestartet haben.



```
# Create data
data <- data.frame(
  name=c("A","B","C","D","E") ,
  value=c(3,12,5,18,45)
  )
```

In diesem Schritt kreiert der Programmierer einen Beispieldatensatz. Das können Sie ebenfalls machen, wenn Sie sehen wollen, ob die Erstellung des Graphen grundsätzlich bei Ihnen funktioniert. Da Sie aber sowieso Ihre eigenen Daten in einem Plot darstellen wollen, ist das kein Muss.

```
# Barplot
ggplot(data, aes(x=name, y=value)) +
  geom_bar(stat = "identity")
```

Hier nun baut der Autor den Plot selbst: Zuerst ruft er die Funktion auf: ggplot(). Dann nennt er den Datensatz, in dem R nach den Daten suchen soll, und benennt die *x*- und *y*-Achsen mit den Variablen, die R in die Grafik einfügen soll, aes(x=name, y=value)). Die Funktion aes() steht hierbei für Ästhetik. Als Letztes sagt der Autor dem Programm, welche Art von Plot es für die Darstellung verwenden soll. Er möchte ein Balkendiagramm, wie im Bild gezeigt geom_bar(stat="identity"). geom_bar nimmt die Variable der *y*-Achse als gezählte Observationen bzw. als Höhe der einzelnen Balken (bars).

Übertragen auf die Variablen der »Ziggis«-Datei funktioniert folgender Befehl:

```
ggplot(Ziggis, aes(x=Datum, y=Zigaretten)) +
  geom_bar(stat = "identity")
```

Auch ich rufe zuerst die Funktion ggplot() auf. Dann nenne ich den Datensatz, in dem R nach den Daten suchen soll (Ziggis), und benenne die *x*- und die *y*-Achsen mit den Variablen, die R in die Grafik einfügen soll, aes(x=Datum, y=Zigaretten)). Als Letztes sage ich dem Programm, welche Art von Plot es für die Darstellung verwenden soll. Ich möchte ein Balkendiagramm, wie im Bild gezeigt `geom_bar(stat="identity")` nimmt die gezählten Observationen der Variable Zigaretten als Höhe der einzelnen Balken.

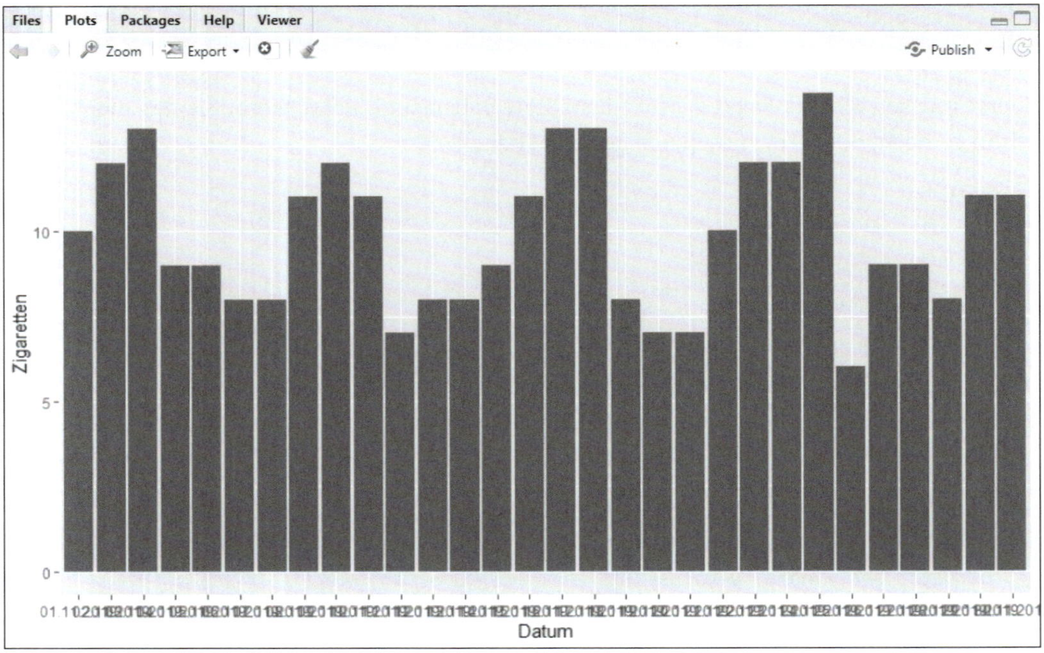


**Abbildung 7.40** Ziggis-Barplot

Das ist schon eine bessere Darstellung als die Übersichtsplots von oben.

### Feinheiten: von Achsenlabels bis zur Überschrift

Wenn Sie sich den Plot ansehen, merken Sie, dass auch der so noch nicht veröffentlicht werden kann. Die *x*-Achse ist aufgrund der langen Strings der Datumsangabe kaum zu lesen. Nachfolgend zeige ich Ihnen Lösungen für das Problem »Achsenlabels drehen«.

Ich sehe hier zwei Möglichkeiten, wie dieses Problem zu lösen ist:

1. Ich verkürze die einzelnen Beschriftungen der *x*-Achse.
2. Ich drehe die Beschriftung – vielleicht werden die Strings dadurch lesbarer.

Zu 1.: Wenn mir das Datum der Observationen unwichtig ist und mir stattdessen die Nummerierung der Tage der Observationen genügt, also statt 01.11.2019, 02.11.2019 … einfach 1, 2 …, fällt mir spontan diese Lösung hier ein:

```
Ziggis$Tage <- as.factor(1:30)
```

Ich füge eine weitere Spalte ein, die für mich die Anzahl der Tage, an denen ich Observationen gemacht habe, zählt. Ich habe 30 Tage observiert. R soll meine neue Spalte als Faktor-Variable speichern. So erkennt R bei der Auflistung in der *x*-Achse, dass es sich um eine bereits aufsteigend geordnete Variable handelt. Ohne diese Information plottet R die einzelnen Balken willkürlich. Jetzt tausche ich nur noch die *x*-Variable aus:

```
ggplot(Ziggis, aes(x=Tage, y=Zigaretten)) + geom_bar(stat = "identity")
```

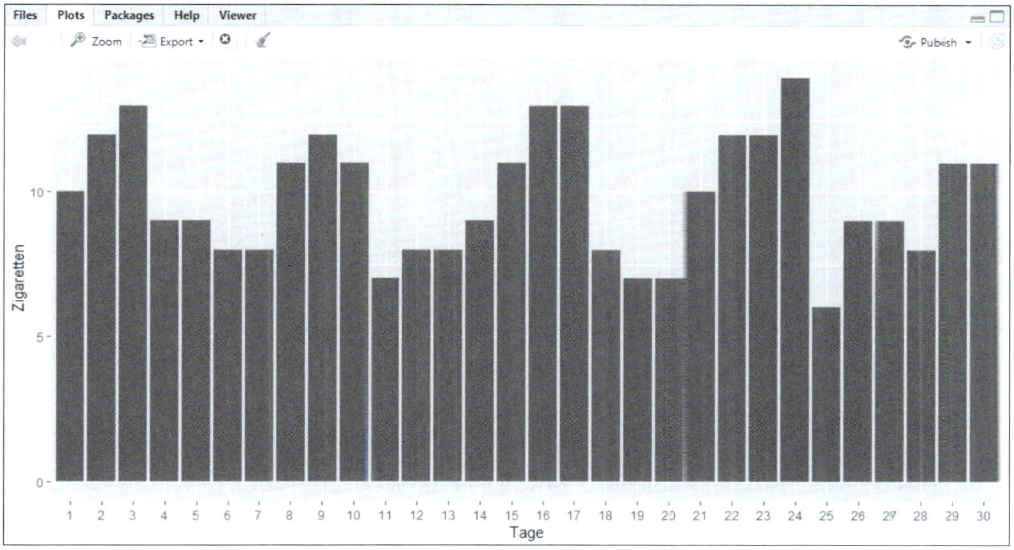


**Abbildung 7.41** Balkendiagramm Zigaretten und Tage

Zu 2.: Eine zweite Möglichkeit könnte das *Drehen* der *x*-Achsen-Beschriftungen *(x-axis label)* sein. Wie das funktioniert, weiß ich allerdings nicht. Ich frage wieder Google (»ggplot axis label rotate« o. Ä.) und klicke auf das erste Ergebnis von STACK OVERFLOW. Und wieder haben die Programmierer hier ein ähnliches Problem bereits gelöst (siehe Abbildung 7.42).

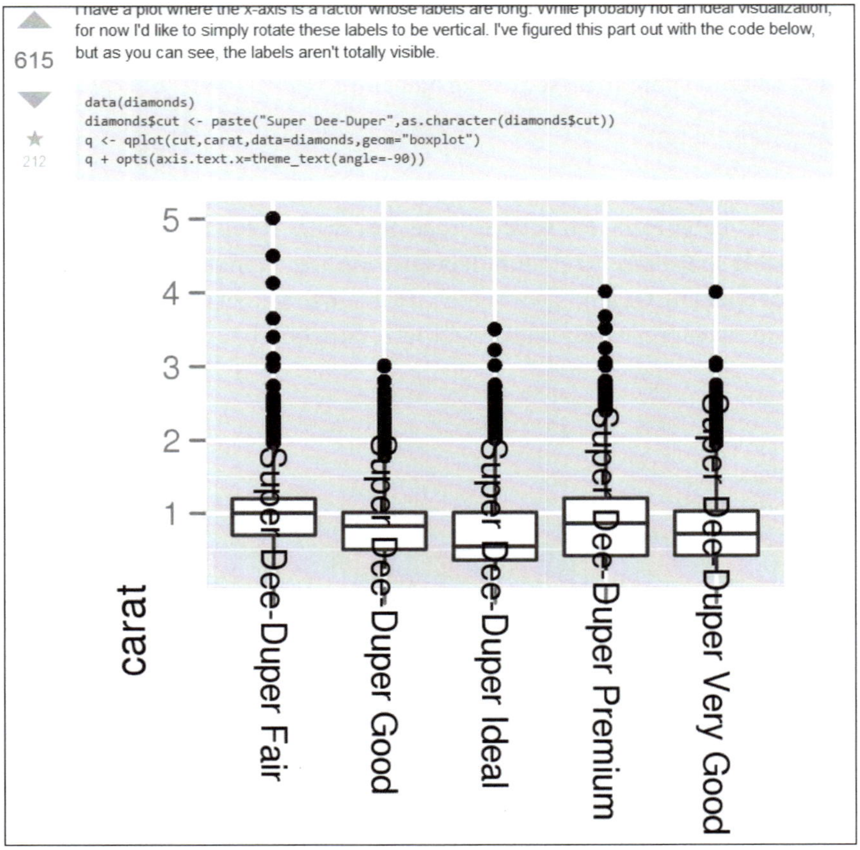


**Abbildung 7.42** Achsenbeschriftungen drehen, Beispiel 1

Das erste Beispiel, das aufgeführt wird, ist ein Boxplot. Das Problem, das ich lösen möchte, behandelt ein einfaches *Balkendiagramm* (*Barplot*) besser. Ein solches Balkendiagramm ist das zweite Beispiel, das auf dieser Seite angeführt wird. Scrollen Sie einfach etwas weiter herunter (siehe Abbildung 7.43).

Ja, das ist ein Beispiel, das meinem Problem sehr nahekommt. Ich probiere es aus:

```
ggplot(Ziggis, aes(x=Datum, y=Zigaretten)) + geom_bar(stat = "identity") + ⤸
theme(axis.text.x = element_text(angle = 90, hjust = 1))
```

Das Ergebnis ist zufriedenstellend (siehe Abbildung 7.44).

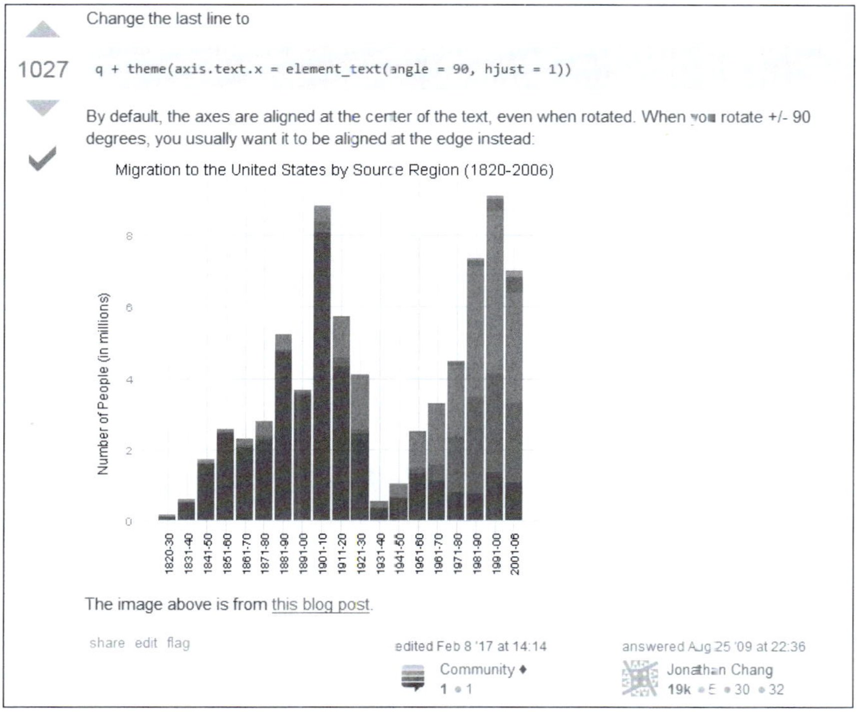


Abbildung 7.43 Achsenbeschriftungen drehen, Beispiel 2

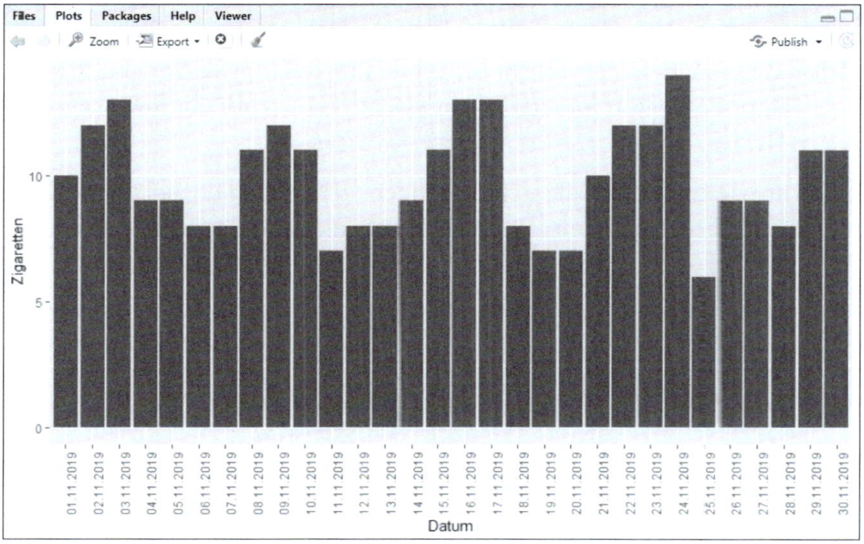


Abbildung 7.44 Ziggis-Barplot – justiert

Beim weiteren Scrollen auf der Seite finden Sie eine weitere, dritte Option, mit der Sie Ihre x-Achse lesbar machen können: `coord_flip()`. Sie tauschen einfach die *x*- und die *y*-Achsen.

```
ggplot(Ziggis, aes(x=Datum, y=Zigaretten)) +
  geom_bar(stat = "identity") + coord_flip()
```

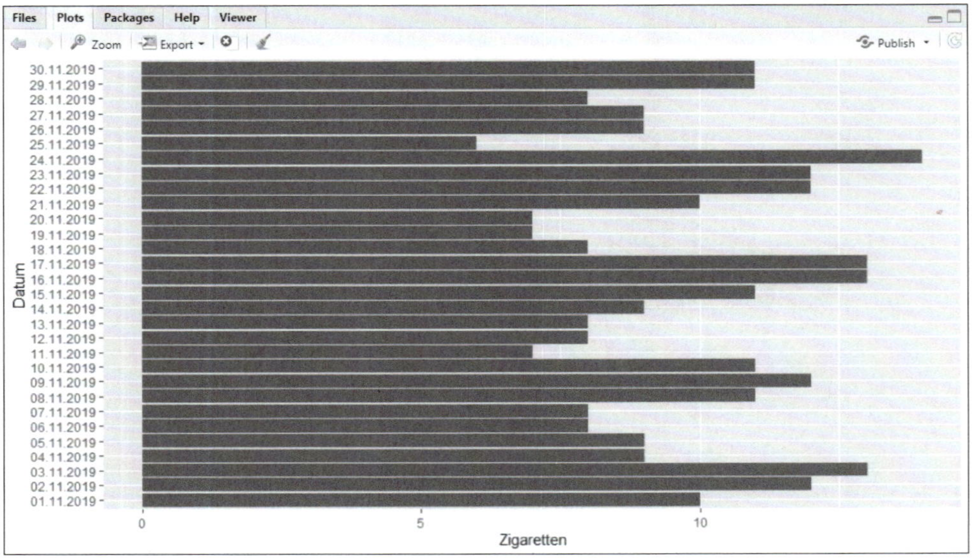


**Abbildung 7.45** Täglicher Zigarettenverbrauch mit Achsentausch

Das ist natürlich Geschmackssache. Beachten Sie hier nur, dass Sie die Variable Zigaretten wieder als Faktor definieren müssen, wenn Sie alle Zahlen auf der *x*-Achse sehen wollen, (`Ziggis$Zigaretten <- as.factor(Ziggis$Zigaretten)`).

Veröffentlichen aber können Sie so dann immer noch nicht. Es fehlen die Beschriftung der Achsen und ein Titel. Wir müssen uns also noch um die Feinheiten kümmern.

#### *Letzte Feinheiten: Beschriftung der Achsen und Titel*

Wie das alles geht, wissen Sie schon.

```
Ziggis$Zigaretten <- as.factor(Ziggis$Zigaretten)

ggplot(Ziggis, aes(x=Datum, y=Zigaretten)) +
  geom_bar(stat = "identity") + coord_flip() + xlab("Tag") +
  ylab("Zigarettenkonsum") + ggtitle("Zigarettenkonsum im Monat November")
```

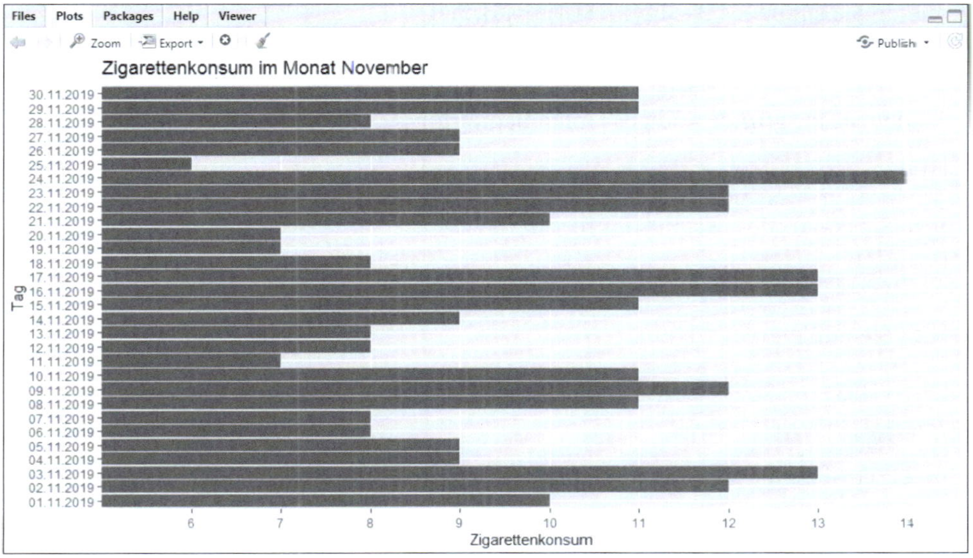


**Abbildung 7.46** Veröffentlichungsreifer Zigarettenverbrauchsplot

Sie könnten nun auch hier einen Trend hineinzeichnen lassen. Aber Ziel dieses Kapitels ist die Darstellung von Plots so, dass sie gut aussehen und Sie sie veröffentlichen können. Zu diesem Barplot passt kein Trend. Zudem haben Sie oben bereits errechnet, dass er ohnehin keine Aussagekraft hätte. Hier muss die Anschaulichkeit durch die Darstellung der Werte genügen. Besser geht das Darstellen von Trends üblicherweise in *Liniendiagrammen* (*Lineplots*).

### 7.3.4 Einfacher Lineplot: Beispiel Zigaretten- und Gapminder-Daten

Es ergibt Sinn, hier zunächst beim Zigarettendatensatz zu bleiben, den Sie gut kennen. Machen Sie Schritt für Schritt von Anfang an mit. Ich fange wieder ganz vorn an:

#### Zigarettendatensatz

Laden Sie den Datensatz:

```
Ziggis <- read_excel("C:/Users/user/Desktop/R_Projekte/Ziggis.xlsx")
```

Laden Sie das benötigte Paket `ggplot2`:

```
library(ggplot2)
```

Kreieren Sie ein neues Datum im Datumsformat:

```
Ziggis$Datum_2 <- dmy(Ziggis$Datum)
```

Erstellen Sie Ihr grundständiges Liniendiagramm:

```
ggplot(Ziggis, aes(x= Datum_2, y = Zigaretten))
```

Fügen Sie die Art des Diagramms hinzu:

```
ggplot(Ziggis, aes(x= Datum_2, y = Zigaretten)) + geom_line()
```

Fügen Sie nun den Trend hinzu:

```
ggplot(Ziggis, aes(x= Datum_2, y = Zigaretten)) + geom_line() + ➲
geom_smooth(method = "lm")
```

Und beschriften Sie abschließend Ihr Diagramm:

```
ggplot(Ziggis, aes(x = Datum_2, y = Zigaretten)) + geom_line() + ➲
geom_smooth(method = "lm") + xlab("Zigarettenkonsum") + ylab("Tag") + ➲
ggtitle("Zigarettenverbrauch im Monat November mit Trend")
```

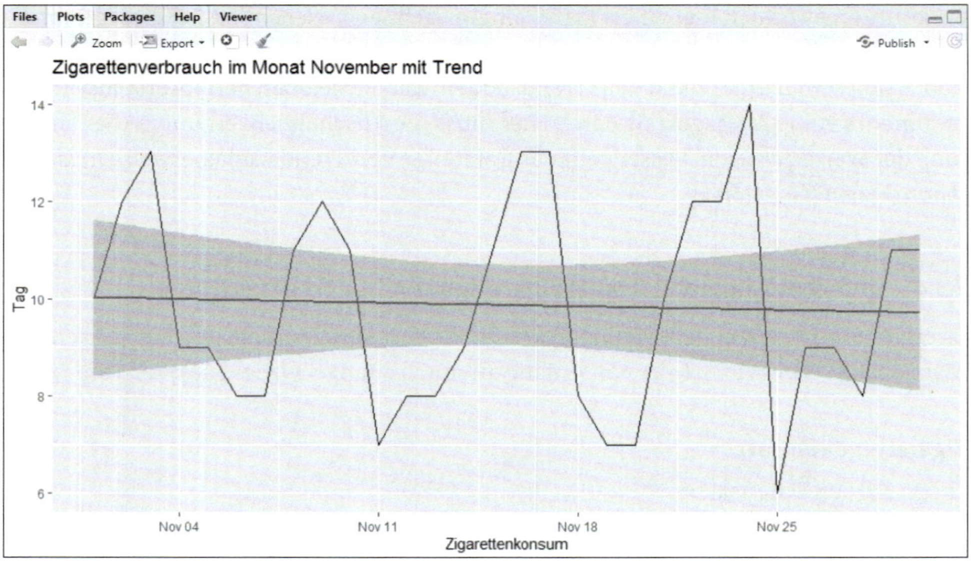


**Abbildung 7.47** Lineplot Zigarettenverbrauch im Monat November mit Trend

Und wenn Sie wollen, speichern Sie das Diagramm unter einem Objekt ab, so können Sie es einfach wieder aufrufen und sparen sich den Neuaufruf des gesamten Befehls:

```
Zigarettenplot_Trend <- ggplot(Ziggis, aes(x = Datum_2, y = Zigaretten)) + ⊃
geom_line() + geom_smooth(method = "lm") + xlab("Zigarettenkonsum") + ⊃
ylab("Tag") + ggtitle("Zigarettenverbrauch im mont November mit Trend")
```

Rufen Sie nun erneut auf:

```
Zigarettenplot_Trend
```

### Gapminder-Datensatz

Ein zweites Beispiel wäre wieder mit dem Indien-Datensatz vorstellbar. Ich stelle hier die Entwicklung der Kindersterblichkeit in Indien im 20. Jahrhundert dar:

```
ggplot(Indien_1900_2000, aes(x = Jahr, y = Kindersterblichkeit)) + geom_line()
```

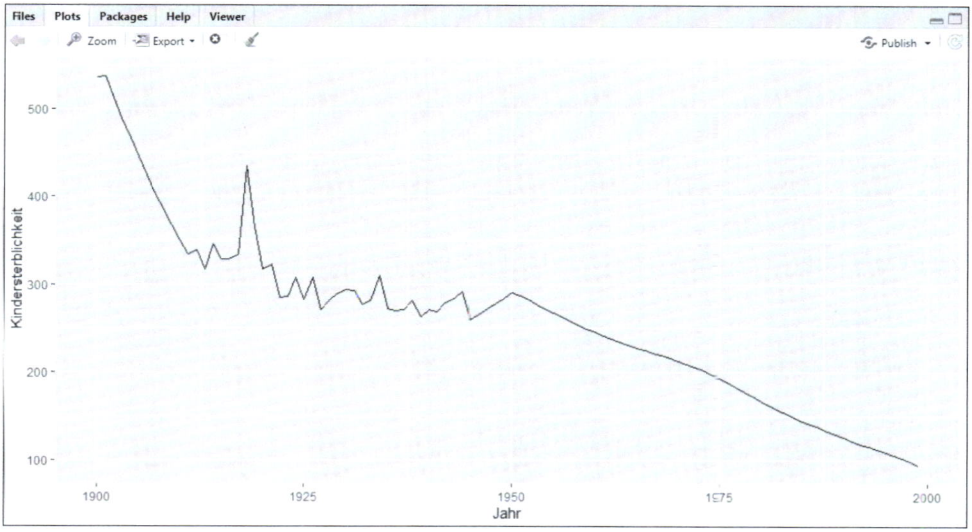


**Abbildung 7.48** Kindersterblichkeit in Indien 1900–2000

Ich füge Achsenbeschriftung und Titel hinzu:

```
ggplot(Indien_1900_2000, aes(x = Jahr, y = Kindersterblichkeit)) + ⊃
geom_line() + ylab("Gestorben") + ggtitle("Entwicklung der Kinder- und ⊃
Säuglingssterblichkeit in Indien 1900-2000", subtitle="pro 1000 lebend ⊃
geborene Kinder")
```

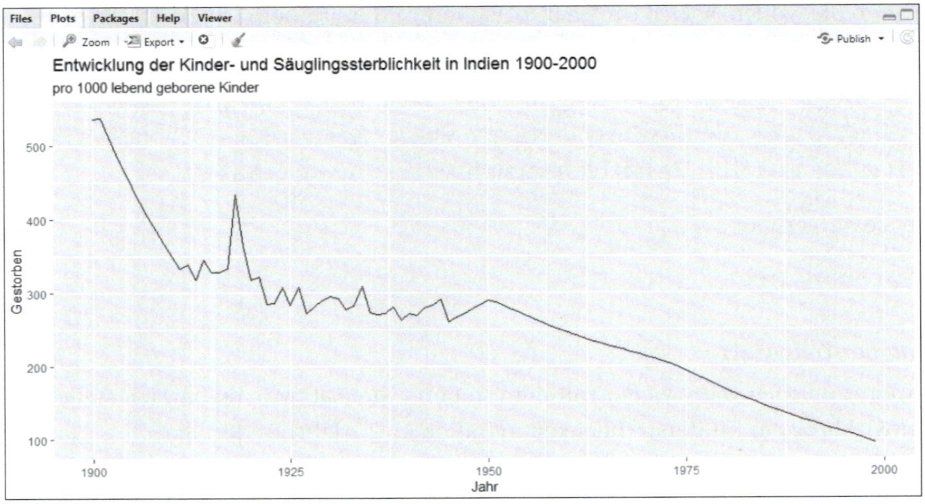


**Abbildung 7.49** Kindersterblichkeit in Indien 1900–2000, Titel und Achsenbeschriftung angepasst

Und schließlich ergänze ich den Trend, den ich hier in Rot (`col = "red"`) sehen möchte:

```
ggplot(Indien_1900_2000, aes(x = Jahr, y = Kindersterblichkeit)) + ➲
geom_line() + ylab("Gestorben") + ggtitle("Entwicklung der Kinder- und ➲
Säuglingssterblichkeit in Indien 1900-2000", subtitle="pro 1000 lebend ➲
geborene Kinder") +  geom_smooth(method = "lm", col = "red")
```

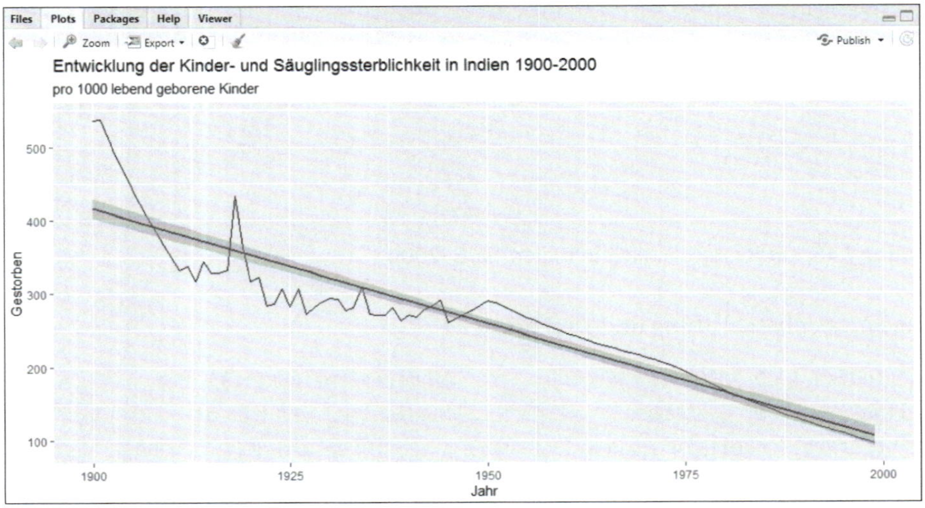


**Abbildung 7.50** Kindersterblichkeit in Indien 1900–2000, linearer Trend in Rot hinzugefügt

Wenn Sie geom_smooth() ohne Argumente aufrufen (also ohne method = "lm"), wird die Funktion automatisch die (voreingestellte) Loess-Regression als Trend berechnen und darstellen:

```
ggplot(Indien_1900_2000, aes(x = Jahr, y = Kindersterblichkeit)) + ⊃
geom_line() + ylab("Gestorben") + ggtitle("Entwicklung der Kinder- und ⊃
Säuglingssterblichkeit in Indien 1900-2000", subtitle="pro 1000 lebend ⊃
geborene Kinder") + geom_smooth()
```

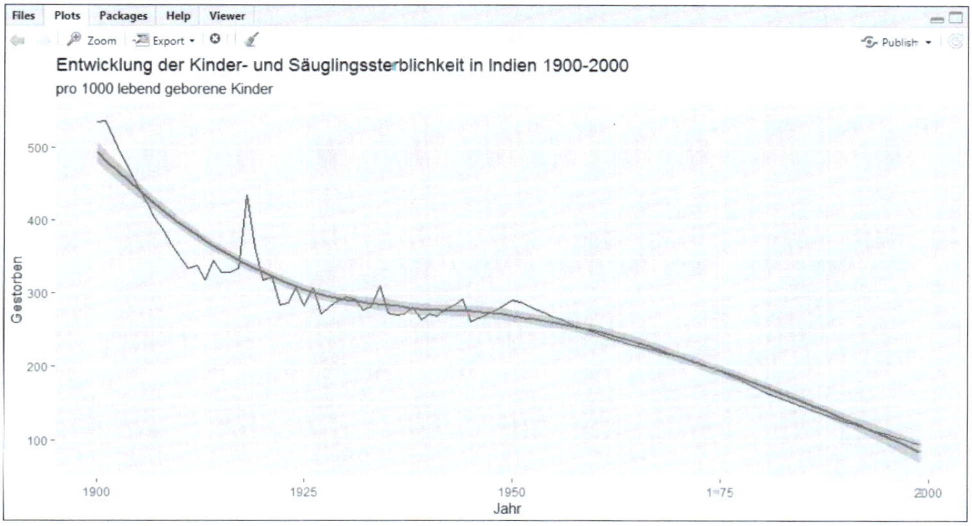


**Abbildung 7.51** Kindersterblichkeit in Indien 1900–2000, Loess-Trend hinzugefügt

In jedem Fall sind das gute Nachrichten. Die Kindersterblichkeit pro 1.000 geborene Kinder ist in Indien im 20. Jahrhundert dramatisch gesunken.

Zusatz: Um wie viel genau? Dazu berechne ich das Wachstum vom Ausgangswert bis zum letzten Wert in der Spalte »Kindersterblichkeit«, das ist Spalte 2. Dann multipliziere ich mit 100, um eine anschauliche Prozentangabe zu bekommen. Nach der Ihnen bereits bekannten Wachstumsformel muss ich R mitteilen:

```
(Datensatz[Zeile 100, Spalte 2] - Datensatz[Zeile 1, Spalte 2]) / ⊃
Datensatz[Zeile 1, Spalte 2]
```

```
(Indien_1900_2000[100,2] - Indien_1900_2000[1,2])/Indien_1900_2000[1,2]*100
```

**Die Ausgabe:**

*Kindersterblichkeit*
*1 -82.26044*

**Listing 7.22** Wachstumsberechnung der Kindersterblichkeit im Datensatz Indien für das gesamte 20. Jahrhundert

Die Kindersterblichkeit in Indien ist also von 1900 bis 2000 um ca. 82,26 % gesunken. Sie beträgt im Jahr 2000 nur noch 17,74 % des Ausgangswertes in 1900.

Den Plot können Sie natürlich auch für das Einkommen in Indien erstellen:

```
ggplot(Indien_1900_2000, aes(x = Jahr, y = Einkommen)) + geom_line() + ⤸
ylab("in 2011 int. Dollar") + ggtitle("Entwicklung des Bruttoinlandsproduktes ⤸
pro Kopf in Indien 1900-2000") + geom_smooth()
```

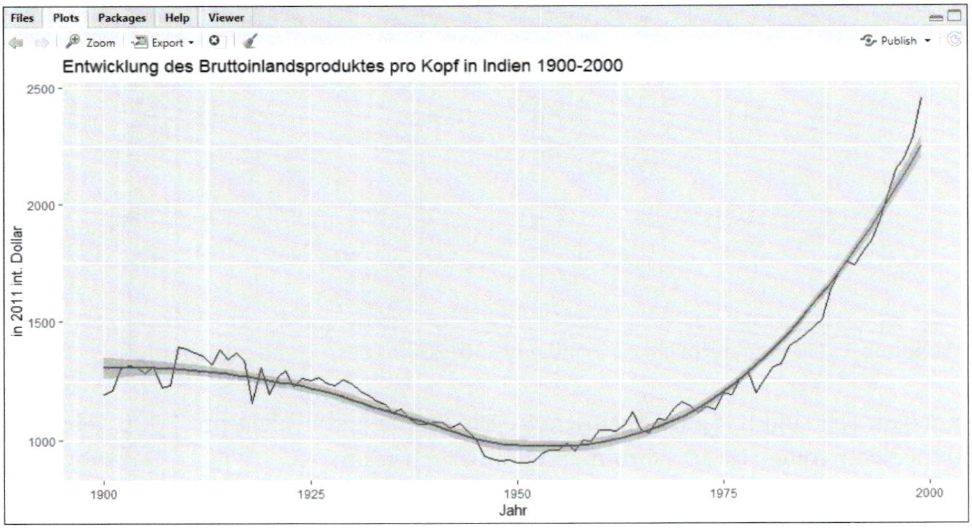


**Abbildung 7.52** Einkommen in Indien 1900–2000

Und das Wachstum auch so berechnen:

```
Indien_1900_2000[100,3]/Indien_1900_2000[1,3] *100
```

**Die Ausgabe:**

*Einkommen*
*1 104.8576*

**Listing 7.23** Wachstumsberechnung des Pro-Kopf-Einkommens im Datensatz Indien für das gesamte 20. Jahrhundert

Das Bruttoinlandsprodukt pro Kopf beträgt im Jahr 2000 104,8676 % mehr als im Jahr 1900. Es ist also um 104,86 % angewachsen und hat sich somit mehr als verdoppelt.

Im folgenden Kapitel sollen Sie nun all das, was Sie bisher gelernt haben, in einer Studie selbst anwenden. Hier bekommen Sie nur noch wenige zusätzliche Infos. Vielmehr geht es darum, Ihnen zu zeigen, wie Sie mit dem Gelernten Ihre eigene Studie aufbauen und ausführen können.

# Kapitel 8
# **Umfassendes Praxisbeispiel**

*Dieses Kapitel führt Sie durch ein vollständiges Data-Science-Beispiel, von der Frage, die Sie beantworten wollen, über die Konzeptionierung der Studie bis hin zur Visualisierung und Kommunikation der Ergebnisse.*

8

Dieses Kapitel soll besonders sein. Bis Kapitel 7, »Daten analysieren mit einfacher Statistik«, haben Sie geübt. In diesem Kapitel sollen Sie nun praktizieren. Mit Absicht verzichte ich hier, anders als oben, auf sehr detaillierte Erklärungen. Kapitel 8 hat also eher die Form eines Skriptes. Je weiter ich in der Studie komme, desto weniger kommentiere ich in Textform. Stattdessen finden Sie zum Ende hin immer mehr Kommentare im Skript in Stichworten – so, wie ich das in meinen Analysen mache. Erinnern Sie sich daran, wie ein Kommentar im Skript beginnt? Richtig, mit dem Rautezeichen (#).

In diesem Kapitel sind vielmehr Sie gefragt. Hier verwenden Sie alles, was Sie bisher gelernt haben, und da, wo neue Probleme auftreten, lösen Sie sie ad hoc mit den Ihnen oben vorgestellten Hilfsmitteln. Es geht einfach los und wird dann im Laufe des Skriptes etwas schwieriger.

Wenn aber gar nichts geht, dann laden Sie einfach die hier benutzten Tabellen sauber in R, kopieren Sie die hier geschriebenen Codelinien in Ihr Skript, und lassen Sie R das für Sie machen. Sie können auch dann versuchen, alles Schritt für Schritt nachzuvollziehen.

Ich selbst gehe bei einer Studie immer nach dem gleichen Schema, meinem Neun-Punkte-Plan aus Abschnitt 5.1, »Fragestellung und Studiendesign«, vor.

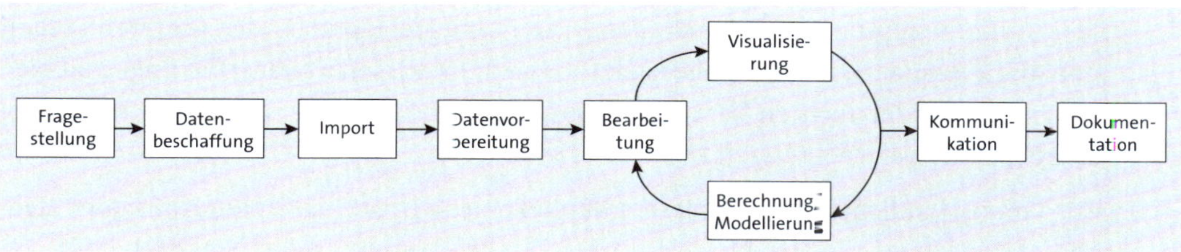


**Abbildung 8.1** Studienverlauf

**Neun-Punkte-Plan zur Erstellung einer eigenen Studie**

1. Fragestellung: Was will ich wissen? Was ist meine Fragestellung?
2. Datenbeschaffung: Welche Daten benötige ich dafür? Wo bekomme ich die her?
3. Import: Daten laden und Überblick über die Daten verschaffen
4. Daten vorbereiten: Daten kennenlernen, überprüfen und bereinigen
5. Bearbeitung: Welche für meine Frage verwendbaren Variablen habe ich, was muss ich noch berechnen, und wie berechne ich das mathematisch? Wie programmiere ich das in R?
6. Visualisierung: Wie sehen die Daten aus? Überblick verschaffen und in der nächsten Schleife fragen: Was will ich am Ende visualisieren und den Lesern zeigen?
7. Berechnung/Modellierung: analysieren
8. Kommunikation: Wem will ich die Ergebnisse wie vermitteln?
9. Laufende Dokumentation: Was habe ich wann wie gemacht, um an meine Ergebnisse zu kommen? Das muss nachvollziehbar sein! Nur so kann meine Studie unabhängig von einem anderen wiederholt und bewiesen oder abgelehnt werden.

Die Punkte 5 bis 7 sind eine Schleife aus den drei Arbeitsschritten »Bearbeitung«, »Visualisierung« und »Berechnung/Modellierung«, die zusammengehören. Diese Schleife wird so oft durchlaufen, bis die Ergebnisse für Sie so zufriedenstellend sind, dass Sie sie kommunizieren wollen.

Der Plan lässt sich verändern, passen Sie ihn Ihrer Studie an. Sie können auch zwischen den Punkten hin und her springen. Bei einer anschließenden Studie wiederum beginnen Sie den Neun-Punkte-Plan erneut von vorn, da sich mit Änderung der Fragestellung auch jeder der folgenden Punkte ändern kann.

## 8.1 Fragestellung: Was will ich wissen?

Jede Studie beginnt mit der *Fragestellung*. Das ist entscheidend für den weiteren Verlauf der Studie. Fragen Sie sich, was Sie eigentlich genau(!) wissen wollen. Und fragen Sie sich das immer wieder auch im Verlauf der Studie, sodass Sie auf Kurs bleiben und das Wesentliche nicht aus den Augen verlieren.

Zur Veranschaulichung soll in diesem Kapitel eine Beispielfragestellung aus dem täglichen Arbeitsleben dienen, die ich einmal selbst beantworten sollte: Stellen Sie sich vor, dass Sie wissen wollen, wovon der Monatsverdienst der Angestellten in Ihrer Firma abhängen könnte. Das ist das, was Sie wissen wollen: Wovon hängt der Monatsverdienst der Angestellten in meiner Firma ab? Das kann bspw. ein Auftrag Ihres Chefs sein, der das wissen will. So war das damals bei mir. Möglich ist auch, dass Sie das für sich selbst wissen möchten.

Wie bin ich in meinem Fall vorgegangen? Ich musste mich erst etwas in das Thema einlesen, sodass ich wenigstens eine Grundexpertise in diesem Gebiet erreichen konnte. Das empfehle ich Ihnen, ebenfalls vor jeder Studie zu machen. Wenn Sie Daten analysieren wollen in einem Feld, in dem Sie sowieso Experte sind, ist das natürlich umso besser.



Am häufigsten wird in der Literatur angenommen, dass die bedeutendsten Einflussfaktoren für Verdienst die folgenden sind: die Menge der geleisteten Arbeitsstunden, das Geschlecht, die Bildung und die Arbeitserfahrung. Ich selbst vermute noch – das ist einfach eine Idee, die ich selbst überprüfen möchte –, dass Stress und Überarbeitung ebenfalls einen Einfluss haben könnten. Um diese fünf Variablen wird also meine Analyse kreisen.

## 8.2 Datenbeschaffung

Die Daten, die ich zur Beantwortung meiner Frage benötige, sind Daten, die die von mir eben genannten Möglichkeiten zur Erklärung der Verdienstunterschiede (Variablen) mit Werten messen. Als Erstes benötige ich aber die Daten für die Variable, die erklärt werden soll, den Nettomonatsverdienst pro Person (der Bruttomonatsverdienst geht auch).

Dazu brauche ich eine id für die Person und den jeweiligen Verdienst pro Zeiteinheit (das soll hier beispielhaft ein Monat sein. Häufig wird auch ein ganzes Jahr analysiert), der dann dieser id (Person) zugeordnet wird. Das sind die ersten beiden Spalten und der Beginn meines Datensatzes.

Wie soll ich aber nun im nächsten Schritt Stress und Überarbeitung messen? Ich könnte die Mitarbeiter bspw. nach ihrer eigenen Einschätzung fragen und mir von ihnen eine Zahl von 1 bis 10 nennen lassen und sie aufschreiben. Mir persönlich ist diese Zahl aber zu subjektiv und somit zu stark abhängig von aktuellen Ereignissen. Und bei der Einschätzung eines Überarbeitungslevels ist es ebenso schwierig, gute Zahlen zu bekommen. Ich hätte lieber eine objektivere Messung. Wie wäre es da z. B. mit den durchschnittlich geleisteten Arbeitsstunden pro Person? Das ist eine objektivere Annäherung an beide Variablen. Sie kann als *Proxi* verwendet werden.

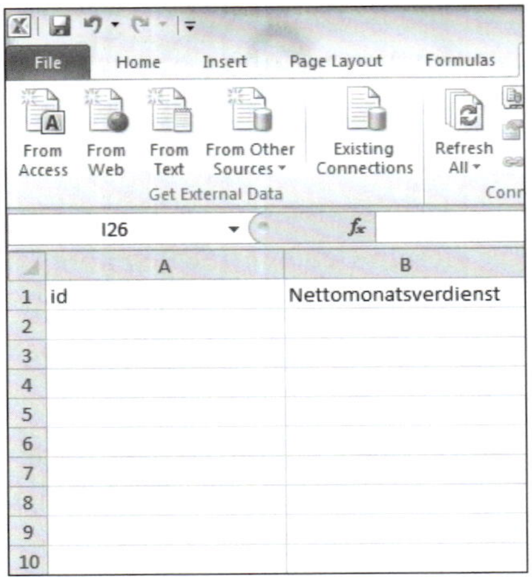


**Abbildung 8.2** Datensatz selbst erstellen, Schritt 1

> **Info**
> Ein Proxi ist in der Statistik eine Ersatzvariable zur Annäherung an die tatsächlich gesuchte Variable, für die aber keine Daten vorhanden sind/sein können.

Um diese Daten zu bekommen, könnte ich z. B. in der Personalabteilung nachfragen. Sprechen Sie dort auch über die Anonymisierung der Daten, und informieren Sie sich über die geltenden Datenschutzrichtlinien. In Absprache mit allen Beteiligten können Sie eventuell auch selbst in der Firma diese Daten sammeln. Dann füllen Sie Ihre Tabelle mit den oben genannten Variablen und den dazugehörigen Observationen.

| | A | B | C | D | E | F | G |
|---|---|---|---|---|---|---|---|
| 1 | id | Nettomonatsverdienst | Geburtsjahr | Geschlecht | Schulabschluss | Wöchentliche_Arbeitszeit | Krankheitstage |
| 2 | 1 | 2500 | 1981 | 1 | Mittlere Reife | 45 | 3 |
| 3 | 2 | | 1977 | 1 | Hauptschule | 47 | 3 |
| 4 | 3 | 1200 | 1992 | 1 | Hauptschule | 40 | 4 |
| 5 | 4 | 3500 | 1980 | 1 | Fachhochschulreife | 35 | 2 |
| 6 | 5 | 1800 | 1988 | 1 | Hochschulreife | 50 | 3 |
| 7 | 6 | | 2000 | 1 | Hochschulreife | 40 | 3 |
| 8 | 7 | 2200 | 1987 | 1 | Mittlere Reife | 38 | 1 |
| 9 | 8 | 1900 | 1984 | 2 | Fachhochschulreife | 40 | 3 |
| 10 | 9 | | 1975 | 1 | Hochschulreife | 40 | 2 |
| 11 | 10 | 900 | 1962 | 1 | Mittlere Reife | 43 | 5 |
| 12 | 11 | 5000 | 1969 | 1 | Fachhochschulreife | 60 | 0 |
| 13 | 12 | 1750 | 1979 | 1 | Hauptschule | 50 | 3 |
| 14 | 13 | 2200 | 1986 | 2 | Mittlere Reife | 55 | 2 |
| 15 | 14 | | 1976 | 1 | Mittlere Reife | 55 | 3 |
| 16 | 15 | 1900 | 1981 | 1 | Mittlere Reife | 43 | 1 |
| 17 | 16 | 2000 | 1991 | 1 | Hochschulreife | 45 | 3 |

**Abbildung 8.3** Datensatz selbst erstellen, Schritt 2

Ich habe 100 Zeilen befüllt, wie Sie gleich sehen werden.

Die Variable »Arbeitserfahrung« habe ich ebenfalls nicht, ich kann sie aber aus dem Alter (aktuelles Datum minus Geburtsjahr) später ebenfalls als Proxi annähernd berechnen.

## 8.3 Daten laden und Überblick verschaffen

Der nächste Schritt ist das Laden der Daten in R. Meine Datei wird dieses Mal in einer Excel-Datei angeliefert, in einem *.xlsx*-Format (siehe Abschnitt A.6, »Personaldaten«).



### 8.3.1 Daten laden

Ich lade die Daten mit dem Befehl

```
library(readxl)

Personaldaten <- read_excel("C:/Users/users/Desktop/R_Projekte/↩
Personaldaten.xlsx")
```

**Listing 8.1** Einlesen des Datensatzes Personaldaten

### 8.3.2 Überblick verschaffen

Um mir einen Überblick zu verschaffen, überprüfe ich zunächst, ob die Anordnung, die ich in meiner Datei vorgenommen habe, im tibble-Format eingelesen wurde – also eine Observation pro Zeile.

```
is_tibble(Personaldaten)
```

**Die Ausgabe:**

*[1] TRUE*

Ja, der Datensatz ist im tibble-Format.

Als Nächstes schaue ich mir nun den Datensatz und seine Variablen genauer an. Dabei erinnere ich mich noch einmal daran, wie die Daten zustande gekommen sind und was ihr Rahmen ist: Die Daten gelten für den Monat Januar 2020, sie beziehen sich auf meine Firma x, die in einem bestimmten Wirtschaftsbereich angesiedelt ist. Einen guten Überblick geben mir einige oben bereits eingeführte Funktionen.

```
str(Personaldaten)
```

**Die Ausgabe:**

```
Classes 'tbl_df', 'tbl' and 'data.frame':100 obs. of  7 variables:
 $ id                       : num  1 2 3 4 5 6 7 8 9 10 ...
 $ Nettomonatsverdienst     : num  2500 NA 1200 3500 1800 NA 2200 1900 NA 900 ...
 $ Geburtsjahr              : num  1981 1977 1992 1980 1988 ...
 $ Geschlecht               : num  1 1 1 1 1 1 1 2 1 1 ...
 $ Schulabschluss           : chr  "Mittlere Reife" "Hauptschule" "Hauptschule" ➲
"Fachhochschulreife" ...
 $ Wöchentliche_Arbeitszeit: num  45 47 40 35 50 40 38 4 0 40 43 ...
 $ Krankheitstage           : num  3 3 4 2 3 3 1 3 2 5 ...
```

Es gibt also 100 Observationen für sieben Variablen. Sechs sind numerisch, eine Variable ist in Textform. Auch erste Werte habe ich nun schon einmal gesehen und mich somit mit der Beschaffenheit der Daten vertraut gemacht. Als Nächstes sehe mir die Werte noch etwas genauer an.

```
summary(Personaldaten)
```

**Die Ausgabe:**

```
       id          Nettomonatsverdienst  Geburtsjahr     Geschlecht    Schulabschluss
 Min.   :  1.00   Min.   : 520          Min.   :1961   Min.   :1.00   Length:100
 1st Qu.: 25.75   1st Qu.:1475          1st Qu.:1972   1st Qu.:1.00   Class :➲
character
 Median : 50.50   Median :1800          Median :1982   Median :1.00   Mode  :➲
character
 Mean   : 50.50   Mean   :2022          Mean   :1982   Mean   :1.28
 3rd Qu.: 75.25   3rd Qu.:2500          3rd Qu.:1992   3rd Qu.:2.00
 Max.   :100.00   Max.   :5000          Max.   :2004   Max.   :2.00
                  NA's   :13
 Wöchentliche_Arbeitszeit Krankheitstage
 Min.   :20.00            Min.   :0.000
 1st Qu.:40.00            1st Qu.:1.000
 Median :40.00            Median :2.000
 Mean   :42.85            Mean   :2.111
 3rd Qu.:45.00            3rd Qu.:3.000
 Max.   :82.00            Max.   :8.000
                          NA's   :1
```

Wie gewohnt gibt mir die Funktion `summary()` die Durchschnittswerte (und weitere) der numerischen Variablen an.

Die character-Variable Schulabschluss sehe ich so nicht. Ich lasse sie mir deshalb mit der Funktion table() zeigen:

```
table(Personaldaten$Schulabschluss)
```

**Die Ausgabe:**

```
Fachhochschulreife         Hauptschule     Hochschulreife      keiner/anderer
                10                  17                 29                   3
    Mittlere_Reife
                41
```

**Listing 8.2** Überblick verschaffen über den Datensatz Personaldaten

Zehn Personen haben die Fachhochschulreife, 17 die Hauptschule abgeschlossen usw.

Eine erste ganz einfache *Visualisierung* soll mir nun einen ersten optischen Überblick über die Verteilung einiger Datenpunkte geben. Auch das dient dazu, ein Gefühl für die Daten zu entwickeln, und hilft, später zwischen plausiblen und unplausiblen Ergebnissen zu unterscheiden. Und ja, hier sind wir bereits im Schritt Visualisierung, aber eben nur in der, die mir einen Überblick verschaffen soll, nicht in der, die dann veröffentlichbare *Plots* herstellt.

Bsp. 1: Verdienst und wöchentliche Arbeitszeit

```
plot(Personaldaten $Wöchentliche_Arbeitszeit,Personaldaten ⤸
$Nettomonatsverdienst)
```

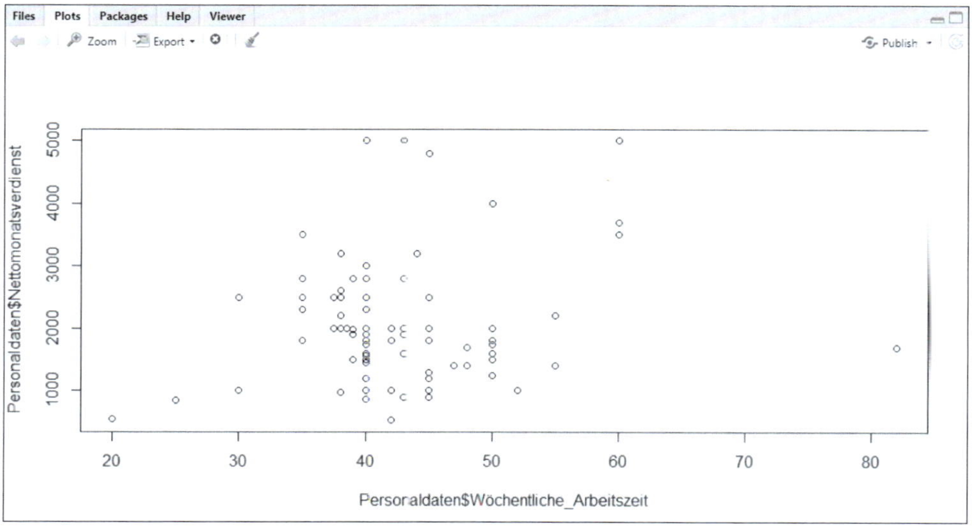


**Abbildung 8.4** Übersichtsplot Nettomonatsverdienst und wöchentliche Arbeitszeit

Der Monatsverdienst auf der *y*-Achse liegt in einer Spannweite von 500 bis 5.000 € netto. Wie zu erwarten, sammeln sich die Datenpunkte auf der *x*-Achse um die 40 Stunden Arbeitszeit herum. Das ist für die meisten eine normale Arbeitswoche. Die 82 Stunden, die ein Arbeitnehmer als wöchentliche Arbeitszeit angegeben hat, erscheinen *unplausibel;* erstens, weil der Abstand zu allen anderen Angaben sehr groß ist, und zweitens, weil der gesunde Menschenverstand sagt, dass 82 Arbeitsstunden pro Woche fast nicht realisierbar sind und wohl niemand so viel für das hier angegebene Gehalt arbeiten würde.

Bsp. 2: Nettomonatsverdienst und Krankheitstage

```
plot(Personaldaten$Krankheitstage, Personaldaten$Nettomonatsverdienst)
```

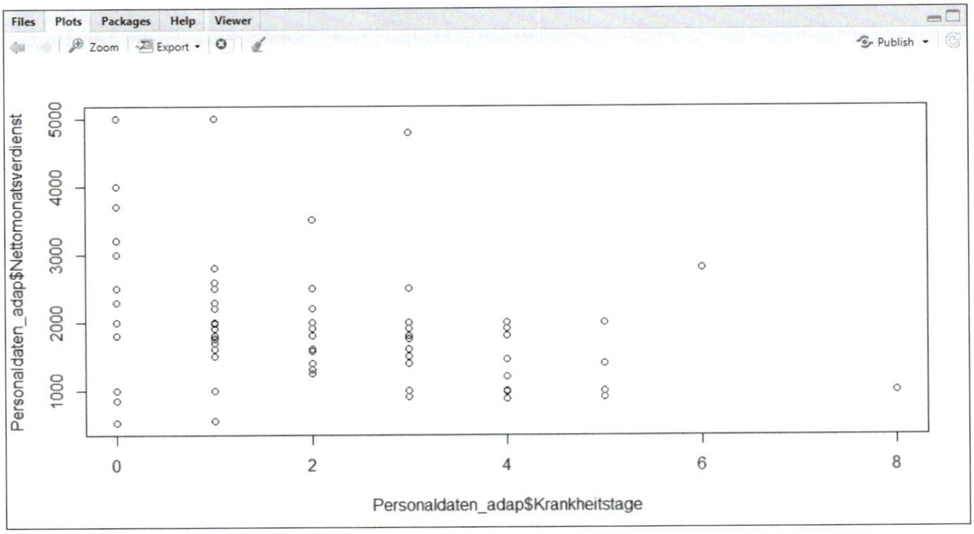


**Abbildung 8.5** Übersichtsplot Nettomonatsverdienst und Krankheitstage

Hier ist der Überblick unproblematisch. Ich sehe sogar eine erste Tendenz von weniger Krankheitstagen und mehr Gehalt bzw. weniger Gehalt bei mehr Krankheitstagen. Ob das nun auch statistisch nachweisbar ist, bleibt zu überprüfen. Auf jeden Fall sind fünf, sechs oder sogar acht Krankheitstage in einem Monat schon sehr viel.

Im nächsten Schritt sollen deshalb die Daten für die Analysen vorbereitet werden.

## 8.4 Daten vorbereiten und bereinigen

Der Punkt »Daten vorbereiten und bereinigen« bezieht sich ausdrücklich auch auf den Punkt »Data Cleaning«, den ich im Abschnitt 6.5, "Not available! – Der Umgang mit fehlenden Werten!", behandelt habe. Während der Überblicksverschaffung sind bereits einige Probleme, die die Daten haben, aufgetreten. Da waren NAs und offenbar ein fehlerhafter Wert in den Daten. Es gilt nun, diese zu beseitigen.

8

### 8.4.1 NAs entfernen

Welche NAs wollen Sie herausnehmen? Alle? Nur ein paar? Probieren Sie aus, was besser geht. Ich nehme alle heraus, bei denen kein Nettomonatsverdienst angegeben ist. Das mache ich hier mit ! – was in R-Sprache »ohne« heißt:

```
Personaldaten <- Personaldaten[!(is.na(Personaldaten$Nettomonatsverdienst)),]
summary(Personaldaten)
```

**Die Ausgabe:**

```
       id         Nettomonatsverdienst  Geburtsjahr     Geschlecht     Schulabschluss
 Min.   :  1.0   Min.   : 520         Min.   :1961   Min.   :1.000   Length:87
 1st Qu.: 29.5   1st Qu.:1475         1st Qu.:1972   1st Qu.:1.000   Class :
character
 Median : 55.0   Median :1800         Median :1982   Median :1.000   Mode  :
character
 Mean   : 52.9   Mean   :2022         Mean   :1982   Mean   :1.287
 3rd Qu.: 77.5   3rd Qu.:2500         3rd Qu.:1992   3rd Qu.:2.000
 Max.   :100.0   Max.   :5000         Max.   :2003   Max.   :2.000
 Wöchentliche_Arbeitszeit Krankheitstage
 Min.   :20.00            Min.   :0.000
 1st Qu.:39.00            1st Qu.:1.000
 Median :40.00            Median :2.000
 Mean   :42.76            Mean   :2.011
 3rd Qu.:45.00            3rd Qu.:3.000
 Max.   :82.00            Max.   :8.000
```

**Listing 8.3** NA-Werte im Datensatz Personaldaten entfernen

```
mean(Personaldaten$Nettomonatsverdienst)
```

**Die Ausgabe:**

```
[1] 2021.966
```

### 8.4.2 Unplausible Werte entfernen

82 Stunden Arbeit pro Woche sind unplausibel, vor allem bei dem Gehalt. Das ist ein Wert, der deutlich außerhalb der Größe der anderen Werte liegt (Outlier). Es kann z. B. sein, dass der Befragte die Frage nicht verstanden hat. Ich nenne meinen angepassten (adaptierten) Datensatz Personaldaten_adap für den besseren Überblick.

```
Personaldaten_adap <- Personaldaten[!(Personaldaten$Wöchentliche_Arbeits-➲
zeit == 82),]
```

**Listing 8.4** Unplausible Werte im Datensatz Personaldaten entfernen

Dass ich diesen Wert herausgenommen habe, muss ich in der Datenbeschreibung/ Dokumentation aber auf jeden Fall erwähnen.

### 8.4.3 Weitere Anpassungen

Zufällig aufgefallen ist mir, dass die character-Strings innerhalb der Variablen »Schulabschluss« nicht einheitlich benannt sind. Die Anpassung ist nicht notwendig für die Analyse und lediglich eine Geschmacksfrage. Ich vereinheitliche dennoch immer wenn möglich – am besten schon, bevor ich in R einlese, sonst aber auch mit der simplen `ifelse()`-Funktion in R (hier für den Datensatz Personaldaten, das geht für Ihren neuen Datensatz Personaldaten_adap genauso).

```
Personaldaten$Schulabschluss <- ifelse(Personaldaten$Schulabschluss == ➲
"Mittlere_Reife","Mittlere Reife",Personaldaten$Schulabschluss)
```

Datensatz <- wenn (Datensatz$Spalte ist gleich »Mittlere_Reife«, schreib »Mittlere Reife«, sonst schreib die bereits vorhandene Datensatz$Spalte).

Besser ist es natürlich, das gleich in den Ausgangsdaten richtig zu machen.

## 8.5 Verarbeitung der Daten im Dreiklang

Mit Dreiklang meine ich hier die drei Schritte, die in der Verarbeitung der Daten zusammengehören: »Bearbeitung, Visualisierung und Berechnung/Modellierung«. Wir gehen auch in unserem Praxisbeispiel alle Schritte einzeln durch. Denken Sie daran, dass diese Schritte hierbei wiederkehrend vorgenommen werden, wenn Bedarf besteht.

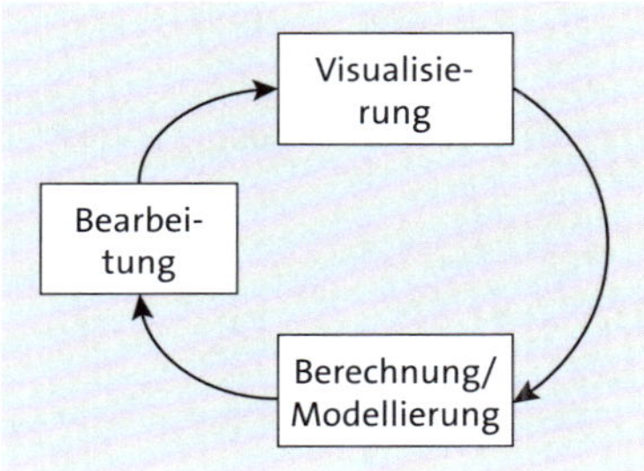


**Abbildung 8.6** Datenverarbeitung im Dreiklang



Ich gehe nun die oben erstellte Liste möglicher Einflussfaktoren auf den Monatsverdienst aus der Theorie durch (siehe Abschnitt 8.1, »Fragestellung: Was will ich wissen?«: Menge der geleisteten Arbeitsstunden, Geschlecht, Bildung und Arbeitserfahrung) und bearbeite sie nach dem Schema. Hierbei versuche ich den Einfluss der dort erwähnten Einflussfaktoren statistisch zu stützen oder zu verwerfen.

Ein paar Ergebnisse für meine Firma habe ich schon aus der Übersichtsanalyse. Aber mit dem *Data Cleaning* (Löschen von Fällen mit NA, Löschen von Outliern etc.) können sich die Werte natürlich verschoben haben. Ich berechne die Durchschnittswerte deshalb neu:

```
str(Personaldaten_adap)
```

**Die Ausgabe:**

```
Classes 'tbl_df', 'tbl' and 'data.frame':86 obs. of  7 variables:
 $ id                       : num  1 3 4 5 7 8 10 11 12 13 ...
 $ Nettomonatsverdienst     : num  2500 1200 3500 1800 2200 1300 900 5000 1750 ➲
2200 ...
 $ Geburtsjahr              : num  1981 1992 1965 1988 1987 ...
 $ Geschlecht               : num  1 1 1 1 1 2 1 1 1 2 ...
 $ Schulabschluss           : chr  "Mittlere Reife" "Hauptschule" ➲
"Fachhochschulreife" "Hochschulreife" ...
 $ Wöchentliche_Arbeitszeit: num  45 40 35 50 38 40 43 60 50 55 ...
 $ Krankheitstage           : num  3 4 2 3 1 3 5 0 3 2 ...
```

Als Erstes sehe ich die neue Anzahl an Fällen: 86. 14 Fälle (Rows) sind also herausgefallen.

```
summary(Personaldaten_adap)
```

**Die Ausgabe:**

```
       id          Nettomonatsverdienst  Geburtsjahr     Geschlecht     Schulabschluss
 Min.   : 1.00   Min.   : 520          Min.   :1961   Min.   :1.000   Length:86
```

```
 1st Qu.: 29.25   1st Qu.:1462        1st Qu.:1972   1st Qu.:1.000   Class :⮐
character
 Median : 54.50   Median :1800        Median :1984   Median :1.000   Mode  :⮐
character
 Mean   : 52.55   Mean   :2026        Mean   :1982   Mean   :1.291
 3rd Qu.: 76.75   3rd Qu.:2500        3rd Qu.:1993   3rd Qu.:2.000
 Max.   :100.00   Max.   :5000        Max.   :2003   Max.   :2.000
 Wöchentliche_Arbeitszeit Krankheitstage
 Min.   :20.00            Min.   :0.000
 1st Qu.:39.00            1st Qu.:1.000
 Median :40.00            Median :2.000
 Mean   :42.31            Mean   :2.023
 3rd Qu.:45.00            3rd Qu.:3.000
 Max.   :60.00            Max.   :8.000

Der durchschnittliche Nettomonatsverdienst liegt bei 2025.71€
Das durchschnittliche Geburtsjahr ist 1982
Die durchschnittliche wöchentliche Arbeitszeit liegt bei 42.3 Stunden. Jeder
Arbeitnehmer macht bei einer vertraglichen 40-Stunden-Woche also 2.3 Überstunden
Jeder Arbeitnehmer ist im Schnitt etwa 2 Tage im Monat krank, das wären 24 Krank-
heitstage pro Arbeitnehmer im Jahr - das ist für jede Firma viel zu hoch!
Schulabschlüsse gibt es Fachhochschulreife Hauptschule, Hochschulreife Mittlere
Reife und keiner/anderer.
```

**Listing 8.5** Übersicht und erste Interpretation der Zahlen im Datensatz Personaldaten_adap

Die neuen Werte sind nun die folgenden:

```
table(Personaldaten$Schulabschluss)
```

**Die Ausgabe:**

```
Fachhochschulreife          Hauptschule      Hochschulreife       keiner/anderer
                 9                   15                  24                    3
     Mittlere Reife
                36
```

**Listing 8.6** Überblick über den Datensatz Personaldaten_adap verschaffen

Mit all den bisher gesammelten Informationen als Hintergrund kann ich nun Zusammenhänge und Trends berechnen und die Ergebnisse einordnen. Schritt für Schritt gehe ich dabei wie nachstehend beschrieben vor.

#### Berechnung/Analyse: Monatsverdienst und wöchentliche Arbeitszeit

Hier ist nun ein passender Moment für die lineare Regression. Wie ist der Zusammenhang zwischen Monatsverdienst und wöchentlicher Arbeitszeit?

```
Mod_Verdienst_Arbeitszeit <- lm(Nettomonatsverdienst ~ Wöchentliche_➥
Arbeitszeit, data=Personaldaten_adap)
summary(Mod_Verdienst_Arbeitszeit)
```

**Die Ausgabe:**

```
Call:
lm(formula = Nettomonatsverdienst ~ Wöchentliche_Arbeitszeit,
    data = Personaldaten_adap)

Residuals:
    Min      1Q  Median      3Q     Max
-1496.5  -658.4  -157.1   467.3  3042.9

Coefficients:
                         Estimate Std. Error t value Pr(>|t|)
(Intercept)                767.48     654.27   1.173   0.2441
Wöchentliche_Arbeitszeit    29.74      15.28   1.947   0.0549 .
---
Signif. codes:  0 '***' 0.001 '**' 0.01 '*' 0.05 '.' 0.1 ' ' 1

Residual standard error: 942.9 on 84 degrees of freedom
Multiple R-squared:  0.04317,Adjusted R-squared:  0.03178
F-statistic:  3.79 on 1 and 84 DF,  p-value: 0.05491
```

**Listing 8.7** Berechnung der Trendwerte im Datensatz Personaldaten_adap

Ähnlich wie im Zigaretten/Kaffee-Beispiel kann ich hier wertvolle Erkenntnisse gewinnen. Bei 767,48 € schneidet die Gerade die *y*-Achse, bei theoretisch 0 Stunden. Mit jeder Stunde mehr Arbeit in der Woche verdient ein Arbeitnehmer in meiner Firma 29,74 € mehr. Ob die statistische Signifikanz ausreicht dafür, dass Sie diese Ergebnisse als aussagekräftig ansehen, bleibt Ihnen überlassen. In der Wirtschaftsgeschichte werden häufig Werte von < 0,1 akzeptiert, in der Medizin höchstens Werte von < 0,05. Hier sind die Werte der Variablen bei 0,0549 und die des Gesamtmodells bei 0,05491.

#### Visualisierung: Monatsverdienst und wöchentliche Arbeitszeit

Ich sehe mir den Zusammenhang auch grafisch noch einmal an und bereite den finalen Plot vor.

```
library(ggplot2)

P_Verdienst_Arbeitszeit <- ggplot(Personaldaten_adap, ➲
aes(Wöchentliche_Arbeitszeit, Nettomonatsverdienst)) + geom_point()
P_Verdienst_Arbeitszeit
```

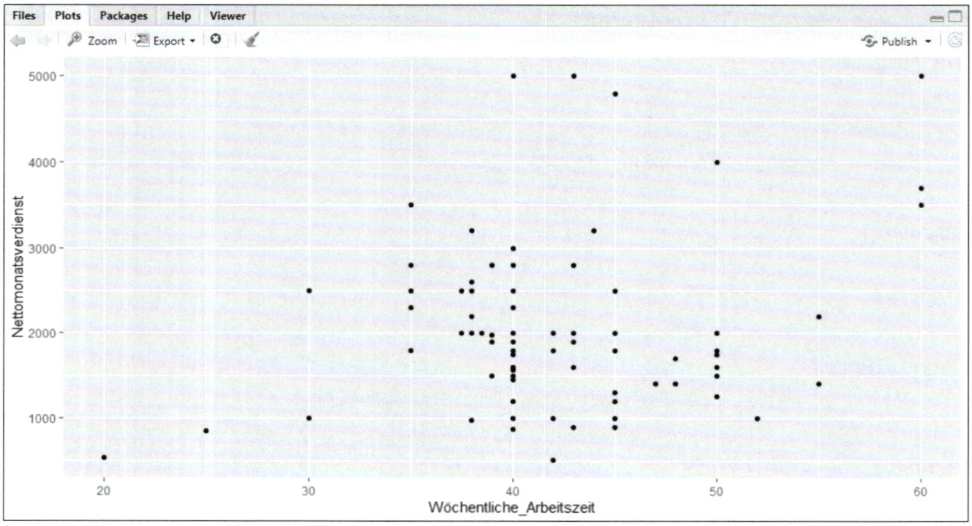


**Abbildung 8.7** Ausgangsplot Nettomonatsverdienst und wöchentliche Arbeitszeit

Ich finde die gleiche Verteilung wie im Übersichtsplot, nur etwas ansehnlicher dargestellt. Ich füge im nächsten Schritt den Trend hinzu.

```
P_Verdienst_Arbeitszeit <- P_Verdienst_Arbeitszeit + stat_smooth(method = ➲
lm, se = FALSE)
P_Verdienst_Arbeitszeit
```

Wie weit Sie bei der Feinjustierung gehen, ist Ihre Sache und hängt von der Situation und dem Publikum ab.

```
P_Verdienst_Arbeitszeit <- P_Verdienst_Arbeitszeit + ggtitle("Verdient und ➲
wöchentliche Arbeitszeit") + labs(y="Nettomonatsverdienst in €", ➲
x = "Wöchentliche Arbeitszeit pro Arbeitnehmer")
P_Verdienst_Arbeitszeit
```

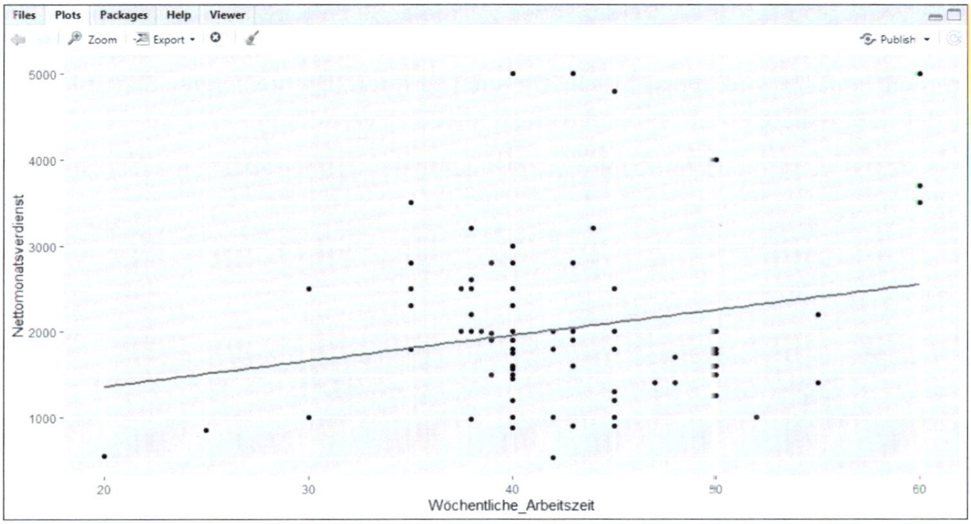


**Abbildung 8.8** Ausgangsplot Nettomonatsverdienst und wöchentliche Arbeitszeit mit Trend

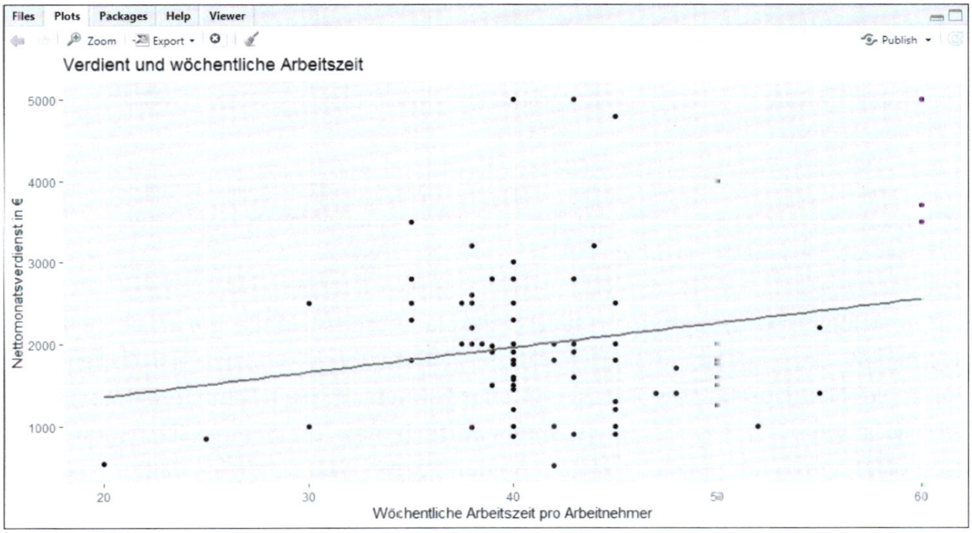


**Abbildung 8.9** Ausgangsplot Nettomonatsverdienst und wöchentliche Arbeitszeit mit Trend, Titel und Achsenbeschriftung

## Berechnung/Analyse: Ausbildung

Die Variable Schulabschluss, die hier als Annäherung an die Ausbildung dienen soll, ist keine numerische, sie ist also keine Zahl. Sie kann zwar trotzdem als Faktor-Variable in eine Regression integriert werden, aber für dieses Buch wird das zu spezifisch. Ich komme lieber wieder zum Hauptziel des Buches zurück: Sie sollen in die Lage versetzt werden, einfache und übersichtliche Graphen zu Ihren beschreibenden Statistiken zu erstellen und diese zu interpretieren und anderen zu vermitteln.

Wie Sie z. B. den Durchschnittslohn pro Schulabschlussgruppe erstellen, sehen Sie hier:

```
library("dplyr")
library("magrittr")
library(ggplot2)

Lohngefälle <- Personaldaten_adap %>% group_by(Schulabschluss) %>% ⮐
summarise(Durchschnittslohn = mean(Nettomonatsverdienst))
Lohngefälle
```

**Die Ausgabe:**

```
# A tibble: 5 x 2
  Schulabschluss      Durchschnittslohn

  <chr> <dbl>

1 Fachhochschulreife              2244.
2 Hauptschule                     1752.
3 Hochschulreife                  2279.
4 keiner/anderer                  2313.
5 Mittlere Reife                  1884.
```

**Listing 8.8** Gruppenweise Berechnung der Durchschnittsnettomonatsverdienstes im Datensatz Personaldaten_adap

Die Funktion `group_by()` gruppiert hierbei die Durchschnittslöhne, die ich ebenfalls berechne mit `summarise(Durchschnittslohn = mean(Nettomonatsverdienst))`, nach den Kategorien des Schulabschlusses. Das ist dann das Lohngefälle nach Schulabschluss (`group_by(Schulabschluss)`). Interessant ist hier natürlich, dass die Schulabschlusskategorie »keiner/anderer« am meisten verdient. In den Ergebnissen werde ich darauf eingehen und das erklären müssen. Auch interessant ist, dass es kaum einen Gehaltsunterschied zwischen Fachhochschulreife und Abitur gibt. Es folgt die Visualisierung.

### Visualisierung: Ausbildung

```
P_Löhne_Schulab <- ggplot(Lohngefälle, aes(Schulabschluss, Durchschnittslohn)) + ⮐
geom_bar(stat="identity")
P_Löhne_Schulab
```

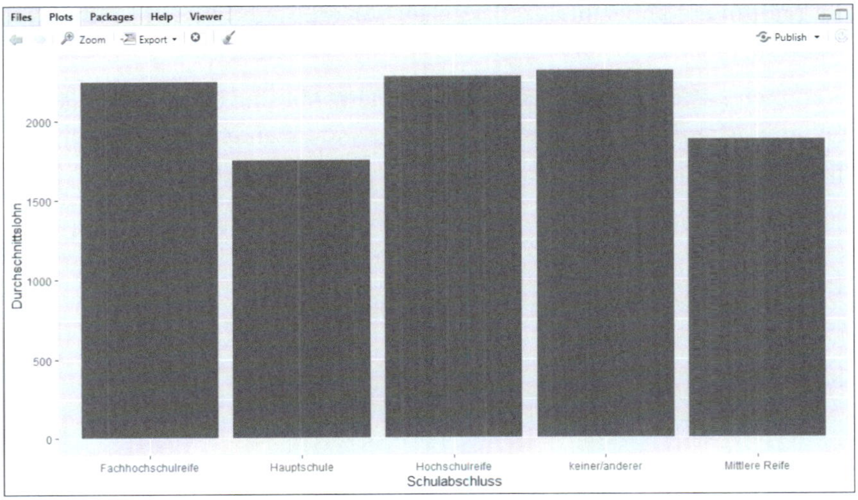


**Abbildung 8.10** Gehalt nach Schulabschluss

R hat die Werte auf der *x*-Achse hier alphabetisch nach Kategorie geordnet und nicht nach Lohn, so wie ich es gern visualisieren würde. Ein möglicher Weg dazu ist der folgende:

```
P_Löhne_Schulab <- ggplot(Lohngefälle, aes(reorder(Schulabschluss, ⮐
Durchschnittslohn), Durchschnittslohn)) + geom_bar(stat="identity")
P_Löhne_Schulab
```

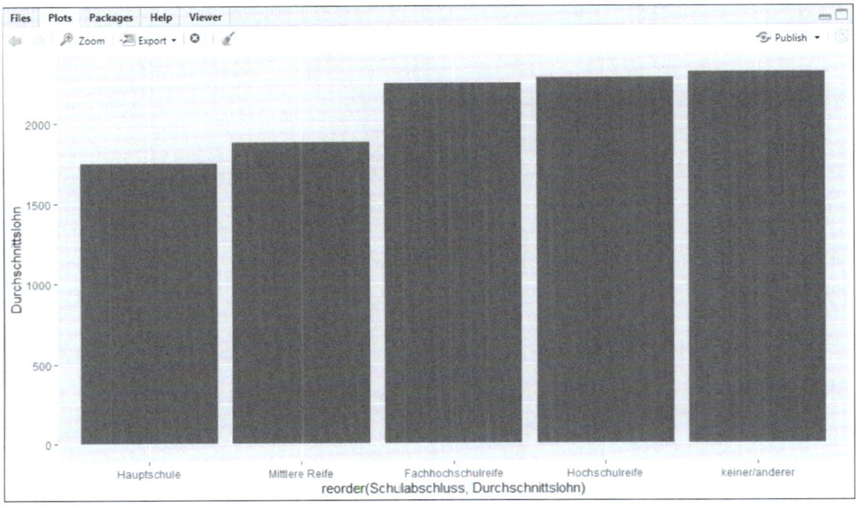


**Abbildung 8.11** Gehalt nach Schulabschluss geordnet

Wenn Sie die Anordnung andersherum darstellen wollen, dann muss ein Minus vor »Durchschnittslohn« innerhalb der `reorder`-Klammer. Probieren Sie das gern aus!

Von hier aus können Sie den Graphen weiter verschönern. Mir sind hier noch die Säulen (Bars) zu breit, und ich möchte auch keinen grauen, sondern einen klassisch schwarz-weißen Hintergrund:

```
P_Löhne_Schulab <- ggplot(Lohngefälle, aes(reorder(Schulabschluss, ⊋
Durchschnittslohn), Durchschnittslohn)) + geom_bar(stat="identity", ⊋
width = 0.4) + theme_bw()
P_Löhne_Schulab
```

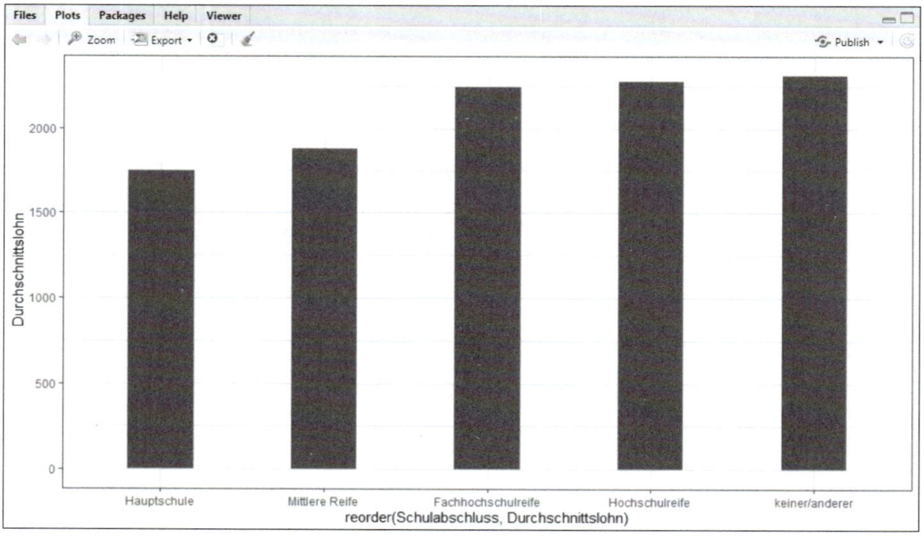


**Abbildung 8.12** Gehalt nach Schulabschluss – verbessert

Sollten Sie eine *Querdarstellung* bevorzugen, erreichen Sie die mit dem Befehl `coord_flip()`: R tauscht dann einfach die Achsen.

```
P_Löhne_Schulab <- P_Löhne_Schulab + coord_flip()
P_Löhne_Schulab
```

Als Letztes beschriften wir die Achsen sauber und geben der Darstellung noch einen verständlichen Titel:

```
P_Löhne_Schulab <- P_Löhne_Schulab + xlab("Schulabschluss des Arbeitnehmers") + ⊋
ylab("Durchschnittlicher Monatslohn in €") + ggtitle("Durchschnittlicher ⊋
Monatslohn nach Schulabschluss im Jahr 2020")
P_Löhne_Schulab
```

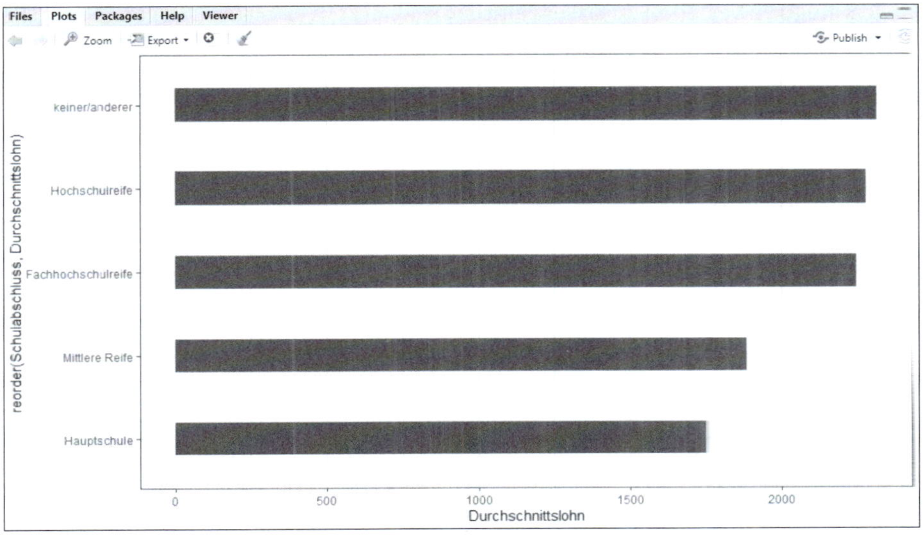


**Abbildung 8.13** Gehalt nach Schulabschluss – Querbalkenformat

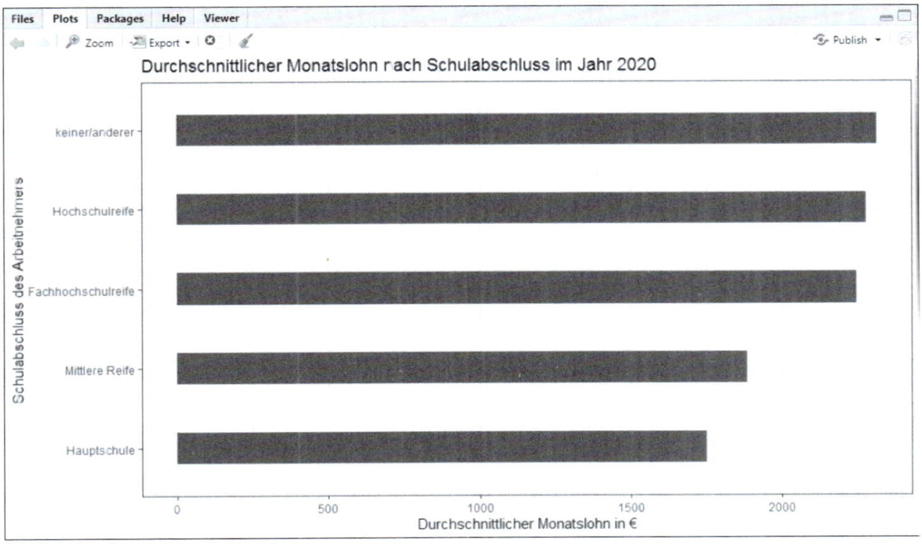


**Abbildung 8.14** Gehalt nach Schulabschluss – finaler Plot

Die Entscheidung, ob Sie die Kategorie »keiner/anderer« herausnehmen oder nicht, ist Ihnen überlassen. Wie Sie Spalten in einem Datensatz löschen, haben Sie in Abschnitt 6.5, »Not available! – Der Umgang mit fehlenden Werten«, gesehen. Entscheiden Sie sich dafür, die Kategorie bestehen zu lassen, empfehle ich Ihnen, noch einmal genauer in die Daten zu schauen, um eine genauere Aussage machen zu können.

Ich möchte Ihnen aber auch gern noch eine alternative Darstellungsmöglichkeit derselben Daten zeigen – die des *Liniendiagramms* (*Lineplot*).

```
### Alternative: Liniendiagramm

#P_Löhne_Schulab2

P_Löhne_Schulab2 <- ggplot(Lohngefälle, aes(Schulabschluss, Durchschnittslohn, ⮐
group = 1)) + geom_line() + geom_point()# nur geom point geändert
P_Löhne_Schulab2
```

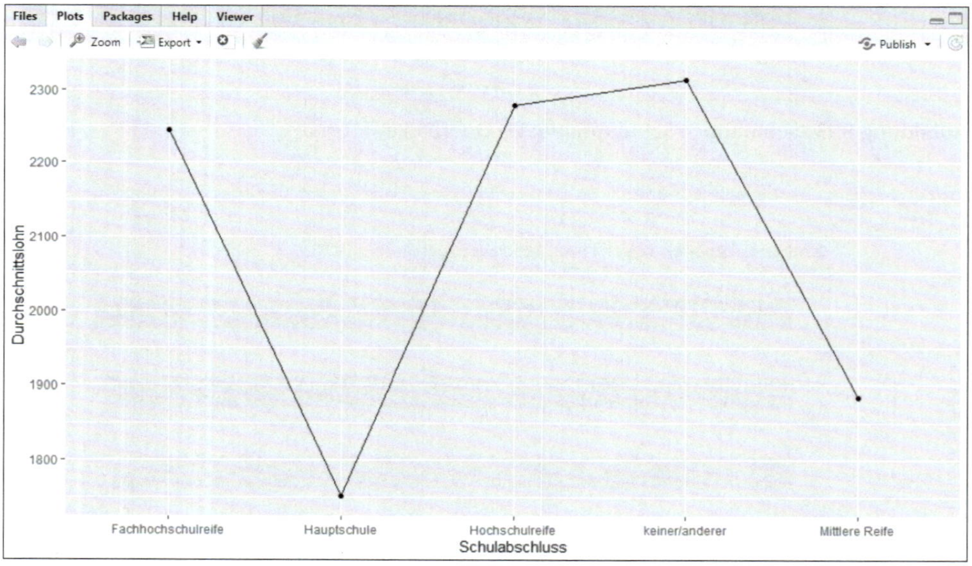


**Abbildung 8.15** Gehalt nach Schulabschluss – Liniendiagramm

Ich ordne noch nach Gehalt, beschrifte meine Darstellung und füge den Trend hinzu:

```
P_Löhne_Schulab2 <- ggplot(Lohngefälle, aes(reorder(Schulabschluss, ⮐
Durchschnittslohn), Durchschnittslohn, group = 1)) + geom_line() + ⮐
geom_point() + ggtitle("Durchschnittlicher Monatslohn nach Schulabschluss ⮐
im Jahr 2020") +  xlab("Schulabschluss") + ylab("Durchschnittlicher Monatslohn ⮐
in €") + theme_bw() + geom_smooth(method = "lm", se = FALSE)
P_Löhne_Schulab2
```

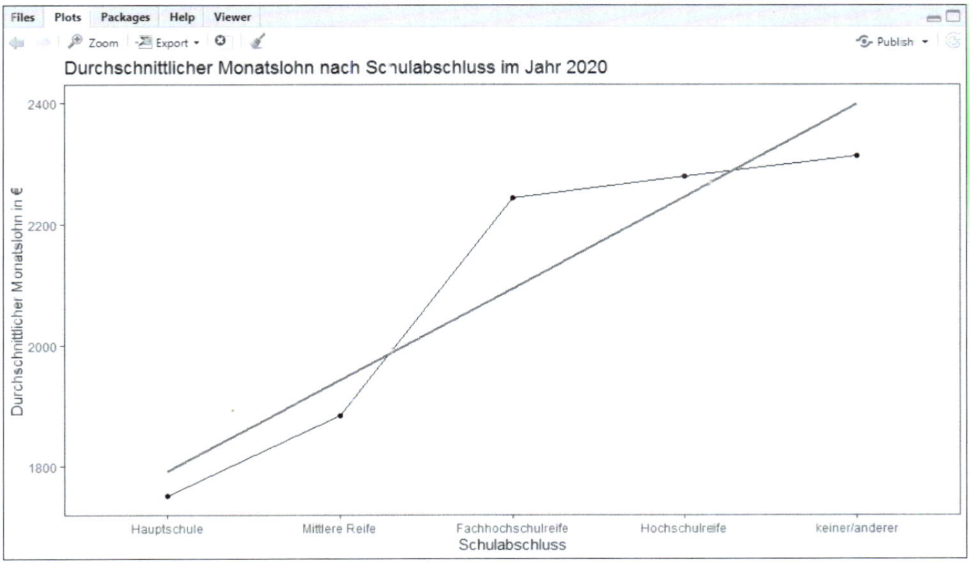


**Abbildung 8.16** Gehalt nach Schulabschluss – Liniendiagramm final

Nun habe ich eine alternative Darstellung. Das Ergebnis aber ist das gleiche wie im Balkendiagramm.

### Geschlecht

Die Variable Geschlecht habe ich noch nicht analysiert. Auch hier gehe ich nach dem bekannten Schema vor.

```
# Übersicht
```

Um die Daten für R gut lesbar und operationalisierbar zu machen, tausche ich zunächst die männliche 1 in eine 0 und die weibliche 2 in eine 1 um. Die Männer werden so automatisch zur *Referenzkategorie*, mit der sich dann die Frauen leicht vergleichen lassen. Das geht mit der `ifelse()`-Funktion, die das wie folgt macht:

```
Personaldaten_adap$Geschlecht2 <- ifelse(Personaldaten_adap$Geschlecht == 1, 0, 1)
```

Datensatz <- wenn(Datensatz$Spalte ist gleich 1, schreib 0, sonst schreib 1).

So tauscht R alle Werte 1 in 0 und alle Werte 2 in 1 um.

Nun sehe ich mir die Anteile der Frauen und Männer im Datensatz an, um einen guten Überblick über meine Daten zu bekommen:

```
mean(Personaldaten_adap$Geschlecht2)
```

**Die Ausgabe:**

*[1] 0.2906977*

Circa 29 % der Einträge in meinem Datensatz sind Frauen.

```
# erste Visualsierung
plot(Personaldaten_adap$Geschlecht2, Personaldaten_adap$Nettomonatsverdienst)
```

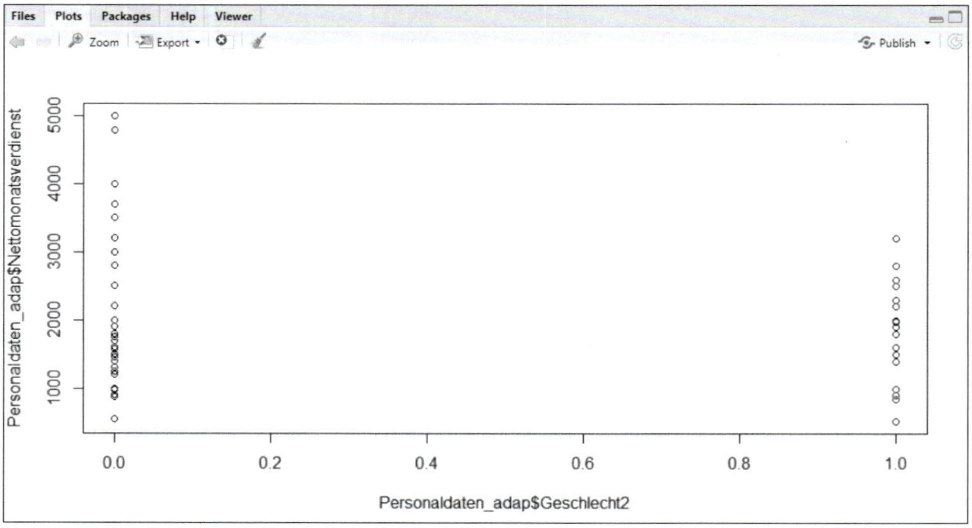


**Abbildung 8.17** Verdienst nach Geschlecht

```
# Regression

fit_Geschlecht <- lm(Nettomonatsverdienst ~ Geschlecht2, data = ⮐
Personaldaten_adap)
summary(fit_Geschlecht)
```

**Die Ausgabe:**

```
Call:
lm(formula = Nettomonatsverdienst ~ Geschlecht2, data = Personaldaten_adap)

Residuals:
    Min      1Q  Median      3Q     Max
-1539.7  -562.2  -229.7   420.3  2920.3
```

```
Coefficients:
            Estimate Std. Error t value Pr(>|t|)
(Intercept)   2079.7      122.9  16.916   <2e-16 ***
Geschlecht2   -185.6      228.0  -0.814    0.418
---
Signif. codes:  0 '***' 0.001 '**' 0.01 '*' 0.05 '.' 0.1 ' ' 1

Residual standard error: 960.2 on 84 degrees of freedom
Multiple R-squared:  0.007705,Adjusted R-squared:  -0.004108
F-statistic: 0.6522 on 1 and 84 DF,  p-value: 0.4179
```

**Listing 8.9** Trendberechnung der Variable Geschlecht im Datensatz Personaldaten2

R macht hier einfach eine zweite *Regression* durch die Datenpunkte der Kategorie Frauen und vergleicht sie mit der ersten. Die Trendgerade durch die Frauenpunkte liegt im Durchschnitt 185,6 € unter der durch die Datenpunkte der Kategorie Männer. Die Regression sagt aber auch, dass die Verdienstunterschiede nicht durch das Geschlecht erklärbar sind. Die Ergebnisse sind nicht signifikant. Das liegt daran, dass offenbar einige Männer in der Tat mehr verdienen als Frauen, einige aber auch weniger.

Der *R*-Quadrat-Wert ist bei kategorischen Variablen (Mann/ Frau) immer deutlich niedriger und weniger aussagekräftig als bei numerischen. Auf eine Interpretation können wir deshalb hier verzichten.

Wie sehen aber nun die Werte pro Geschlechtergruppe aus?

```
Durchschnittslöhne_Geschlecht <- Personaldaten_adap %>% group_by(Geschlecht2) ➲
%>% summarise(Durchschnittslohn = mean(Nettomonatsverdienst))
Durchschnittslöhne_Geschlecht
```

**Die Ausgabe:**

```
# A tibble: 2 x 2
  Geschlecht2 Durchschnittslohn
        <dbl>             <dbl>
1           0             2080.
2           1             1894.
```

**Listing 8.10** Berechnung der Durchschnittslöhne nach Geschlecht im Datensatz Personaldaten2

Männer verdienen im *Durchschnitt* also ca. 2.080 €, Frauen 1.894 € – das sind 186 € weniger (siehe die 185,6 € gerundet) bei den Frauen. Wie viel ist das in Prozent?

```
1896/2080
```

**Die Ausgabe:**

*[1] 0.9115385*

Die Berechnung hier ist im Übrigen eine Wachstums-/Änderungsberechnung mit Männern als *Referenzkategorie*. Frauen bekommen also in meiner Firma 0,9115 (gerundet) oder 91,15 % des Gehaltes der Männer bzw. gut 9 % weniger. Wie sieht das visualisiert aus?

```
Löhne_Geschlecht <- ggplot(data=Durchschnittslöhne_Geschlecht, ⮒
aes(x=Geschlecht2, y=Durchschnittslohn)) + geom_bar(stat = "identity")
Löhne_Geschlecht
```

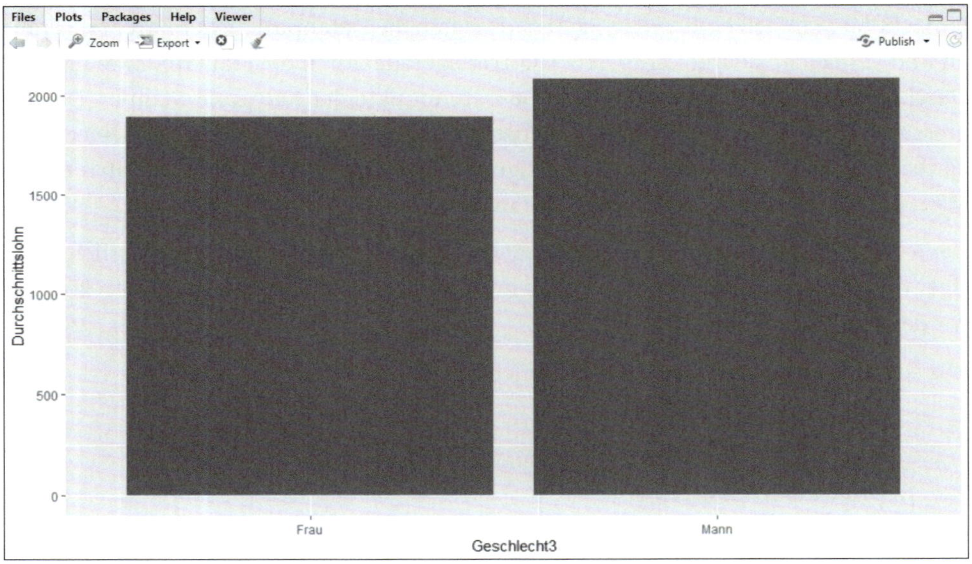


**Abbildung 8.18** Verdienst nach Geschlecht 1

Auch hier möchte ich meinen Plot so aufbereiten, dass ich ihn später meinem Chef vorstellen kann.

```
Durchschnittslöhne_Geschlecht$Geschlecht3 <- ⮒
ifelse(Durchschnittslöhne_Geschlecht$Geschlecht2 == 0, "Mann", "Frau")

Löhne_Geschlecht <- ggplot(data=Durchschnittslöhne_Geschlecht, ⮒
aes(x=Geschlecht3, y=Durchschnittslohn)) + geom_bar(stat = "identity")
Löhne_Geschlecht
```

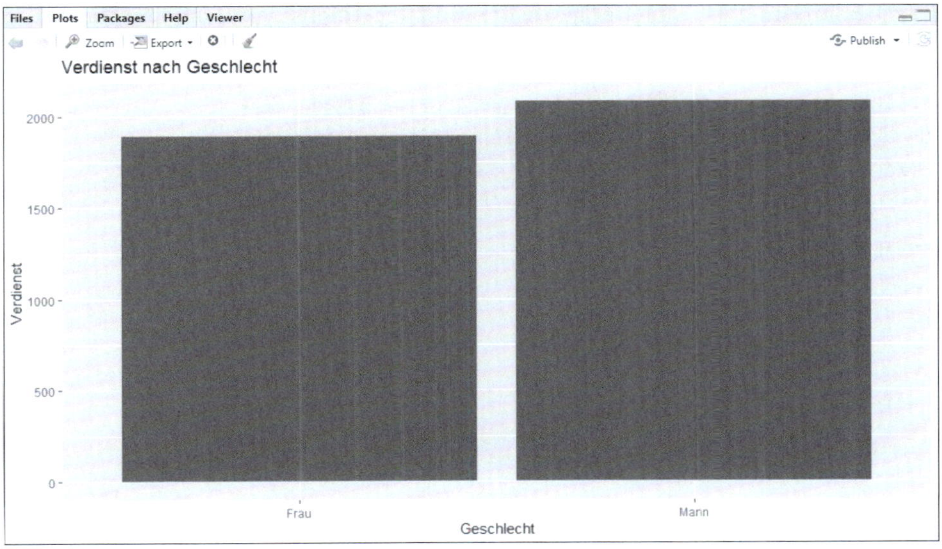


**Abbildung 8.19** Verdienst nach Geschlecht 2

Wenn wir den Verdienst von Männer und Frauen in diesem Balkendiagramm betrachten, erkennen wir auch visuell, dass Männer durchschnittlich monatlich mehr Geld verdienen als Frauen. Aber warum ist das jetzt so? Oben haben wir doch gesehen, dass das Geschlecht keinen signifikanten Unterschied bezüglich der Monatsverdienste ergeben hat. Es müssen also andere Faktoren eine wichtige Rolle bei den Gehaltsunterschieden spielen. Ich möchte das weiter und vertiefter analysieren. Dazu bedarf es aber einer veränderten/neuen Fragestellung: Welche Variablen können die Gehaltsunterschiede innerhalb der Geschlechtergruppen erklären? Ich füge meinem Plot noch einen Titel und eine saubere Achsenbeschriftung zu und gehe der Frage nach:

```
Löhne_Geschlecht <- ggplot(data=Durchschnittslöhne_Geschlecht, ➲
aes(x=Geschlecht3, y=Durchschnittslohn)) + geom_bar(stat = "identity") + ➲
ggtitle("Durchschnittliche Löhne nach Geschlecht") + xlab("Geschlecht") + ➲
ylab("Löhne")
Löhne_Geschlecht

### Analyse verschiedener Variablen in Verbindung mit Geschlecht
#Durchschnittliche Arbeitszeit
```

***Durchschnittliche Arbeitszeit nach Geschlecht***

Meine erste Vermutung, die ich überprüfen möchte, ist die der unterschiedlichen Arbeitszeiten. Wir haben bereits gesehen, dass die Arbeitszeit ein wichtiger Faktor in der

Gehaltsbestimmung ist. Liegt der geringere Monatsverdienst von Frauen vielleicht an einer geringen Durchschnittsarbeitszeit von Frauen?

```
DurchschnittsArbeitszeit_Geschlecht <- Personaldaten_adap %>% ➲
group_by(Geschlecht2) %>% summarise(Durchschnitssarbeitszeit = ➲
mean(Wöchentliche_Arbeitszeit))
DurchschnittsArbeitszeit_Geschlecht
```

**Die Ausgabe:**

```
# A tibble: 2 x 2
  Geschlecht2 Durchschnittsarbeitszeit
        <dbl>                    <dbl>
1           0                     42.8
2           1                     41.2
> 41.2/42.8
[1] 0.9626168
```

**Listing 8.11** Berechnung der durchschnittlichen Arbeitszeit nach Geschlecht im Datensatz Personaldaten_adap

Frauen arbeiten also in meiner Firma weniger Stunden als Männer, nämlich etwa 4 %.

```
# Visualisierung
# mit ifelse() Geschlecht zu 0 und 1 umschreiben (ist einfach sauberer und ➲
rechnet genauer)
DurchschnittsArbeitszeit_Geschlecht$Geschlecht3 <- ➲
ifelse(DurchschnittsArbeitszeit_Geschlecht$Geschlecht2 == 0, "Mann", "Frau")

Arbeitszeit_Geschlecht <- ggplot(data=DurchschnittsArbeitszeit_Geschlecht, ➲
aes(x=Geschlecht3, y = Durchschnitssarbeitszeit)) + ➲
geom_bar(stat = "identity") + geom_bar(stat = "identity") + ➲
ggtitle("Durchschnittliche Arbeitszeit nach Geschlecht") + ➲
xlab("Geschlecht") + ylab("Arbeitszeit")
Arbeitszeit_Geschlecht
```

Ja, die geringere Arbeitszeit von Frauen in meiner Firma ist auch optisch erkennbar. Was ist mit Arbeitserfahrung? Meine nächste Vermutung für die Unterschiede im Monatsverdienst ist die Arbeitserfahrung. Auch die könnte wichtig sein zur Bestimmung von Verdienstunterschieden.

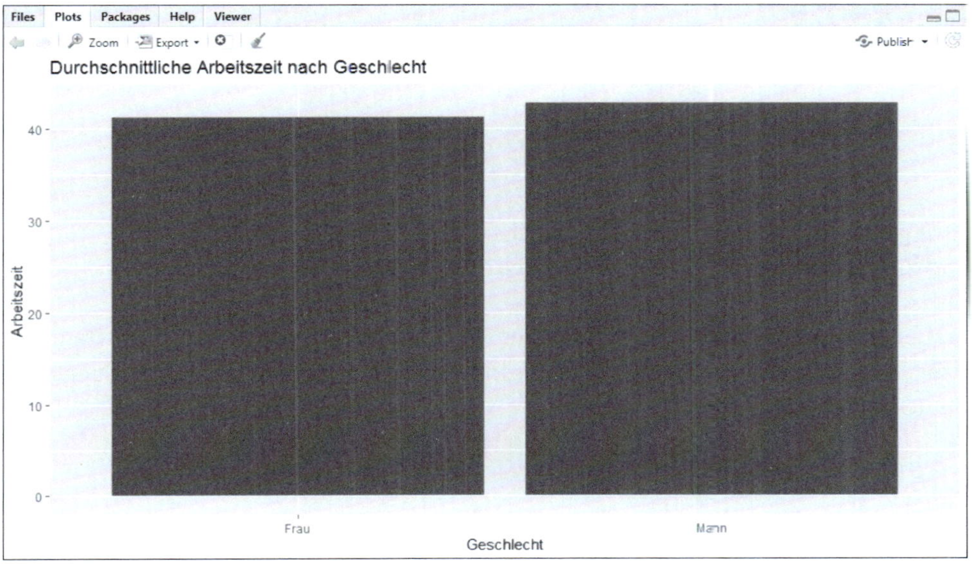


**Abbildung 8.20** Arbeitszeit nach Geschlecht

### *Arbeitserfahrung*

Genaue Angaben zur Arbeitserfahrung der Beschäftigten habe ich nicht. Stattdessen verwende ich einen *Proxi*: Arbeitnehmer beginnen häufig mit 17 Jahren ihre Lehre (das nehmen wir hier an), womit auch ihre Arbeitserfahrung beginnt. Dieser Proxi ist ziemlich ungenau. Wir haben ja schon gesehen, dass viele Abitur haben und von denen vermutlich wohl auch viele studiert haben. Aber erstens ist eine schlechte Zahl immer noch besser als keine Zahl, und zweitens wollen wir hier herausfinden, ob sich an dieser Variablen mögliche Erklärungsmuster ablesen lassen könnten. Sollten wir etwas finden, dann kann der Chef eine weitere Studie in Auftrag geben, bei der Sie dann die Arbeitserfahrung der Belegschaft ganz genau aufnehmen. Wir sind nun im Jahr 2020. 2020 minus das Geburtsjahr einer Person ergibt das Alter. Um ihre Arbeitserfahrung zu schätzen, muss ich davon noch die 17 Jahre abziehen, die es dauert, bis die Leute anfangen zu arbeiten:

```
#Durchschnittliche Arbeitserfahrung
Personaldaten_adap$Jahre_in_Arbeit <- 2020 - Personaldaten_adap$Geburtsjahr - 17

DurchschnittsArbeitserfahrung_Geschlecht <- Personaldaten_adap %>%
    group_by(Geschlecht2) %>%
    summarise(Arbeitserfahrung = mean(Jahre_in_Arbeit))
DurchschnittsArbeitserfahrung_Geschlecht
```

```
Die Ausgabe:
# A tibble: 2 x 2
  Geschlecht2 Arbeitserfahrung
        <dbl>            <dbl>
1           0             21.2
2           1             19
```

**Listing 8.12** Berechnung der durchschnittlichen Arbeitserfahrung nach Geschlecht im Datensatz Personaldaten2

Frauen arbeiten 19/21,2, also etwa 0,9 oder 90 % der Jahre, die die Männer arbeiten. Ihre Arbeitserfahrung ist somit um einiges geringer, nämlich um knapp 2,1 Jahre oder gerundet 10 %.

```
# Visualisierung

DurchschnittsArbeitserfahrung_Geschlecht$Geschlecht3 <- ifelse(Durchschnitts- ➲
Arbeitserfahrung_Geschlecht$Geschlecht2 == 0, "Mann", "Frau")

Arbeitserfahrung_Geschlecht <- ggplot(data=DurchschnittsArbeitserfahrung_ ➲
Geschlecht, aes(x=Geschlecht3, y=Arbeitserfahrung)) + geom_bar(stat = ➲
"identity") + ggtitle("Durchschnittliche Arbeitserfahrung nach Geschlecht") + ➲
xlab("Geschlecht") + ylab("Arbeitserfahrung")
Arbeitserfahrung_Geschlecht
```

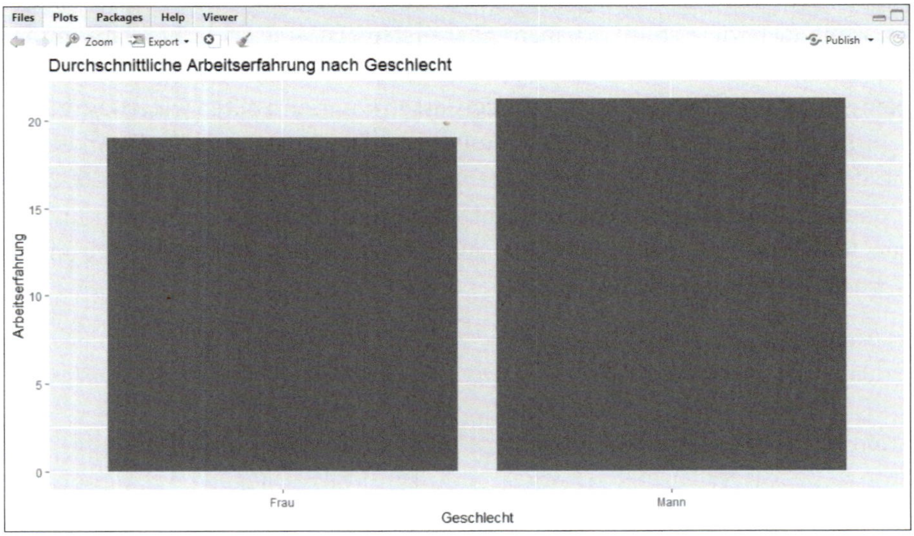


**Abbildung 8.21** Arbeitserfahrung nach Geschlecht

Ja, es wäre besser gewesen, gleich eine solche Variable `Arbeitserfahrung` in den Datensatz »Personaldaten_adap« einzufügen. Nächstes Mal!

Wie sieht das nun nebeneinander aus?

```
install.packages("cowplot")
library(cowplot)

Finaler_Plot <- plot_grid(Löhne_Geschlecht, Arbeitszeit_Geschlecht, ⮐
Arbeitserfahrung_Geschlecht, nrow = 1, align = 'v')
```

**Listing 8.13** Zusammenfügen mehrerer Plots

```
Finaler_Plot
```

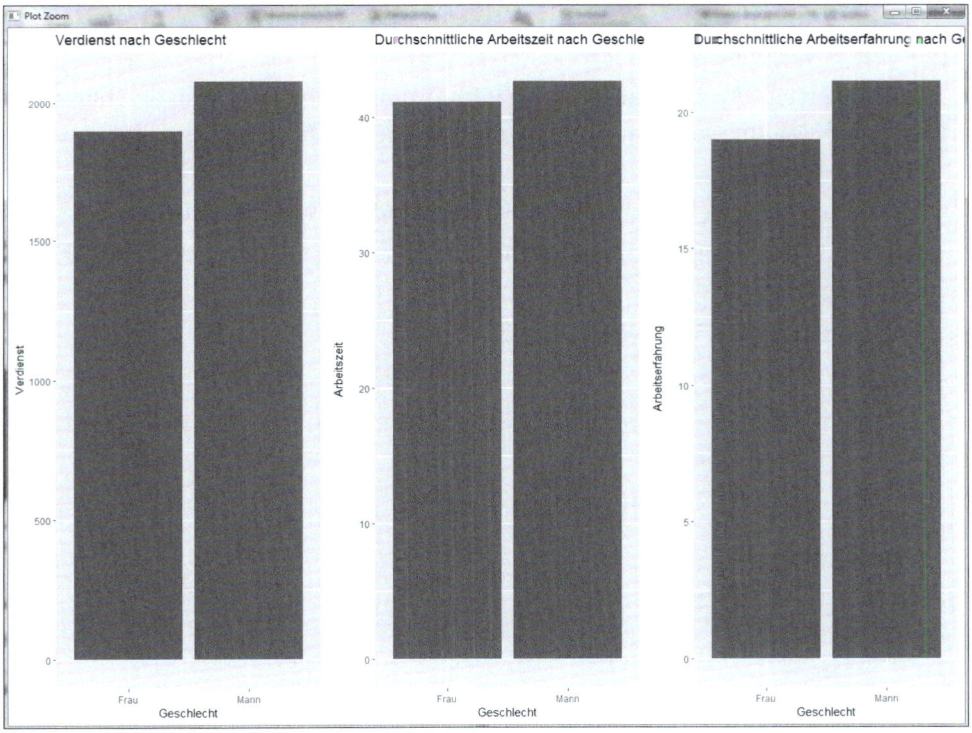


**Abbildung 8.22** Geschlechterplots zusammengefügt

Hier haben Sie Ihre Analyse nun schön und übersichtlich nebeneinanderstehen. Sie können die einzelnen Plots nach Beliebigkeit verändern und dann mit `cowplot` einfach wieder neu zusammenfügen. Probieren Sie es aus!

In der finalen Diskussion müssen Sie nun die Ergebnisse dem Publikum klarmachen: Frauen verdienen nur etwa 90 % des Gehaltes der Männer, arbeiten aber auch weniger Stunden und haben weniger Arbeitserfahrung in meiner Firma.

**Tipp**

Wenn Sie das richtig programmiert haben und den zusammengeführten Graphen nicht sehen, dann zoomen Sie mit R heran. Das ist die kleine Lupe etwas oberhalb des Graphen. Es kann sein, dass Ihr Bildschirm zu klein ist.

***Bildung***

Bildung ist ebenfalls nicht einfach zu bestimmen. Auch hier haben wir nur den Schulabschluss als Proxi. Sie müssen wie immer einfach Folgendes überlegen: Was haben Sie, was brauchen Sie, wie berechnen Sie das?

Ich schlage folgenden Algorithmus vor:

1. Sie erstellen eine Tabelle, die einfach zählt: Anzahl Männer mit Schulabschluss Abitur, Anzahl Männer mit Schulabschluss mittlerer Reife, Anzahl ... usw. und dann das Gleiche für Frauen.
2. Sie ermitteln die absoluten Werte an Männern und Frauen, durch die Sie
3. die Anzahl der jeweiligen Abschlüsse (Freq) teilen. Ich schlage Ihnen dann hier auch noch einen Plot vor, den Sie dann
4. mit den errechneten Daten erstellen können.

```
# Bildung
Bildung_nach_Geschlecht <- as.data.frame(table(Personaldaten_adap$Geschlecht2, ➲
Personaldaten_adap$Schulabschluss))

Bildung_nach_Geschlecht %>% group_by(Var1) %>%
    summarise(Summe = sum(Freq))
```

**Die Ausgabe:**

```
# A tibble: 2 x 2
  Var1  Summe
  <fct> <int>
1 0        61
2 1        25
```

```
Bildung_nach_Geschlecht$Anteil <- ifelse(Bildung_nach_Geschlecht$Var1 == 0, ➲
Bildung_nach_Geschlecht$Freq/61*100, Bildung_nach_Geschlecht$Freq/25*100)
```

**Listing 8.14** Erstellung der Daten zur Bildung nach Geschlecht im Datensatz Personaldaten_adap

```
ggplot(Bildung_nach_Geschlecht, aes(Var1, Anteil, group=Var2)) + ➲
geom_line(aes(color=Var2)) + geom_point()
```

ggplot gibt hier mit dem Zusatzargument group=Var2 den Befehl, dass zusätzlich zu der sich aus Var1 (Geschlecht) ergebenden Gruppierung die Gruppierung nach den Var2-Gruppen, also den Schulabschlussgruppen, unterteilt werden soll. color=Var2 gibt an, dass die somit erstellten Gruppen jeweils eine Farbe bekommen sollen.

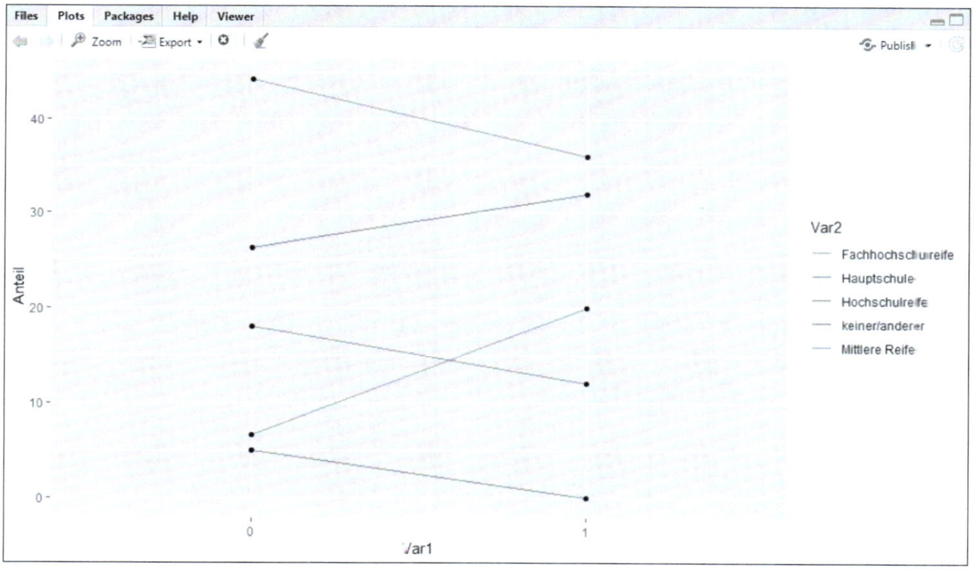


**Abbildung 8.23** Unterschiede Bildung Männer und Frauen

Frauen sind also höher gebildet. Es gibt mehr Frauen, die Abitur und Fachhochschulreife haben. Die meisten Männer haben einen Realschulabschluss. Männer sind allerdings in der »keiner/anderer«-Gruppe etwas stärker vertreten. Es ist möglich, dass es diese Abschlüsse sind (vielleicht ausländische?), die den Unterschied machen. Möglich ist auch, dass sich später prozentual Männer häufiger zum Studium entscheiden und dann mehr verdienen. Wahrscheinlich ist auch, dass die oben ermittelten Ergebnisse zu Arbeitszeit und -erfahrung den Unterschied am besten erklären. Denn nach der Schulbildung kann noch viel passieren, was über die Höhe von Verdiensten entscheidet.

Soll ich nun auch Titel und Achsen hinzufügen? Ich sage, dass ist an dieser Stelle das nicht nötig. Denn diesen Plot will ich gar nicht veröffentlichen. Er ist zu meiner Übersicht. Wir kehren stattdessen zum Abschluss noch einmal zur Hauptanalyse zurück.

```
###Zurück zur Hauptanalyse
```

#### Arbeitserfahrung

Ich komme wieder zurück zur Hauptanalyse. Die Arbeitserfahrung ist noch nicht geschlechterunabhängig analysiert. Aber die Arbeitserfahrung habe ich für meine Fragestellung genügend besprochen. Mir reichen die Ergebnisse von eben. Es bleiben die Krankheitstage.

#### Krankheitstage

Sie sind dran. Die deskriptive Analyse der Krankheitstage schaffen Sie selbst. Probieren Sie alles aus. Sie können damit beginnen, einfach den Code für die Analyse `Monatsverdienst` und `Arbeitszeit` mit `Monatsverdienst` und `Krankheitstage` zu ersetzen.

Zum Beispiel so:

```
summary(Personaldaten_adap$Krankheitstage)
```

oder so:

```
Mod_Verdienst_Krankheitstage <- lm(Nettomonatsverdienst ~ Krankheitstage, ⮐
data=Personaldaten_adap)
summary(Mod_Verdienst_Krankheitstage)
```

und so:

```
library(ggplot2)

P_Verdienst_Krankheitstage <- ggplot(Personaldaten_adap, aes(Krankheitstage, ⮐
Nettomonatsverdienst)) + geom_point()
P_Verdienst_Krankheitstage
```

Ziehen Sie dann daraus Ihre eigenen Schlüsse. Meine Schlussfolgerung aufgrund meiner Rechnungen ist die, dass sich Krankheitstage negativ auf den Verdienst auswirken.

(Für den Fall, dass Sie noch Hilfe benötigen, gibt es im nächsten Kapitel hierzu noch eine Analyse.)

## 8.6 Kommunikation

Der vorletzte Schritt ist die *Kommunikation* der Ergebnisse. Sie kann einfach aus der Zusammenfassung der Ergebnisse Ihrer Analyse bestehen.

In meinem Fall teile ich meinem Chef mit, dass der Monatsverdienst in seiner Firma teilweise von der Schulbildung abhängt, mehr aber von den geleisteten Arbeitsstunden, der Arbeitserfahrung (also den während der Arbeitsjahre erworbenen Fähigkeiten) und den Krankheitstagen. Er hängt auf den ersten Blick auch vom Geschlecht ab – auf den zweiten Blick aber kaum oder gar nicht.



Ich stelle ihm das anhand von zwei, drei Graphen dar, an denen entlang ich meine Ergebnisse erkläre. Das wären nach meiner Auswahl Abbildung 8.9: Ausgangsplot Nettomonatsverdienst und wöchentliche Arbeitszeit mit Trend, Titel und Achsenbeschriftung, Abbildung 8.22: Geschlechterplots zusammengefügt, und sicher noch ein Plot zu den Krankheitstagen.

## 8.7 Dokumentation

Als Letztes kommt die *Dokumentation*. Nur mit ihr ist die Studie komplett. Dokumentation heißt nichts anderes, als alles aufzuschreiben, was Sie an Daten benutzt haben, wie diese Daten aussehen und was Sie mit diesen Daten gemacht haben. Das Ziel ist, dass ein Fremder Ihre Analyse nachvollziehen und gegebenenfalls nachbauen kann. Das ist wichtig, damit eine wissenschaftliche Reanalyse stattfinden kann, die Ihre Studie entweder bestätigt oder nicht bestätigt (*falsifiziert*).

Wenn Sie in Ihrem Skript die Kommentare sauber gesetzt haben, ist das größtenteils erledigt. Sie müssen dann nur die Daten beschreiben (wo kommen sie her, wie sind sie zusammengestellt, wo sind Probleme, welche Daten haben Sie warum verwendet, welche nicht) und Ihre Kommentare der Dokumentation Ihrer Analyse beilegen. Schreiben Sie also alles so auf, dass Sie Ihre Kommentare auch verstehen, wenn Sie jahrelang nicht an dem Thema gearbeitet haben.

## 8.8 Bonus: Folgeanalyse in der Zeitreihe: Krankheitstage

Aus Daten sind meistens viele Erkenntnisse zu gewinnen, die über Ihre ursprüngliche Fragestellung hinausgehen, so war das ja auch mit der Frage nach den Verdienstunterschieden zwischen Männern und Frauen. Ich habe oben im Übersichtsplot der Krankheitstage relativ viele Krankheitstage entdeckt. Das ist natürlich für meinen Chef sehr interessant, da die ihn viel Geld kosten. Wo kommen die also her?

Ich analysiere hier wie immer nach meinem Schema und nutze noch weniger Erklärungen als vorher. Stattdessen schreibe ich beinahe alles lediglich im Skript-Modus, also Erklärungen und Kommentare als Stichworte direkt in mein Skript hinein, so wie ich das auch in der Realität machen würde. Das Ausformulieren kommt dann später entweder schriftlich oder mündlich – je nach Bedarf – in der Phase der Kommunikation oder der der Dokumentation.

Falls Sie hier nicht mehr mitkommen sollten, kopieren Sie einfach wieder alle Befehle in Ihr Skript (denken Sie lediglich daran, dass die Daten sauber eingeladen sein müssen). Sollte das trotz aller Versuche, Problemlösungsansätze und Ihrer Hilfegesuche im Netz nicht klappen, ist das nicht schlimm. Das Ziel dieses Buches, Ihnen eine erste, wirklich erste Einführung in die Data Science mit R zu geben, ist bereits nach Kapitel 7, »Daten analysieren mit einfacher Statistik«, erfüllt. Probieren Sie es trotzdem, es lohnt sich!

Nach meiner bisherigen Analyse würde ich wie folgt weitermachen:

```
# Oben hohe Krankheitstage entdeckt: Was ist nun mit der Vermutung der Krank-
heitstage und deren Einfluss auf das Gehalt? Stress und Überarbeitung können
laut Literatur zu höheren Krankheitsausfällen führen. Und diese Frage könnte ich
ja stellen: Führen Stress und Überarbeitung zu höheren Krankheitsausfällen?
Vermutlich ja, siehe oben. Aber für einen Monat kann das nicht beurteilt wer-
den. Es braucht eine Analyse im Verlauf. Vielleicht ist der Januar nur ein Mo-
nat, in dem grundsätzlich viele Leute krank werden. Nun mache ich also eine län-
gere Analyse über mehrere Monate (Zeitreihe). Dazu beobachte ich 30 Leute
(Reduktion der Fallzahl, um Zeit bei der Datensammlung/den Befragungen zu spa-
ren) über weitere 3 Monate, also insgesamt 4 Monate.
```

Die Daten kenne ich nun schon gut. Die Analyse beginnt trotzdem wieder von vorn.

```
### Fragestellung
# Führen Stress und Überarbeitung zu höheren Krankheitsausfällen?

### Datenbeschaffung
# Die Daten sind vom Aufbau ähnlich wie die vorherigen Daten, aber auf eine
Stichprobe von 30 Mitarbeitern reduziert, von denen einer gekündigt hat.
29 Individuen bleiben über.

### Import
```

```
library(readxl)
Personaldaten_Erweitert <- read_excel("C:/Users/user/Desktop/R_Projekte/↩
Personaldaten_Erweitert.xlsx")

View(Personaldaten_Erweitert)
```

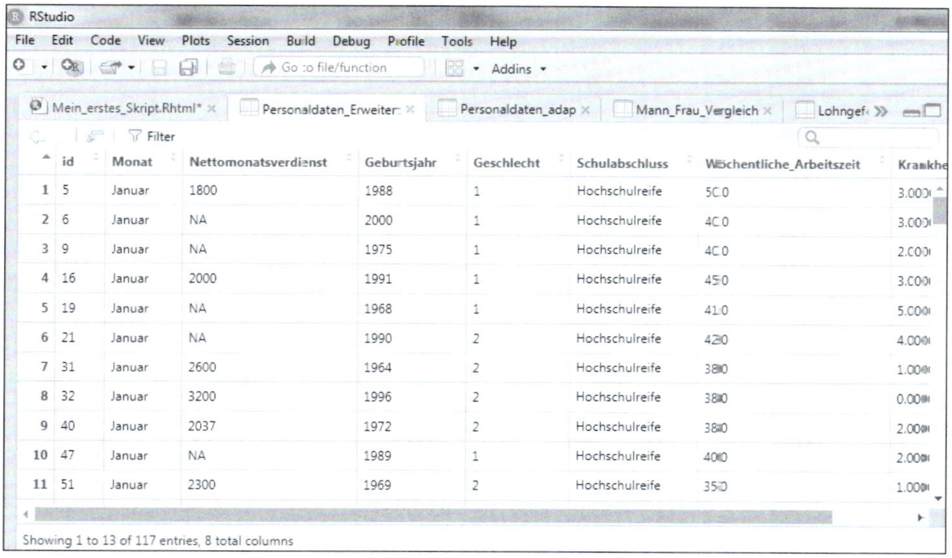


| | id | Monat | Nettomonatsverdienst | Geburtsjahr | Geschlecht | Schulabschluss | Wöchentliche_Arbeitszeit | Krankhe |
|---|---|---|---|---|---|---|---|---|
| 1 | 5 | Januar | 1800 | 1988 | 1 | Hochschulreife | 50.0 | 3.000 |
| 2 | 6 | Januar | NA | 2000 | 1 | Hochschulreife | 40.0 | 3.000 |
| 3 | 9 | Januar | NA | 1975 | 1 | Hochschulreife | 40.0 | 2.000 |
| 4 | 16 | Januar | 2000 | 1991 | 1 | Hochschulreife | 45.0 | 3.000 |
| 5 | 19 | Januar | NA | 1968 | 1 | Hochschulreife | 41.0 | 5.000 |
| 6 | 21 | Januar | NA | 1990 | 2 | Hochschulreife | 42.0 | 4.000 |
| 7 | 31 | Januar | 2600 | 1964 | 2 | Hochschulreife | 38.0 | 1.000 |
| 8 | 32 | Januar | 3200 | 1996 | 2 | Hochschulreife | 38.0 | 0.000 |
| 9 | 40 | Januar | 2037 | 1972 | 2 | Hochschulreife | 38.0 | 2.000 |
| 10 | 47 | Januar | NA | 1989 | 1 | Hochschulreife | 40.0 | 2.000 |
| 11 | 51 | Januar | 2300 | 1969 | 2 | Hochschulreife | 35.0 | 1.000 |

**Abbildung 8.24** Datensatz »Personaldaten erweitert« (Abschnitt A.7)

```
# Übersicht
str(Personaldaten_Erweitert)
```

**Die Ausgabe:**

```
Classes 'tbl_df', 'tbl' and 'data.frame':116 obs. of  8 variables:
 $ id                      : num  5 6 9 16 19 21 31 32 40 47 ...
 $ Monat                   : chr  "Januar" "Januar" "Januar" "Januar" ...
 $ Nettomonatsverdienst    : num  1800 NA NA 2000 NA ...
 $ Geburtsjahr             : num  1988 2000 1975 1991 1968 ...
 $ Geschlecht              : num  1 1 1 1 1 2 2 2 2 1 ...
 $ Schulabschluss          : chr  "Hochschulreife" "Hochschulreife" ↩
"Hochschulreife" "Hochschulreife" ...
 $ Wöchentliche_Arbeitszeit: num  50 40 40 45 41 42 38 38 38 40 ...
 $ Krankheitstage          : num  3 3 2 3 5 4 1 0 2 2 ...
```

```
###Daten vorbereiten/bereinigen
```

```
# Einer ist ohne Verdienst - hat gekündigt: löschen.

Personaldaten_Erweitert <- Personaldaten_Erweitert[!is.na(Personaldaten_⮐
Erweitert$Nettomonatsverdienst),]
# Bleiben 96 Observationen

### Bearbeitung
# Keine zusätzlichen Variablen benötigt.

### Visualisierung (Übersicht)

plot(Personaldaten_Erweitert$Krankheitstage, Personaldaten_Erweitert$Netto-⮐
monatsverdienst)
```

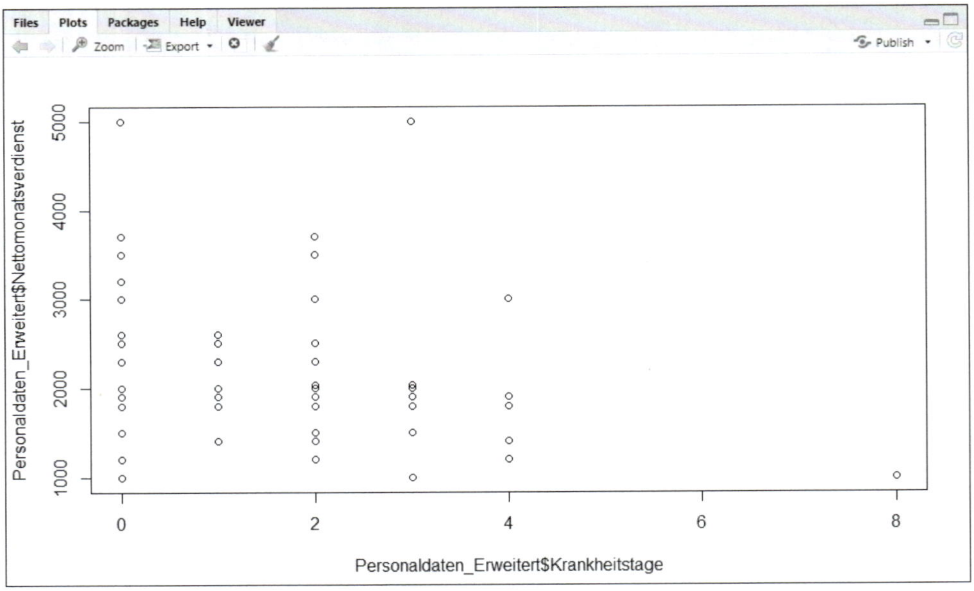


**Abbildung 8.25** Personaldaten_erweitert Krankheitstage und Verdienst

```
# Ja. Es sieht so aus, als bestünde auch über Monate hinweg ein Zusammenhang
zwischen der Anzahl an Krankheitstagen und dem Verdienst.

###Analyse im Dreiklang

# Durchschnitt und Min.- und Max.-Werte
```

```
summary(Personaldaten_Erweitert)
```

**Die Ausgabe:**

```
       id             Monat              Nettomonatsverdienst  Geburtsjahr     Geschlecht
 Min.   : 5.00   Length:116         Min.   :1000         Min.   :1964   Min.   :1.00
 1st Qu.:32.00   Class :character   1st Qu.:1800         1st Qu.:1974   1st Qu.:1.00
 Median :60.00   Mode  :character   Median :2000         Median :1982   Median :1.00
 Mean   :56.38                      Mean   :2280         Mean   :1982   Mean   :1.31
 3rd Qu.:81.00                      3rd Qu.:2525         3rd Qu.:1991   3rd Qu.:2.00
 Max.   :97.00                      Max.   :5000         Max.   :2000   Max.   :2.00
                                    NA's   :20
 Schulabschluss     Wöchentliche_Arbeitszeit Krankheitstage
 Length:116         Min.   :30.00            Min.   :0.000
 Class :character   1st Qu.:38.50            1st Qu.:0.000
 Mode  :character   Median :40.00            Median :1.000
                    Mean   :41.31            Mean   :1.388
                    3rd Qu.:43.00            3rd Qu.:2.000
                    Max.   :60.00            Max.   :8.000
```

```
# Regression Verdienst und Krankheitstage

fit_Krank_erweitert <- lm(Nettomonatsverdienst ~ Krankheitstage, ➥
data=Personaldaten_Erweitert)
summary(fit_Krank_erweitert)
```

**Die Ausgabe:**

```
Call:
lm(formula = Nettomonatsverdienst ~ Krankheitstage, data = Personaldaten_Erweitert)

Residuals:
    Min      1Q  Median      3Q     Max
-1494.2  -539.8  -162.9   178.3  3023.4

Coefficients:
               Estimate Std. Error t value Pr(>|t|)
(Intercept)     2494.17     116.26  21.454  < 2e-16 ***
Krankheitstage  -172.51      62.42  -2.764  0.00688 **
---
Signif. codes:  0 '***' 0.001 '**' 0.01 '*' 0.05 '.' 0.1 ' ' 1

Residual standard error: 850.2 on 94 degrees of freedom
```

```
Multiple R-squared:  0.07515,  Adjusted R-squared:  0.06531
F-statistic: 7.638 on 1 and 94 DF,  p-value: 0.006878

# Krankheitstage wirken sich statistisch signifikant auf den Nettomonatsver-
dienst aus. Jeder zusätzliche Krankheitstag im Monat bedeutet im Modell einen
Verlust von 172,51 € pro Person im Monatsnettoverdienst. Es ist also ein wichti-
ges Thema auch für die Arbeitnehmer selbst. Zwar scheint diese Variable nur etwa
7,5% der Streuung der Punkte zu erklären, aber auch 7,5% können unter Umständen
für beide Seiten entweder ein deutlich Plus oder Minus an Verdienst (Arbeit-
nehmer) und Ausgaben (Arbeitgeber) bedeuten.

### Kommunikation
# Ergebnisse dem Chef zeigen und besprechen. Frage: Will er das weiter verfol-
gen? Ist das ein Thema für ihn?
# Ergebnis des Gesprächs: Der Chef hatte das Problem bereits vorher vermutet
und angeordnet, die Arbeitszeit auf maximal 40 Stunden pro Woche zu reduzieren.
Ich soll nun überprüfen, ob diese Maßnahme funktioniert hat.

### Dokumentation
# Im Skript - für die Kollegen bei Bedarf ausformulieren.

#################################Neue Studie#####################################
### Neue Studie/Fragestellung: Wirkt sich die Reduktion der Arbeitszeit positiv
auf die Krankheitstage aus?
### Datenbeschaffung
# Welche Daten und woher?: Wie vorher
### Import
# Sind noch geladen
### Daten vorbereiten
# wie oben, erledigt
### Analyse im Dreiklang
#Durchschnittliche Anzahl der Krankheitstage pro Monat erstellen

Entwicklung_Krankheitstage <- Personaldaten_Erweitert %>%
  group_by(Monat) %>%
  summarise(Durchschnittliche_Krankheitstage = mean(Krankheitstage))
Entwicklung_Krankheitstage
```

**Die Ausgabe:**

```
# A tibble: 4 x 2
  Monat   Durchschnittliche_Krankheitstage
```

```
  <chr>                <dbl>
1 April                0.586
2 Februar              1.59
3 Januar               1.97
4 März                 1.41

# Ordnen:
Entwicklung_Krankheitstage$Monat <- factor(Entwicklung_Krankheitstage$Monat, ⮐
levels = c("Januar", "Februar", "März", "April"))

# Visualisierung
ggplot(data=Entwicklung_Krankheitstage, aes(x=Monat, y=Durchschnittliche_⮐
Krankheitstage, group=1)) + geom_line()
```

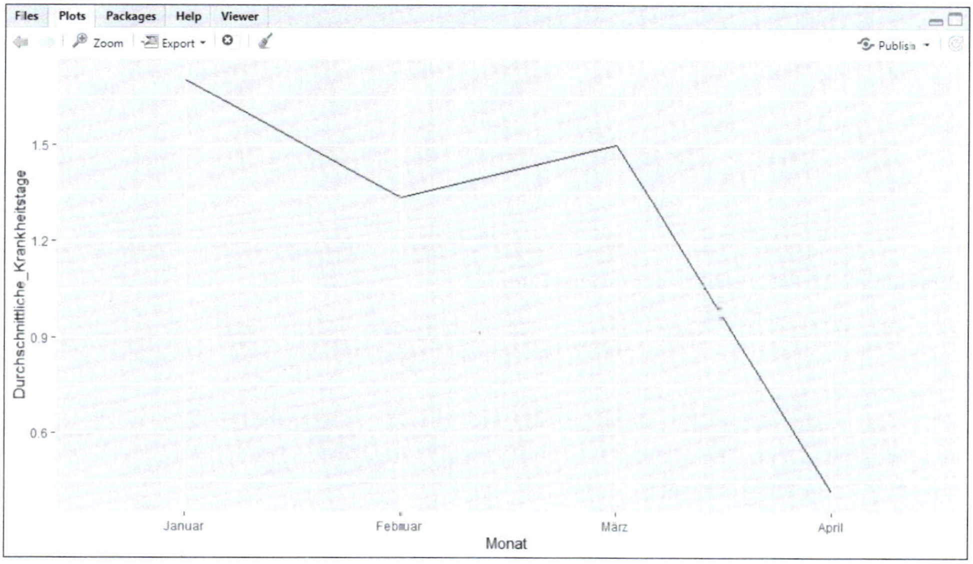


**Abbildung 8.26** Entwicklung der Krankheitstage

```
# Die Anzahl der Krankheitstage sinkt also. Tiefstand im April. Ist die Erklä-
rung dafür die Anordnung meines Chefs, weniger zu arbeiten?

# Das Gleiche nun für Arbeitsstunden:
Entwicklung_Arbeitsstunden <- Personaldaten_Erweitert %>%
  group_by(Monat) %>%
  summarise(Durchschnittliche_Arbeitszeit = mean(Wöchentliche_Arbeitszeit))
Entwicklung_Arbeitsstunden$Monat <- factor(Entwicklung_Arbeitsstunden$Monat,⮐
```

```
levels = c("Januar", "Februar", "März", "April"))

ggplot(data=Entwicklung_Arbeitsstunden, aes(x=Monat, y=Durchschnittliche_➲
Arbeitszeit, group=1)) + geom_line()
```

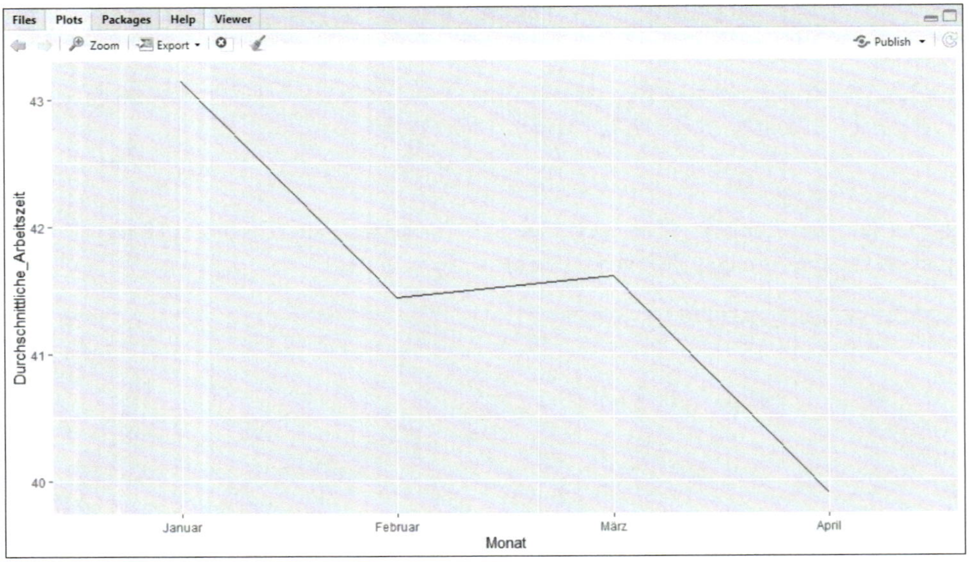


**Abbildung 8.27** Entwicklung der Arbeitsstunden

```
# Sinkt auch. Gibt es nun einen Zusammenhang zwischen den beiden Variablen?
# Regression
fit_Krank_erweitert <- lm(Wöchentliche_Arbeitszeit ~ Krankheitstage, ➲
data=Personaldaten_Erweitert)
summary(fit_Krank_erweitert)
```

**Die Ausgabe:**

```
Call:
lm(formula = Wöchentliche_Arbeitszeit ~ Krankheitstage, data = ➲
Personaldaten_Erweitert)

Residuals:
     Min       1Q   Median       3Q      Max
-12.0989  -3.1589  -0.5784   2.4216  19.4216

Coefficients:
               Estimate Std. Error t value Pr(>|t|)
(Intercept)     40.5784     0.8146  49.812   <2e-16 ***
```

```
Krankheitstage   0.7603     0.4374   1.738   0.0855 .
---
Signif. codes:  0 '***' 0.001 '**' 0.01 '*' 0.05 '.' 0.1 ' '  1

Residual standard error: 5.957 on 94 degrees of freedom
Multiple R-squared:  0.03114,Adjusted R-squared:  0.02083
F-statistic: 3.021 on 1 and 94 DF,  p-value: 0.08546

# Moment mal, hier sieht es so aus, als würden die, die mehr Stunden arbeiten,
weniger Krankheitstage haben. Hat nur geringe statistische Signifikanz und
erklärt nur gut 3% des Modells, aber immerhin über die 4 Monate hinweg. Was
bedeutet das?

# Ich kann meinem Chef nicht alle Möglichkeiten zeigen und erläutern. Als
Letztes überprüfe ich aber noch den Verlauf nach Verdienstgruppen. Oben war
ja zu sehen, dass sich Krankheitstage auf den Verdienst auswirken.

# Verteilung Krankheitstage nach Verdienst:
table(Personaldaten_Erweitert$Nettomonatsverdienst, Personaldaten_➥
Erweitert$Krankheitstage)
```

**Die Ausgabe:**

```
       0 1 2 3 4 5 8
  1000 1 0 0 2 0 0 1
  1200 2 0 1 0 1 0 0
  1400 0 1 2 0 1 0 0
  1500 1 0 2 1 0 0 0
  1800 9 2 7 1 1 0 0
  1900 2 2 2 1 1 0 0
  2000 5 2 1 1 0 0 0
  2037 0 0 2 1 0 0 0
  2300 1 2 1 0 0 0 0
  2500 3 7 2 0 0 0 0
  2600 3 1 0 0 0 0 0
  3000 2 0 1 0 1 0 0
  3200 4 0 0 0 0 0 0
  3500 1 0 3 0 0 0 0
  3700 3 0 1 0 0 0 0
  5000 3 0 0 1 0 0 0
```

```
# Es sieht auf den ersten Blick so aus, als hätten die höheren Verdienstgruppen
weniger Krankheitstage. Das möchte ich grafisch darstellen.

# wenn nötig: Personaldaten_Erweitert$Nettomonatsverdienst <- ➲
as.numeric(Personaldaten_Erweitert$Nettomonatsverdienst)

# Ich teile in obere und untere Verdienstgruppen ein:
Personaldaten_Erweitert$Nettomonatsverdienst2 <- cut(Personaldaten_➲
Erweitert$Nettomonatsverdienst,breaks = c(0, 3000, 5000), labels=c("0-3000", ➲
"3000+"))

view(Personaldaten_Erweitert)
```

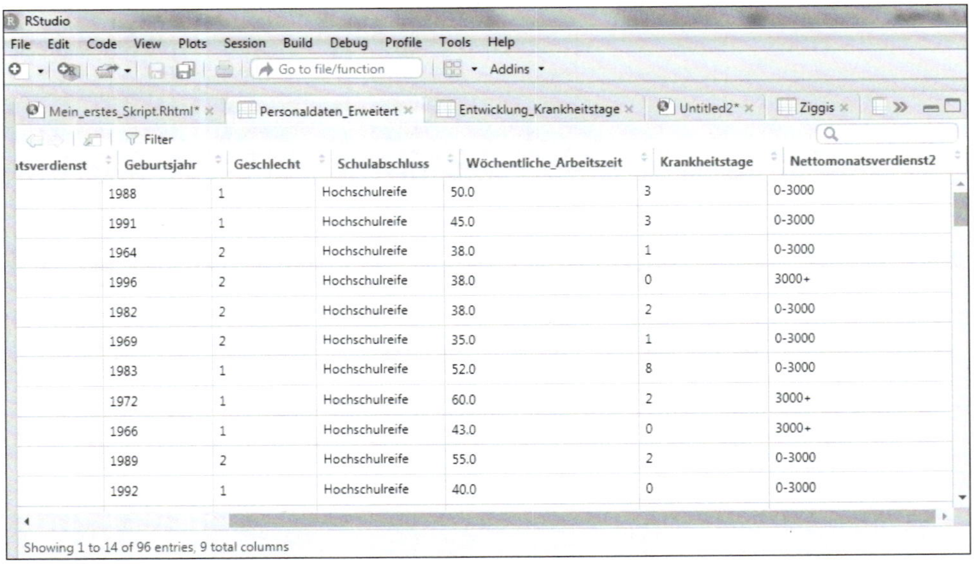

| ıtsverdienst | Geburtsjahr | Geschlecht | Schulabschluss | Wöchentliche_Arbeitszeit | Krankheitstage | Nettomonatsverdienst2 |
|---|---|---|---|---|---|---|
| | 1988 | 1 | Hochschulreife | 50.0 | 3 | 0-3000 |
| | 1991 | 1 | Hochschulreife | 45.0 | 3 | 0-3000 |
| | 1964 | 2 | Hochschulreife | 38.0 | 1 | 0-3000 |
| | 1996 | 2 | Hochschulreife | 38.0 | 0 | 3000+ |
| | 1982 | 2 | Hochschulreife | 38.0 | 2 | 0-3000 |
| | 1969 | 2 | Hochschulreife | 35.0 | 1 | 0-3000 |
| | 1983 | 1 | Hochschulreife | 52.0 | 8 | 0-3000 |
| | 1972 | 1 | Hochschulreife | 60.0 | 2 | 3000+ |
| | 1966 | 1 | Hochschulreife | 43.0 | 0 | 3000+ |
| | 1989 | 2 | Hochschulreife | 55.0 | 2 | 0-3000 |
| | 1992 | 1 | Hochschulreife | 40.0 | 0 | 0-3000 |



**Abbildung 8.28** Einteilung der Daten in Verdienstgruppen

```
# Visualisierung

final <- Personaldaten_Erweitert %>% group_by(Monat,Nettomonatsverdienst2) %>% ➲
summarise(Durchschnittl_Krankheitstage = mean(Krankheitstage))
final
```

**Die Ausgabe:**

```
# A tibble: 8 x 3
# Groups:   Monat [4]
  Monat   Nettomonatsverdienst2 Durchschnittl_Krankheitstage
```

```
  <chr>   <fct>                                      <dbl>
1 April   0-3000                                      0.4
2 April   3000+                                       0.5
3 Februar 0-3000                                      1.5
4 Februar 3000+                                       0.5
5 Januar  0-3000                                      1.95
6 Januar  3000+                                       0.5
7 März    0-3000                                      1.55
8 März    3000+                                       1.25
# Ja, die höhere Verdienstgruppe hat deutlich weniger Krankheitstage als
die niedrigere Verdienstgruppe.

fin_plot <- ggplot(final, aes(Monat, Durchschnittl_Krankheitstage, ➲
group=Nettomonatsverdienst2)) + geom_line(aes(linetype=Nettomonatsverdienst2))
fin_plot
```

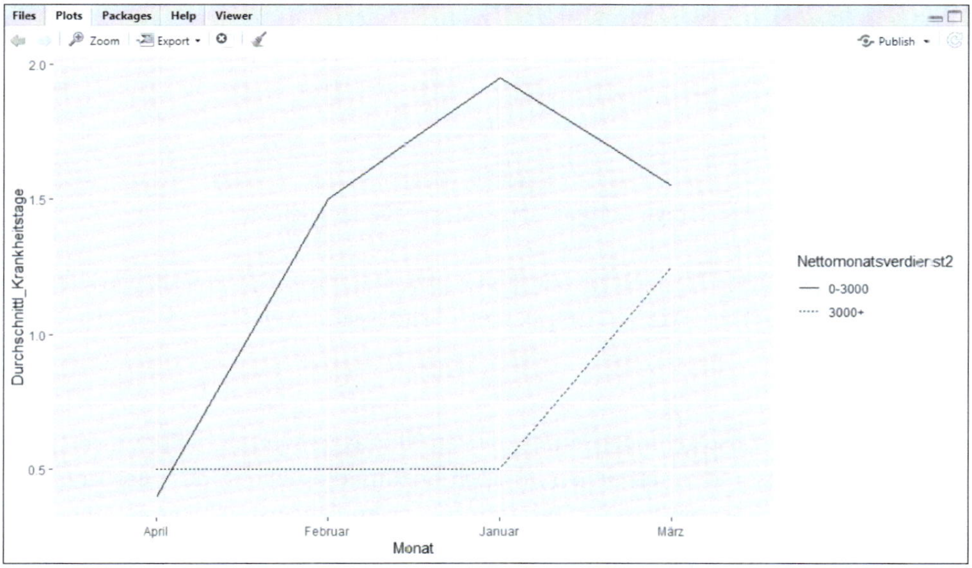


**Abbildung 8.29** Krankheitstage Normal- und Besserverdiener nach Monat

```
#Das muss natürlich geordnet und für den Chef aufbereitet werden.

final$Monat <- factor(final$Monat,levels = c("Januar", "Februar", "März", ➲
"April"))

fin_plot <- ggplot(final, aes(Monat, Durchschnittl_Krankheitstage, ➲
```

```
group=Nettomonatsverdienst2)) + geom_line(aes(color=Nettomonatsverdienst2)) + ⮐
geom_point() + ggtitle("Entwicklung der Krankheitstage nach Lohngruppen") + ⮐
xlab("Monat") + ylab("Durchschnittliche Krankheitstage im Monat") + theme_bw()
fin_plot
```

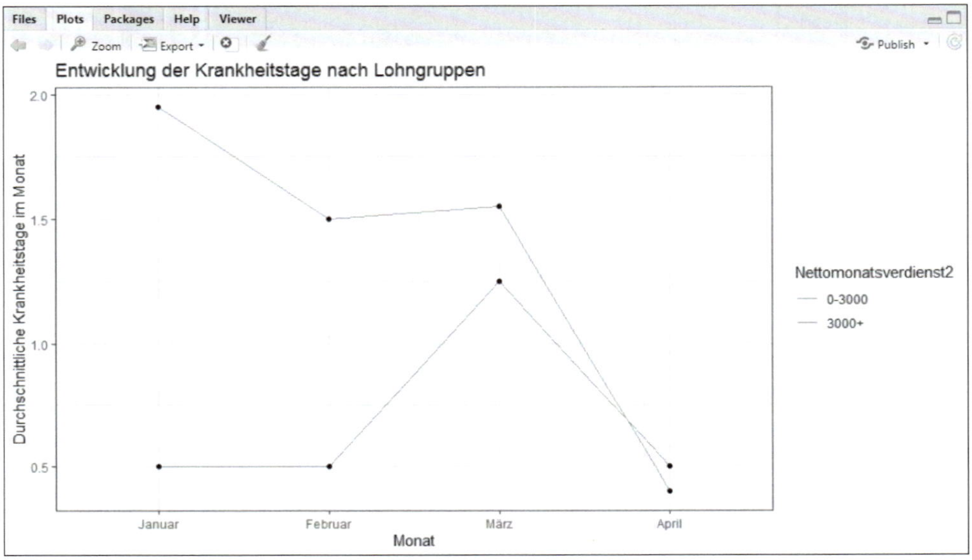


**Abbildung 8.30** Krankheitstage Normal- und Besserverdiener nach Monat

```
# Angestellte höherer Gehaltsklassen sind tatsächlich weniger krank. Klarer
Ausreißer (Outlier) im März bei den besser verdienenden Angestellten.

###Kommunikation
```

Es ist meinem Chef also gelungen, durch die verordnete geringere Arbeitszeit einen geringeren Krankenstand zu erreichen. Kritisch anzumerken bleibt, dass der Krankenstand einer Firma ohnehin von den Wintermonaten zu den Frühlingsmonaten hin abnimmt. Aber die statistische Signifikanz der Ergebnisse zeigt, dass zumindest ein Teil der Erklärung der gesunkenen Krankenstände auf die Reduktion der Arbeitszeit zurückzuführen ist. Hinzu kommt offenbar, allerdings mit geringerer STATISTISCHER SIGNIFIKANZ, dass, wer weniger krank ist, auch mehr verdient. Die Annahme, dass sich viele Arbeitsstunden grundsätzlich negativ auf die Gesundheit auswirken, kann mit den vorliegenden Daten nicht bestätigt werden. Was sich aber feststellen lässt, ist, dass sich viele Arbeitsstunden in den hier vorliegenden Daten negativ auf die Gesundheit der unteren Lohngruppe auswirken. Hier hat das Gegensteuern meines Chefs etwas bewirkt. Ja, das sind Ergebnisse, die ich meinem Chef auch mitteilen möchte.

Für eine Übertragung der Ergebnisse in größere Zusammenhänge sind viel mehr Daten nötig. Allerdings können die Ergebnisse auch der bereits bestehenden Literatur zu diesem Thema hinzugefügt werden. Ich habe hier eine Stichprobe von 29 Leuten über vier Monate analysiert. Das sind immerhin 29 Leute und vier Monate mehr, als vorher analysiert worden waren.

```
### Dokumentation
# Ist größtenteils im Skript, bei Bedarf, z. B. einer breiteren
Veröffentlichung dieser Studie, ausformulieren.
```

Mit der Dokumentation ist diese Studie beendet. Sie sind nun bereit, Ihre erste eigene Studie zu verfassen. Im letzten Kapitel schauen wir noch einmal kurz auf das hier Erreichte zurück.

# Kapitel 9
# Abschluss

*Der Abschluss des Buches soll Ihnen eine Zusammenfassung des Gelernten verschaffen und Ihnen weitere, abschließende Tipps für das Arbeiten mit R geben.*

9

Ich habe Ihnen ein Buch in einem Workshop-Format geschrieben. Sie haben gelernt, was Data Science eigentlich ist und was generell unter Statistik und Data Science verstanden werden kann. Ich habe Ihnen gezeigt, wie Sie R und die benutzerfreundlichere Oberfläche RStudio installieren. Wir haben ein erstes einfaches Skript geschrieben, es gespeichert und es erneut eingeladen. Sie wissen nun auch, wie und wo Sie Hilfe finden. Ich habe Sie darüber hinaus in die Programmiersprache R als solche eingeführt, mit Grundlagen zu Syntax und Arbeitsweise und den wichtigsten Funktionen und Befehlen. Aber nicht nur das: Sie haben auch gelernt, wie ein Studiendesign, in dem Sie dann R als ein Werkzeug verwenden, aussehen kann. Sie haben mit diesem Buch zudem erste Kenntnisse erworben über das, was Daten und Datensätze (*Data Frames*) eigentlich sind/sein können und wie Sie sie für Ihre Analysen verwenden, bearbeiten und anpassen können. Dazu gehört natürlich auch das saubere Einlesen und Abspeichern mit R. Dann haben Sie detailliert mit dem von mir vorgeschlagenen Studiendesign Mittelwerte, Wachstumsberechnungen und Trends bestimmt und visuell dargestellt. Am Schluss habe ich für Sie einmal ein Praxisbeispiel komplett durchgespielt – mit graduell immer weniger Hilfe und Kommentaren.

Jetzt ist es an Ihnen, sich zu entscheiden, ob Sie den Weg, den ich gern *Data Literacy* (*Daten-Lese- und -Schreibfähigkeit*) nenne, weiter beschreiten wollen oder ob Sie an dieser Stelle aufhören. Denn das hier war nur der erste Schritt. Sie werden natürlich noch mehr Übung mit R brauchen, um einen guten Durchblick zu bekommen. Aber R macht auch Spaß! Probleme zu lösen macht Spaß! Eigene Analysen durchzuführen macht Spaß! Selbst entscheiden zu können, handelt es sich um »Fake News!« oder nicht, macht Spaß! Ab jetzt entscheiden Sie.

# Anhang
# Datenmaterial

Hier finden Sie die Sammlung der Daten, die im Buch verwendet wurden, in tabellarischer Form zu Ihrer Verfügung. Diese und weitere Daten, die verwendet wurden, aber leider zu groß zum Abdrucken waren, finden Sie im herunterladbaren Zusatzmaterial unter *www.rheinwerk-verlag.de/5187*.

## A.1 Zigaretten 1

Hier finden Sie die Datensätze zu Abschnitt 5.2.2, »Längsschnitt oder Paneldaten«.

| Datum | Zigaretten |
|---|---|
| 01.11.2019 | 10 |
| 02.11.2019 | 12 |
| 03.11.2019 | 13 |
| 04.11.2019 | 9 |
| 05.11.2019 | 9 |
| 06.11.2019 | 8 |
| 07.11.2019 | 8 |
| 08.11.2019 | 11 |
| 09.11.2019 | 12 |
| 10.11.2019 | 11 |
| 11.11.2019 | 7 |
| 12.11.2019 | 8 |
| 13.11.2019 | 8 |
| 14.11.2019 | 9 |

| Datum | Zigaretten |
|---|---|
| 15.11.2019 | 11 |
| 16.11.2019 | 13 |
| 17.11.2019 | 13 |
| 18.11.2019 | 8 |
| 19.11.2019 | 7 |
| 20.11.2019 | 7 |
| 21.11.2019 | 10 |
| 22.11.2019 | 12 |
| 23.11.2019 | 12 |
| 24.11.2019 | 14 |
| 25.11.2019 | 6 |
| 26.11.2019 | 9 |
| 27.11.2019 | 9 |
| 28.11.2019 | 8 |
| 29.11.2019 | 11 |
| 30.11.2019 | 11 |

## A.2 Zensus Länder

Hier finden Sie die Datensätze zu Abschnitt 6.2, »Daten im cvs-Format einlesen«.

| Gebiet | Einwohnerzahl |
|---|---|
| Schleswig-Holstein | 2800119 |
| Hamburg | 1706696 |
| Niedersachsen | 7777992 |
| Bremen | 650863 |
| Nordrhein-Westfalen | 17538251 |
| Hessen | 5971816 |

| Gebiet | Einwohnerzahl |
|---|---|
| Rheinland-Pfalz | 3989808 |
| Baden-Württemberg | 10486660 |
| Bayern | 12397614 |
| Saarland | 999623 |
| Berlin | 3292365 |
| Brandenburg | 2455780 |
| Mecklenburg-Vorpommern | 1609982 |
| Sachsen | 4056799 |
| Sachsen-Anhalt | 2287040 |
| Thüringen | 2188589 |

## A.3 Luftqualität

Hier finden Sie die Datensätze zu Abschnitt 6.5.1, »NAs entdecken mit is.na()«.

| Ozone | Solar.R | Wind | Temp | Month | Day |
|---|---|---|---|---|---|
| 41 | 190 | 7.4 | 67 | 5 | 1 |
| 36 | 118 | 8 | 72 | 5 | 2 |
| 12 | 149 | 12.6 | 74 | 5 | 3 |
| 18 | 313 | 11.5 | 62 | 5 | 4 |
| | | 14.3 | 56 | 5 | 5 |
| 28 | | 14.9 | 66 | 5 | 6 |
| 23 | 299 | 8.6 | 65 | 5 | 7 |
| 19 | 99 | 13.8 | 59 | 5 | 8 |
| 8 | 19 | 20.1 | 61 | 5 | 9 |
| | 194 | 8.6 | 69 | 5 | 10 |
| 7 | | 6.9 | 74 | 5 | 11 |
| 16 | 256 | 9.7 | 69 | 5 | 12 |

| Ozone | Solar.R | Wind | Temp | Month | Day |
|---|---|---|---|---|---|
| 11 | 290 | 9.2 | 66 | 5 | 13 |
| 14 | 274 | 10.9 | 68 | 5 | 14 |
| 18 | 65 | 13.2 | 58 | 5 | 15 |
| 14 | 334 | 11.5 | 64 | 5 | 16 |
| 34 | 307 | 12 | 66 | 5 | 17 |
| 6 | 78 | 18.4 | 57 | 5 | 18 |
| 30 | 322 | 11.5 | 68 | 5 | 19 |
| 11 | 44 | 9.7 | 62 | 5 | 20 |
| 1 | 8 | 9.7 | 59 | 5 | 21 |
| 11 | 320 | 16.6 | 73 | 5 | 22 |
| 4 | 25 | 9.7 | 61 | 5 | 23 |
| 32 | 92 | 12 | 61 | 5 | 24 |
|  | 66 | 16.6 | 57 | 5 | 25 |
|  | 266 | 14.9 | 58 | 5 | 26 |
|  |  | 8 | 57 | 5 | 27 |
| 23 | 13 | 12 | 67 | 5 | 28 |
| 45 | 252 | 14.9 | 81 | 5 | 29 |
| 115 | 223 | 5.7 | 79 | 5 | 30 |
| 37 | 279 | 7.4 | 76 | 5 | 31 |
|  | 286 | 8.6 | 78 | 6 | 1 |
|  | 287 | 9.7 | 74 | 6 | 2 |
|  | 242 | 16.1 | 67 | 6 | 3 |
|  | 186 | 9.2 | 84 | 6 | 4 |
|  | 220 | 8.6 | 85 | 6 | 5 |
|  | 264 | 14.3 | 79 | 6 | 6 |
| 29 | 127 | 9.7 | 82 | 6 | 7 |
|  | 273 | 6.9 | 87 | 6 | 8 |

| Ozone | Solar.R | Wind | Temp | Month | Day |
|---|---|---|---|---|---|
| 71 | 291 | 13.8 | 90 | 6 | 9 |
| 39 | 323 | 11.5 | 87 | 6 | 10 |
| | 259 | 10.9 | 93 | 6 | 11 |
| | 250 | 9.2 | 92 | 6 | 12 |
| 23 | 148 | 8 | 82 | 6 | 13 |
| | 332 | 13.8 | 80 | 6 | 14 |
| | 322 | 11.5 | 79 | 6 | 15 |
| 21 | 191 | 14.9 | 77 | 6 | 16 |
| 37 | 284 | 20.7 | 72 | 6 | 17 |
| 20 | 37 | 9.2 | 65 | 6 | 18 |
| 12 | 120 | 11.5 | 73 | 6 | 19 |
| 13 | 137 | 10.3 | 76 | 6 | 20 |
| | 150 | 6.3 | 77 | 6 | 21 |
| | 59 | 1.7 | 76 | 6 | 22 |
| | 91 | 4.6 | 76 | 6 | 23 |
| | 250 | 6.3 | 76 | 6 | 24 |
| | 135 | 8 | 75 | 6 | 25 |
| | 127 | 8 | 78 | 6 | 26 |
| | 47 | 10.3 | 73 | 6 | 27 |
| | 98 | 11.5 | 80 | 6 | 28 |
| | 31 | 14.9 | 77 | 6 | 29 |
| | 138 | 8 | 83 | 6 | 30 |
| 135 | 269 | 4.1 | 84 | 7 | 1 |
| 49 | 248 | 9.2 | 85 | 7 | 2 |
| 32 | 236 | 9.2 | 81 | 7 | 3 |
| | 101 | 10.9 | 84 | 7 | 4 |
| 64 | 175 | 4.6 | 83 | 7 | 5 |

| Ozone | Solar.R | Wind | Temp | Month | Day |
|---|---|---|---|---|---|
| 40 | 314 | 10.9 | 83 | 7 | 6 |
| 77 | 276 | 5.1 | 88 | 7 | 7 |
| 97 | 267 | 6.3 | 92 | 7 | 8 |
| 97 | 272 | 5.7 | 92 | 7 | 9 |
| 85 | 175 | 7.4 | 89 | 7 | 10 |
| | 139 | 8.6 | 82 | 7 | 11 |
| 10 | 264 | 14.3 | 73 | 7 | 12 |
| 27 | 175 | 14.9 | 81 | 7 | 13 |
| | 291 | 14.9 | 91 | 7 | 14 |
| 7 | 48 | 14.3 | 80 | 7 | 15 |
| 48 | 260 | 6.9 | 81 | 7 | 16 |
| 35 | 274 | 10.3 | 82 | 7 | 17 |
| 61 | 285 | 6.3 | 84 | 7 | 18 |
| 79 | 187 | 5.1 | 87 | 7 | 19 |
| 63 | 220 | 11.5 | 85 | 7 | 20 |
| 16 | 7 | 6.9 | 74 | 7 | 21 |
| | 258 | 9.7 | 81 | 7 | 22 |
| | 295 | 11.5 | 82 | 7 | 23 |
| 80 | 294 | 8.6 | 86 | 7 | 24 |
| 108 | 223 | 8 | 85 | 7 | 25 |
| 20 | 81 | 8.6 | 82 | 7 | 26 |
| 52 | 82 | 12 | 86 | 7 | 27 |
| 82 | 213 | 7.4 | 88 | 7 | 28 |
| 50 | 275 | 7.4 | 86 | 7 | 29 |
| 64 | 253 | 7.4 | 83 | 7 | 30 |
| 59 | 254 | 9.2 | 81 | 7 | 31 |
| 39 | 83 | 6.9 | 81 | 8 | 1 |

| Ozone | Solar.R | Wind | Temp | Month | Day |
|---|---|---|---|---|---|
| 9 | 24 | 13.8 | 81 | 8 | 2 |
| 16 | 77 | 7.4 | 82 | 8 | 3 |
| 78 | | 6.9 | 86 | 8 | 4 |
| 35 | | 7.4 | 85 | 8 | 5 |
| 66 | | 4.6 | 87 | 8 | 6 |
| 122 | 255 | 4 | 89 | 8 | 7 |
| 89 | 229 | 10.3 | 90 | 8 | 8 |
| 110 | 207 | 8 | 90 | 8 | 9 |
| | 222 | 8.6 | 92 | 8 | 10 |
| | 137 | 11.5 | 86 | 8 | 11 |
| 44 | 192 | 11.5 | 86 | 8 | 12 |
| 28 | 273 | 11.5 | 82 | 8 | 13 |
| 65 | 157 | 9.7 | 80 | 8 | 14 |
| | 64 | 11.5 | 79 | 8 | 15 |
| 22 | 71 | 10.3 | 77 | 8 | 16 |
| 59 | 51 | 6.3 | 79 | 8 | 17 |
| 23 | 115 | 7.4 | 76 | 8 | 18 |
| 31 | 244 | 10.9 | 78 | 8 | 19 |
| 44 | 190 | 10.3 | 78 | 8 | 20 |
| 21 | 259 | 15.5 | 77 | 8 | 21 |
| 9 | 36 | 14.3 | 72 | 8 | 22 |
| | 255 | 12.6 | 75 | 8 | 23 |
| 45 | 212 | 9.7 | 79 | 8 | 24 |
| 168 | 238 | 3.4 | 81 | 8 | 25 |
| 73 | 215 | 8 | 86 | 8 | 26 |
| | 153 | 5.7 | 88 | 8 | 27 |
| 76 | 203 | 9.7 | 97 | 8 | 28 |

| Ozone | Solar.R | Wind | Temp | Month | Day |
|---|---|---|---|---|---|
| 118 | 225 | 2.3 | 94 | 8 | 29 |
| 84 | 237 | 6.3 | 96 | 8 | 30 |
| 85 | 188 | 6.3 | 94 | 8 | 31 |
| 96 | 167 | 6.9 | 91 | 9 | 1 |
| 78 | 197 | 5.1 | 92 | 9 | 2 |
| 73 | 183 | 2.8 | 93 | 9 | 3 |
| 91 | 189 | 4.6 | 93 | 9 | 4 |
| 47 | 95 | 7.4 | 87 | 9 | 5 |
| 32 | 92 | 15.5 | 84 | 9 | 6 |
| 20 | 252 | 10.9 | 80 | 9 | 7 |
| 23 | 220 | 10.3 | 78 | 9 | 8 |
| 21 | 230 | 10.9 | 75 | 9 | 9 |
| 24 | 259 | 9.7 | 73 | 9 | 10 |
| 44 | 236 | 14.9 | 81 | 9 | 11 |
| 21 | 259 | 15.5 | 76 | 9 | 12 |
| 28 | 238 | 6.3 | 77 | 9 | 13 |
| 9 | 24 | 10.9 | 71 | 9 | 14 |
| 13 | 112 | 11.5 | 71 | 9 | 15 |
| 46 | 237 | 6.9 | 78 | 9 | 16 |
| 18 | 224 | 13.8 | 67 | 9 | 17 |
| 13 | 27 | 10.3 | 76 | 9 | 18 |
| 24 | 238 | 10.3 | 68 | 9 | 19 |
| 16 | 201 | 8 | 82 | 9 | 20 |
| 13 | 238 | 12.6 | 64 | 9 | 21 |
| 23 | 14 | 9.2 | 71 | 9 | 22 |
| 36 | 139 | 10.3 | 81 | 9 | 23 |
| 7 | 49 | 10.3 | 69 | 9 | 24 |

| Ozone | Solar.R | Wind | Temp | Month | Day |
|---|---|---|---|---|---|
| 14 | 20 | 16.6 | 63 | 9 | 25 |
| 30 | 193 | 6.9 | 70 | 9 | 26 |
| | 145 | 13.2 | 77 | 9 | 27 |
| 14 | 191 | 14.3 | 75 | 9 | 28 |
| 18 | 131 | 8 | 76 | 9 | 29 |
| 20 | 223 | 11.5 | 68 | 9 | 30 |

## A.4 Zigaretten 2

Hier finden Sie die Datensätze zu Abschnitt 7.1.3, »Trend/lineare Regression«.

| Datum | Zigaretten | Kaffee |
|---|---|---|
| 01.11.2019 | 10 | 3 |
| 02.11.2019 | 12 | 5 |
| 03.11.2019 | 13 | 5 |
| 04.11.2019 | 9 | 3 |
| 05.11.2019 | 9 | 4 |
| 06.11.2019 | 8 | 3 |
| 07.11.2019 | 8 | 3 |
| 08.11.2019 | 11 | 4 |
| 09.11.2019 | 12 | 4 |
| 10.11.2019 | 11 | 3 |
| 11.11.2019 | 7 | 2 |
| 12.11.2019 | 8 | 3 |
| 13.11.2019 | 8 | 3 |
| 14.11.2019 | 9 | 3 |
| 15.11.2019 | 11 | 4 |
| 16.11.2019 | 13 | 4 |

| Datum | Zigaretten | Kaffee |
|---|---|---|
| 17.11.2019 | 13 | 4 |
| 18.11.2019 | 8 | 3 |
| 19.11.2019 | 7 | 3 |
| 20.11.2019 | 7 | 3 |
| 21.11.2019 | 10 | 4 |
| 22.11.2019 | 12 | 4 |
| 23.11.2019 | 12 | 5 |
| 24.11.2019 | 14 | 5 |
| 25.11.2019 | 6 | 1 |
| 26.11.2019 | 9 | 2 |
| 27.11.2019 | 9 | 2 |
| 28.11.2019 | 8 | 2 |
| 29.11.2019 | 11 | 4 |
| 30.11.2019 | 11 | 4 |

## A.5 Indien 1990–2000

Hier finden Sie die Datensätze aus Abschnitt 7.2, »Beispiel 2: 100 Jahre Wohlstandsentwicklung in Indien«.

| Land | Kindersterblichkeit | Einkommen |
|---|---|---|
| 1900 | 536 | 1190 |
| 1905 | 444 | 1280 |
| 1910 | 350 | 1390 |
| 1915 | 329 | 1340 |
| 1920 | 317 | 1200 |
| 1925 | 283 | 1250 |
| 1930 | 294 | 1240 |

| Land | Kindersterblichkeit | Einkommen |
|---|---|---|
| 1935 | 273 | 1110 |
| 1940 | 271 | 1080 |
| 1945 | 260 | 1000 |
| 1950 | 290 | 904 |
| 1955 | 268 | 957 |
| 1960 | 246 | 1040 |
| 1965 | 228 | 1040 |
| 1970 | 213 | 1160 |
| 1975 | 194 | 1200 |
| 1980 | 168 | 1260 |
| 1985 | 145 | 1440 |
| 1990 | 126 | 1760 |
| 1995 | 109 | 2040 |

## A.6 Personaldaten

Hier finden Sie die Datensätze aus Abschnitt 8.3, »Daten laden und Überblick verschaffen«.

| id | Netto-monats-verdienst | Geburts-jahr | Geschlecht | Schul-abschluss | Wöchentliche_ Arbeitszeit | Krank-heits-tage |
|---|---|---|---|---|---|---|
| 1 | 2500 | 1981 | 1 | Mittlere_ Reife | 45 | 3 |
| 2 | | 1977 | 1 | Haupt-schule | 47 | 3 |
| 3 | 1200 | 1992 | 1 | Haupt-schule | 40 | 4 |
| 4 | 3500 | 1965 | 1 | Fachhoch-schulreife | 35 | 2 |

| id | Nettomonatsverdienst | Geburtsjahr | Geschlecht | Schulabschluss | Wöchentliche_Arbeitszeit | Krankheitstage |
|---|---|---|---|---|---|---|
| 5 | 1800 | 1988 | 1 | Hochschulreife | 50 | 3 |
| 6 | | 2000 | 1 | Hochschulreife | 40 | 3 |
| 7 | 2200 | 1987 | 1 | Mittlere_Reife | 38 | 1 |
| 8 | 1900 | 1984 | 2 | Fachhochschulreife | 40 | 3 |
| 9 | | 1975 | 1 | Hochschulreife | 40 | 2 |
| 10 | 900 | 1962 | 1 | Mittlere_Reife | 43 | 5 |
| 11 | 5000 | 1969 | 1 | Fachhochschulreife | 60 | 0 |
| 12 | 1750 | 1979 | 1 | Hauptschule | 50 | 3 |
| 13 | 2200 | 1986 | 2 | Mittlere_Reife | 55 | 2 |
| 14 | | 1976 | 1 | Mittlere_Reife | 55 | 3 |
| 15 | 1900 | 1981 | 1 | Mittlere_Reife | 43 | 1 |
| 16 | 2000 | 1991 | 1 | Hochschulreife | 45 | 3 |
| 17 | | 1967 | 1 | Mittlere_Reife | 55 | |
| 18 | 2000 | 1973 | 2 | Fachhochschulreife | 50 | 1 |
| 19 | | 1968 | 1 | Hochschulreife | 41 | 5 |

| id | Netto-monats-verdienst | Geburts-jahr | Geschlecht | Schul-abschluss | Wöchentliche_ Arbeitszeit | Krank-heits-tage |
|---|---|---|---|---|---|---|
| 20 | 1000 | 1992 | 1 | Fachhoch-schulreife | 42 | 5 |
| 21 | | 1990 | 2 | Hochschul-reife | 42 | 4 |
| 22 | 2800 | 1993 | 1 | Haupt-schule | 39 | 1 |
| 23 | 2000 | 1995 | 1 | Mittlere_ Reife | 42 | 5 |
| 24 | 4800 | 1986 | 1 | keiner/ anderer | 45 | 3 |
| 25 | 540 | 1972 | 1 | keiner/ anderer | 20 | 1 |
| 26 | 2800 | 1961 | 1 | Mittlere_ Reife | 43 | 6 |
| 27 | 520 | 2000 | 2 | Mittlere_ Reife | 42 | 0 |
| 28 | 2000 | 2000 | 1 | Mittlere_ Reife | 40 | 4 |
| 29 | 1300 | 1974 | 1 | Haupt-schule | 45 | 2 |
| 30 | 2000 | 1978 | 1 | Mittlere_ Reife | 38 | 2 |
| 31 | 2600 | 1964 | 2 | Hochschul-reife | 38 | 1 |
| 32 | 3200 | 1996 | 2 | Hochschul-reife | 38 | 0 |
| 33 | 2800 | 1970 | 1 | Mittlere_ Reife | 40 | 1 |
| 34 | 2000 | 1975 | 1 | Mittlere_ Reife | 43 | 1 |

| id | Netto-monats-verdienst | Geburts-jahr | Geschlecht | Schul-abschluss | Wöchentliche_ Arbeitszeit | Krank-heits-tage |
|---|---|---|---|---|---|---|
| 35 | 850 | 1989 | 2 | Mittlere_ Reife | 25 | 0 |
| 36 | 1700 | 1961 | 1 | Haupt-schule | 48 | 1 |
| 37 | 1600 | 1985 | 1 | Mittlere_ Reife | 40 | 2 |
| 38 | 1500 | 1974 | 2 | Mittlere_ Reife | 50 | 3 |
| 39 | 1450 | 1994 | 1 | Mittlere_ Reife | 40 | 4 |
| 40 | 2000 | 1982 | 2 | Hochschul-reife | 38 | 2 |
| 41 | 1800 | 1987 | 1 | Fachhoch-schulreife | 40 | 2 |
| 42 | 2800 | 1997 | 2 | Haupt-schule | 35 | 1 |
| 43 | 1800 | 1988 | 1 | Mittlere_ Reife | 45 | 3 |
| 44 | | 1979 | 2 | Fachhoch-schulreife | 40 | 2 |
| 45 | 2500 | 1967 | 1 | Haupt-schule | 37,5 | 2 |
| 46 | | 2004 | 1 | Haupt-schule | 40 | 2 |
| 47 | | 1989 | 1 | Hochschul-reife | 40 | 2 |
| 48 | 1800 | 1990 | 1 | Haupt-schule | 42 | 4 |
| 49 | 1400 | 1963 | 2 | Mittlere_ Reife | 47 | 5 |

| id | Netto-monats-verdienst | Geburts-jahr | Geschlecht | Schul-abschluss | Wöchentliche_ Arbeitszeit | Krank-heits-tage |
|---|---|---|---|---|---|---|
| 50 | | 1969 | 1 | Mittlere_ Reife | 45 | 2 |
| 51 | 2300 | 1969 | 2 | Hochschul-reife | 35 | 1 |
| 52 | 1000 | 1983 | 1 | Hochschul-reife | 52 | 8 |
| 53 | 1800 | 1992 | 1 | Mittlere_ Reife | 40 | 3 |
| 54 | 1500 | 1970 | 1 | Mittlere_ Reife | 40 | 3 |
| 55 | 3500 | 1972 | 1 | Hochschul-reife | 60 | 2 |
| 56 | 870 | 1993 | 1 | Mittlere_ Reife | 40 | 4 |
| 57 | 1000 | 1990 | 1 | Haupt-schule | 40 | 4 |
| 58 | 1400 | 1994 | 1 | Haupt-schule | 48 | 2 |
| 59 | 5000 | 1966 | 1 | Hochschul-reife | 43 | 0 |
| 60 | 1400 | 1989 | 2 | Hochschul-reife | 55 | 2 |
| 61 | 1800 | 1992 | 1 | Hochschul-reife | 40 | 0 |
| 62 | 2000 | 1974 | 1 | Hochschul-reife | 38,5 | 0 |
| 63 | 2500 | 1977 | 2 | Hochschul-reife | 30 | 2 |
| 64 | 1600 | 1963 | 2 | Fachhoch-schulreife | 40 | 3 |

| id | Netto-monats-verdienst | Geburts-jahr | Geschlecht | Schul-abschluss | Wöchentliche_ Arbeitszeit | Krank-heits-tage |
|---|---|---|---|---|---|---|
| 65 | 980 | 1991 | 1 | Haupt-schule | 38 | 4 |
| 66 | 1000 | 1999 | 2 | Mittlere_ Reife | 45 | 1 |
| 67 | 1750 | 1965 | 1 | Mittlere_ Reife | 40 | 1 |
| 68 | 1600 | 2003 | 1 | Mittlere_ Reife | 40 | 1 |
| 69 | 1900 | 1994 | 1 | Mittlere_ Reife | 40 | 2 |
| 70 | 1400 | 2000 | 1 | Haupt-schule | 48 | 3 |
| 71 | 1570 | 1978 | 1 | Mittlere_ Reife | 40 | 2 |
| 72 | 1500 | 1997 | 2 | Mittlere_ Reife | 40 | 1 |
| 73 | 1250 | 1996 | 1 | Mittlere_ Reife | 50 | 2 |
| 74 |  | 1992 | 1 | Mittlere_ Reife | 40 | 5 |
| 75 | 1981 | 1995 | 2 | Mittlere_ Reife | 39 | 1 |
| 76 | 1800 | 1996 | 2 | Hochschul-reife | 35 | 2 |
| 77 | 2300 | 1992 | 2 | Haupt-schule | 40 | 0 |
| 78 | 1600 | 2000 | 2 | Haupt-schule | 50 | 2 |
| 79 | 2500 | 1984 | 2 | Hochschul-reife | 35 | 1 |

| id | Nettomonatsverdienst | Geburtsjahr | Geschlecht | Schulabschluss | Wöchentliche_ Arbeitszeit | Krankheitstage |
|---|---|---|---|---|---|---|
| 80 | 3000 | 1975 | 1 | Hochschulreife | 40 | 0 |
| 81 | 1200 | 1977 | 1 | Hochschulreife | 45 | 4 |
| 82 | 3200 | 1968 | 1 | Mittlere_ Reife | 44 | 0 |
| 83 | 1700 | 1977 | 1 | Hauptschule | 82 | 1 |
| 84 | 2500 | 1980 | 2 | Mittlere_ Reife | 38 | 1 |
| 85 | 1800 | 1972 | 1 | Hochschulreife | 50 | 0 |
| 86 | 1900 | 1977 | 1 | Hochschulreife | 40 | 4 |
| 87 | 3700 | 1993 | 1 | Hochschulreife | 60 | 0 |
| 88 | 900 | 1971 | 2 | Fachhochschulreife | 45 | 3 |
| 89 | 1600 | 1999 | 1 | keiner/ anderer | 43 | 2 |
| 90 | 1800 | 1992 | 1 | Hochschulreife | 50 | 1 |
| 91 | 2500 | 1977 | 1 | Hochschulreife | 40 | 0 |
| 92 | 5000 | 1982 | 1 | Mittlere_ Reife | 40 | 1 |
| 93 | 2500 | 1980 | 2 | Fachhochschulreife | 45 | 0 |
| 94 | 1900 | 1995 | 1 | Hochschulreife | 39 | 2 |

| id | Netto-monats-verdienst | Geburts-jahr | Geschlecht | Schul-abschluss | Wöchentliche_ Arbeitszeit | Krank-heits-tage |
|---|---|---|---|---|---|---|
| 95 | 1000 | 2003 | 1 | Mittlere_ Reife | 45 | 0 |
| 96 | 4000 | 1966 | 1 | Mittlere_ Reife | 50 | 0 |
| 97 | 1500 | 1965 | 1 | Hochschul-reife | 39 | 3 |
| 98 | 2000 | 1967 | 1 | Mittlere_ Reife | 37,5 | 1 |
| 99 | | 2002 | 2 | Mittlere_ Reife | 40 | 1 |
| 100 | 1000 | 1966 | 1 | Mittlere_ Reife | 30 | 3 |

## A.7 Personaldaten – Erweitert

Hier finden Sie die Datensätze aus Abschnitt 8.8, »Bonus: Folgeanalyse in der Zeitreihe: Krankheitstage«.

| id | Monat | Netto-monats-verdienst | Geburts-jahr | Geschlecht | Schul-abschluss | Wöchent-liche_ Arbeits-zeit | Krank-heits-tage |
|---|---|---|---|---|---|---|---|
| 5 | Januar | 1800 | 1988 | 1 | Hoch-schulreife | 50 | 3 |
| 6 | Januar | | 2000 | 1 | Hoch-schulreife | 40 | 3 |
| 9 | Januar | | 1975 | 1 | Hoch-schulreife | 40 | 2 |
| 16 | Januar | 2000 | 1991 | 1 | Hoch-schulreife | 45 | 3 |
| 19 | Januar | | 1968 | 1 | Hoch-schulreife | 41 | 5 |

| id | Monat | Netto-monats-verdienst | Geburts-jahr | Geschlecht | Schul-abschluss | Wöchent-liche_ Arbeits-zeit | Krank-he ts-tage |
|---|---|---|---|---|---|---|---|
| 21 | Januar | | 1990 | 2 | Hoch-schulreife | 42 | 4 |
| 31 | Januar | 2600 | 1964 | 2 | Hoch-schulreife | 38 | 1 |
| 32 | Januar | 3200 | 1996 | 2 | Hoch-schulreife | 38 | 0 |
| 40 | Januar | 2037 | 1982 | 2 | Hoch-schulreife | 38 | 2 |
| 47 | Januar | | 1989 | 1 | Hoch-schulreife | 40 | 2 |
| 51 | Januar | 2300 | 1969 | 2 | Hoch-schulreife | 35 | 1 |
| 52 | Januar | 1000 | 1983 | 1 | Hoch-schulreife | 52 | 8 |
| 55 | Januar | 3500 | 1972 | 1 | Hoch-schulreife | 60 | 2 |
| 59 | Januar | 5000 | 1966 | 1 | Hoch-schulreife | 43 | 0 |
| 60 | Januar | 1400 | 1989 | 2 | Hoch-schulreife | 55 | 2 |
| 61 | Januar | 1800 | 1992 | 1 | Hoch-schulreife | 40 | 0 |
| 62 | Januar | 2000 | 1974 | 1 | Hoch-schulreife | 38,5 | 0 |
| 63 | Januar | 2500 | 1977 | 2 | Hoch-schulreife | 30 | 2 |
| 76 | Januar | 1800 | 1996 | 2 | Hoch-schulreife | 35 | 2 |
| 79 | Januar | 2500 | 1984 | 2 | Hoch-schulreife | 35 | 1 |

| id | Monat | Netto-monats-verdienst | Geburts-jahr | Geschlecht | Schul-abschluss | Wöchent-liche_ Arbeits-zeit | Krank-heits-tage |
|---|---|---|---|---|---|---|---|
| 80 | Januar | 3000 | 1975 | 1 | Hoch-schulreife | 40 | 0 |
| 81 | Januar | 1200 | 1977 | 1 | Hoch-schulreife | 45 | 4 |
| 85 | Januar | 1800 | 1972 | 1 | Hoch-schulreife | 50 | 0 |
| 86 | Januar | 1900 | 1977 | 1 | Hoch-schulreife | 40 | 4 |
| 87 | Januar | 3700 | 1993 | 1 | Hoch-schulreife | 60 | 0 |
| 90 | Januar | 1800 | 1992 | 1 | Hoch-schulreife | 50 | 1 |
| 91 | Januar | 2500 | 1977 | 1 | Hoch-schulreife | 40 | 0 |
| 94 | Januar | 1900 | 1995 | 1 | Hoch-schulreife | 39 | 2 |
| 97 | Januar | 1500 | 1965 | 1 | Hoch-schulreife | 39 | 3 |
| 5 | Februar | 1800 | 1988 | 1 | Hoch-schulreife | 48 | 2 |
| 6 | Februar | | 2000 | 1 | Hoch-schulreife | 40 | 3 |
| 9 | Februar | | 1975 | 1 | Hoch-schulreife | 40 | 2 |
| 16 | Februar | 2000 | 1991 | 1 | Hoch-schulreife | 45 | 2 |
| 19 | Februar | | 1968 | 1 | Hoch-schulreife | 41 | 5 |
| 21 | Februar | | 1990 | 2 | Hoch-schulreife | 40 | 0 |

| id | Monat | Netto-monats-verdienst | Geburts-jahr | Geschlecht | Schul-abschluss | Wöchent-liche_ Arbeits-zeit | Krank-heits-tage |
|---|---|---|---|---|---|---|---|
| 31 | Februar | 2600 | 1964 | 2 | Hoch-schulreife | 36 | 0 |
| 32 | Februar | 3200 | 1996 | 2 | Hoch-schulreife | 38 | 0 |
| 40 | Februar | 2037 | 1982 | 2 | Hoch-schulreife | 38 | 2 |
| 47 | Februar | | 1989 | 1 | Hoch-schulreife | 40 | 4 |
| 51 | Februar | 2300 | 1969 | 2 | Hoch-schulreife | 35 | 1 |
| 52 | Februar | 1000 | 1983 | 1 | Hoch-schulreife | 48 | 3 |
| 55 | Februar | 3500 | 1972 | 1 | Hoch-schulreife | 50 | 2 |
| 59 | Februar | 5000 | 1966 | 1 | Hoch-schulreife | 42 | 0 |
| 60 | Februar | 1400 | 1989 | 2 | Hoch-schulreife | 43 | 4 |
| 61 | Februar | 1800 | 1992 | 1 | Hoch-schulreife | 40 | 0 |
| 62 | Februar | 2000 | 1974 | 1 | Hoch-schulreife | 38,5 | 0 |
| 63 | Februar | 2500 | 1977 | 2 | Hoch-schulreife | 30 | 2 |
| 76 | Februar | 1800 | 1996 | 2 | Hoch-schulreife | 35 | 2 |
| 79 | Februar | 2500 | 1984 | 2 | Hoch-schulreife | 35 | 1 |
| 80 | Februar | 3000 | 1975 | 1 | Hoch-schulreife | 42 | 4 |

| id | Monat | Netto-monats-verdienst | Geburts-jahr | Geschlecht | Schul-abschluss | Wöchent-liche_ Arbeits-zeit | Krank-heits-tage |
|---|---|---|---|---|---|---|---|
| 81 | Februar | 1200 | 1977 | 1 | Hoch-schulreife | 42 | 0 |
| 85 | Februar | 1800 | 1972 | 1 | Hoch-schulreife | 50 | 0 |
| 86 | Februar | 1900 | 1977 | 1 | Hoch-schulreife | 40 | 1 |
| 87 | Februar | 3700 | 1993 | 1 | Hoch-schulreife | 47 | 0 |
| 90 | Februar | 1800 | 1992 | 1 | Hoch-schulreife | 52 | 1 |
| 91 | Februar | 2500 | 1977 | 1 | Hoch-schulreife | 42 | 1 |
| 94 | Februar | 1900 | 1995 | 1 | Hoch-schulreife | 39 | 2 |
| 97 | Februar | 1500 | 1965 | 1 | Hoch-schulreife | 39 | 2 |
| 5 | März | 1800 | 1988 | 1 | Hoch-schulreife | 50 | 2 |
| 6 | März |  | 2000 | 1 | Hoch-schulreife | 41 | 2 |
| 9 | März |  | 1975 | 1 | Hoch-schulreife | 40 | 2 |
| 16 | März | 2000 | 1991 | 1 | Hoch-schulreife | 49 | 1 |
| 19 | März |  | 1968 | 1 | Hoch-schulreife | 41 | 0 |
| 21 | März |  | 1990 | 2 | Hoch-schulreife | 40 | 0 |
| 31 | März | 2600 | 1964 | 2 | Hoch-schulreife | 38 | 0 |

| id | Monat | Netto-monats-verdienst | Geburts-jahr | Geschlecht | Schul-abschluss | Wöchent-liche_ Arbeits-zeit | Krank-heits-tage |
|---|---|---|---|---|---|---|---|
| 32 | März | 3200 | 1996 | 2 | Hoch-schulreife | 38 | 0 |
| 40 | März | 2037 | 1982 | 2 | Hoch-schulreife | 38 | 3 |
| 47 | März | | 1989 | 1 | Hoch-schulreife | 40 | 1 |
| 51 | März | 2300 | 1969 | 2 | Hoch-schulreife | 35 | 2 |
| 52 | März | 1000 | 1983 | 1 | Hoch-schulreife | 49 | 3 |
| 55 | März | 3500 | 1972 | 1 | Hoch-schulreife | 50 | 0 |
| 59 | März | 5000 | 1966 | 1 | Hoch-schulreife | 42 | 3 |
| 60 | März | 1400 | 1989 | 2 | Hoch-schulreife | 43 | 1 |
| 61 | März | 1800 | 1992 | 1 | Hoch-schulreife | 40 | 0 |
| 62 | März | 2000 | 1974 | 1 | Hoch-schulreife | 38,5 | 0 |
| 63 | März | 2500 | 1977 | 2 | Hoch-schulreife | 30 | 1 |
| 76 | März | 1800 | 1996 | 2 | Hoch-schulreife | 35 | 4 |
| 79 | März | 2500 | 1984 | 2 | Hoch-schulreife | 35 | 1 |
| 80 | März | 3000 | 1975 | 1 | Hoch-schulreife | 40 | 2 |
| 81 | März | 1200 | 1977 | 1 | Hoch-schulreife | 43 | 2 |

| id | Monat | Netto-monats-verdienst | Geburts-jahr | Geschlecht | Schul-abschluss | Wöchent-liche_ Arbeits-zeit | Krank-heits-tage |
|---|---|---|---|---|---|---|---|
| 85 | März | 1800 | 1972 | 1 | Hoch-schulreife | 48 | 2 |
| 86 | März | 1900 | 1977 | 1 | Hoch-schulreife | 40 | 1 |
| 87 | März | 3700 | 1993 | 1 | Hoch-schulreife | 45 | 2 |
| 90 | März | 1800 | 1992 | 1 | Hoch-schulreife | 51 | 2 |
| 91 | März | 2500 | 1977 | 1 | Hoch-schulreife | 42 | 1 |
| 94 | März | 1900 | 1995 | 1 | Hoch-schulreife | 40 | 3 |
| 97 | März | 1500 | 1965 | 1 | Hoch-schulreife | 39 | 0 |
| 5 | April | 1800 | 1988 | 1 | Hoch-schulreife | 42 | 0 |
| 6 | April | | 2000 | 1 | Hoch-schulreife | 40 | 0 |
| 9 | April | | 1975 | 1 | Hoch-schulreife | 40 | 3 |
| 16 | April | 2000 | 1991 | 1 | Hoch-schulreife | 43 | 0 |
| 19 | April | | 1968 | 1 | Hoch-schulreife | 40 | 2 |
| 21 | April | | 1990 | 2 | Hoch-schulreife | 40 | 0 |
| 31 | April | 2600 | 1964 | 2 | Hoch-schulreife | 36 | 0 |
| 32 | April | 3200 | 1996 | 2 | Hoch-schulreife | 38 | 0 |

| id | Monat | Netto-monats-verdienst | Geburts-jahr | Geschlecht | Schul-abschluss | Wöchent-liche_ Arbeits-zeit | Krank-heits-tage |
|---|---|---|---|---|---|---|---|
| 40 | April | 2000 | 1982 | 2 | Hoch-schulreife | 32 | 1 |
| 47 | April | | 1989 | 1 | Hoch-schulreife | 40 | 2 |
| 51 | April | 2300 | 1969 | 2 | Hoch-schulreife | 35 | 0 |
| 52 | April | 1000 | 1983 | 1 | Hoch-schulreife | 43 | 0 |
| 55 | April | 3500 | 1972 | 1 | Hoch-schulreife | 44 | 2 |
| 59 | April | 5000 | 1966 | 1 | Hoch-schulreife | 40 | 0 |
| 60 | April | 1400 | 1989 | 2 | Hoch-schulreife | 41 | 2 |
| 61 | April | 1800 | 1992 | 1 | Hoch-schulreife | 42 | 0 |
| 62 | April | 2000 | 1974 | 1 | Hoch-schulreife | 38,5 | 0 |
| 63 | April | 2500 | 1977 | 2 | Hoch-schulreife | 30 | 1 |
| 76 | April | 1800 | 1996 | 2 | Hoch-schulreife | 35 | 0 |
| 79 | April | 2500 | 1984 | 2 | Hoch-schulreife | 40 | 0 |
| 80 | April | 3000 | 1975 | 1 | Hoch-schulreife | 40 | 0 |
| 81 | April | 1200 | 1977 | 1 | Hoch-schulreife | 43 | 0 |
| 85 | April | 1800 | 1972 | 1 | Hoch-schulreife | 41 | 0 |

| id | Monat | Netto-monats-verdienst | Geburts-jahr | Geschlecht | Schul-abschluss | Wöchent-liche_ Arbeits-zeit | Krank-heits-tage |
|---|---|---|---|---|---|---|---|
| 86 | April | 1900 | 1977 | 1 | Hoch-schulreife | 40 | 0 |
| 87 | April | 3700 | 1993 | 1 | Hoch-schulreife | 45 | 0 |
| 90 | April | 1800 | 1992 | 1 | Hoch-schulreife | 48 | 2 |
| 91 | April | 2500 | 1977 | 1 | Hoch-schulreife | 42 | 0 |
| 94 | April | 1900 | 1995 | 1 | Hoch-schulreife | 40 | 0 |
| 97 | April | 1500 | 1965 | 1 | Hoch-schulreife | 39 | 2 |

# Index